黄淮海地区设施番茄基质栽培高效灌溉模式

● 强小嫚　王景雷　刘　浩　康燕霞　王振昌　主编

HUANGHUAIHAI DIQU SHESHI FANQIE JIZHI ZAIPEI
GAOXIAO GUANGAI MOSHI

中国农业科学技术出版社

图书在版编目（CIP）数据

黄淮海地区设施番茄基质栽培高效灌溉模式／强小嫚等主编．--北京：中国农业科学技术出版社，2025.9. --ISBN 978-7-5116-7660-3

Ⅰ．S641.2

中国国家版本馆 CIP 数据核字第 2025CF4090 号

责任编辑	李冠桥
责任校对	王　彦
责任印制	姜义伟　王思文

出 版 者	中国农业科学技术出版社
	北京市中关村南大街 12 号　邮编：100081
电　　话	（010）82106632（编辑室）　（010）82106624（发行部）
	（010）82109709（读者服务部）
网　　址	https://castp.caas.cn
经 销 者	各地新华书店
印 刷 者	北京捷迅佳彩印刷有限公司
开　　本	170 mm×240 mm　1/16
印　　张	11.25　彩插 24 面
字　　数	208 千字
版　　次	2025 年 9 月第 1 版　2025 年 9 月第 1 次印刷
定　　价	60.00 元

版权所有·翻印必究

《黄淮海地区设施番茄基质栽培高效灌溉模式》编委会

主　编：强小嫚　王景雷　刘　浩
　　　　康燕霞　王振昌
参　编：刘胜星　易　平　李欢欢
　　　　朱恬恬　王春婷

前　言

设施农业是我国从传统农业向现代农业转型的产物，是农业现代化的重要发展方向。设施农业将在空间、时间、品种上弥合食物供需的矛盾，能够缓解我国耕地资源紧缺的问题，可以实现向盐碱地、戈壁、荒漠等非耕地要产量和品质。无土栽培技术不依赖土壤，植物依靠营养液提供的水分和养分来完成整个生命周期，能够扩大农业生产空间，可广泛用于不适合传统土壤耕作的非耕地，更为未来农业现代化提供了想象和发展方向。无土栽培技术具有高产优质、节水控肥、省力省工、病虫害少、无连作障碍，生产过程便于无公害化等优点，使农业产品逐渐向国家食品卫生标准"绿色食品"的目标发展，满足现代人对食品安全的高要求。同时，无土栽培技术能够充分利用水土资源，便于实现自动化、工厂化生产，是实现农业高产优质高效及可持续发展的主要途径。

灌溉是设施作物水分需求的主要来源，灌溉技术是支撑设施农业发展的关键技术。然而，水资源短缺是发展设施农业的最大限制因素，如何在保护生态和不增加用水总量的前提下发展设施无土栽培技术，充分挖掘节水灌溉在无土栽培生产中提质增效的潜在作用，是设施农业亟须解决的关键问题。适宜的水分供给需要合理的灌溉制度作为支撑，制定合理的灌溉制度的关键在于准确获取作物需水量。土壤栽培条件下，作物需水量为作物蒸腾与棵间土壤蒸发之和，无土栽培条件下棵间蒸发忽略不计，作物需水量即为作物蒸腾量。作物蒸腾既参与温室能量平衡和水热通量传输，又是作物产量和品质形成的关键环节。因此，连续、准确获取较短时间尺度内的作物蒸腾量，是制定合理灌溉制度、实现基质栽培设施蔬菜生产精量灌溉管理的基础。无土栽培的主要形式是基质栽培，目前基质栽培生产过程中营养液供给大多超量高频，灌溉频率和灌溉量往往以追求产量最大化为目标，超出作物需求的营养液供给除了引起番茄出现"徒长"现象，还会导致温室内温度和湿度升高、病虫害增多、番茄品质下降。水肥精准灌溉指标欠缺使得基质栽培灌溉技术向智慧型灌溉技术发展缓慢。因此，构建无土栽培模式下需水量估算模型，可为制定合理的灌溉策略提供依据，同时探究营养液不同施用量对番茄植株生长生理指标、产量及品质的影响过程，制定高产优质的番茄无土栽培精准化营养液灌溉模式，可为我国设施农业向现代化和绿色发展的迈进提供技术支撑。

本书紧密围绕设施农业产业发展需求，开展连栋温室微环境变化及基质栽培番茄生长生理响应特征、基质栽培番茄优质高产条件下的蒸腾模拟、控水提质机制及优质高效营养液灌溉模式等方面的研究。明确了水分及营养液施用量的耦合效应在番茄基质栽培过程中对节水稳产和提质增效中的作用，揭示了基质栽培水肥互作对番茄节水增产的内在机理，确定了基质栽培番茄各个生育阶段的需水需肥规律，重点突破了温室番茄基质栽培节水控肥提质增效的水肥精准调控技术，可为设施番茄无土栽培高产优质和现代化发展提供理论依据和技术支撑。

本书由中国农业科学院农田灌溉研究所强小嫚副研究员、王景雷研究员、刘浩研究员、甘肃农业大学康燕霞教授、河海大学王振昌副教授以及中国农业科学院农田灌溉研究所刘胜星硕士、易平硕士、李欢欢博士、硕士研究生朱恬恬和王春婷共同撰写，全书由强小嫚副研究员和刘浩研究员统稿。感谢河南省重大科技专项"设施主要果菜工厂化生产关键技术研究与示范"（241100110200）、国家自然科学基金项目"外源硒对干旱胁迫下温室番茄水分利用和品质的作用及调控机制"（52279052）、河南省自然科学基金"水分胁迫对番茄各穗层果实水分养分吸收及品质形成的调控机制"（252300421577）等项目给予本书的研究资助；感谢中国农业科学院新乡综合试验基地、农业农村部作物需水与调控重点实验室等单位提供的研究平台。本书在撰写过程中得到许多专家和学者的大力支持和帮助，以及撰写过程中参考和引用了大量国内外相关文献，在此一并表示感谢！

由于编者水平和时间有限，本书内容只涉及了基质栽培方式下设施番茄的灌溉模式，未能涵盖其他无土栽培方式以及其他设施主要作物，书中也难免存在不足之处，对有些问题的认识和判断还有待更进一步的深化，敬请读者批评指正。

编 者
2025 年 7 月

目　录

第1章　概　述 ·· 1
　1.1　研究目的与意义 ·· 1
　1.2　国内外研究现状分析 ·· 4
　1.3　需要进一步研究的问题 ·· 16
第2章　试验方案和研究方法 ·· 19
　2.1　研究内容与目标 ·· 19
　2.2　研究方案 ··· 20
第3章　温室微环境变化及基质栽培番茄生长生理响应特征 ······ 41
　3.1　冠层不同层次温室微环境日变化及植株耗水特征响应 ········ 41
　3.2　番茄叶片生理参数日变化及尺度转化 ····························· 47
　3.3　温室微环境动态变化与番茄形态指标对其的响应过程 ······· 52
　3.4　本章小结 ··· 62
第4章　基质栽培番茄优质高产条件下的蒸腾模拟 ···················· 64
　4.1　充分供水条件下基质栽培番茄蒸腾模拟 ························· 64
　4.2　非充分供水条件下基质栽培番茄蒸腾模拟 ····················· 76
　4.3　本章小结 ··· 89
第5章　营养液供给对基质栽培番茄生长生理特性的影响 ·········· 91
　5.1　灌溉量和营养液浓度对番茄形态指标的影响 ··················· 91
　5.2　灌溉量和营养液浓度对番茄生理特性的影响 ··················· 93
　5.3　灌溉量和营养液浓度对番茄地上干物质分配及养分积累的影响 ··· 98
　5.4　本章小结 ·· 102

第6章 基质栽培番茄碳氮代谢关键酶活性及其产物变化过程············104
6.1 灌溉量和营养液浓度对番茄碳代谢酶活性及产物的影响···········105
6.2 灌溉量和营养液浓度对番茄氮代谢酶活性及其产物的影响··········112
6.3 碳氮代谢酶活性及其产物的相关性分析·····················119
6.4 本章小结···121

第7章 基质栽培番茄叶片代谢组学相关性研究··················122
7.1 番茄叶片代谢组学数据的多元统计分析·····················122
7.2 不同灌溉下限的差异代谢物鉴定·························125
7.3 不同灌溉下限的差异代谢物数量比较·····················125
7.4 不同灌溉下限对番茄叶片差异代谢物生物信息学分析············128
7.5 本章小结···138

第8章 基质栽培番茄营养液灌溉模式优化······················140
8.1 对基质栽培番茄耗水特性的影响·························140
8.2 对番茄产量及水肥利用效率的影响·······················142
8.3 对基质栽培番茄品质的影响···························144
8.4 设施基质栽培番茄营养液灌溉模式优化····················146
8.5 本章小结···154

主要英文缩写对照表···································156

参考文献··157

第1章 概 述

1.1 研究目的与意义

设施农业作为我国传统农业向现代农业转型的重要途径,是实现农业现代化的重要发展方向。无土栽培技术通过突破耕地资源限制,在空间和时间上有效弥合食物供需矛盾,为解决我国耕地资源紧缺问题提供了新的方向,尤其为盐碱地、戈壁、荒漠等非耕地的开发利用开辟了新路径。无土栽培技术因其不依赖耕地,可避免造成土壤板结、盐碱化、土传病害等问题,便于水肥一体化管理、实现智能化管理、减少人工劳力和减轻环境污染等多方面优点,近年来发展迅速。然而在设施栽培过程中水肥管理十分严苛,尤其对于叶菜类和瓜果类蔬菜,二者对水肥需求的管控更为严格。番茄作为全球主要的设施蔬菜之一,是一种喜水作物,种植过程对水肥的需求量较大,利用基质栽培番茄生产中极易出现水分供应不足或过量等问题。养分供应则直接影响作物的生长速度、产量和品质。合理的施肥不仅能满足作物对氮、磷和钾等大量元素的需求,还能补充铁、锌和锰等微量元素,促进作物的健康生长。研究表明,基质栽培滴灌系统精准控制水分和养分的供应,可使水分利用率提高 30%~50%,肥料利用率提高 20%~30%。目前基质栽培生产过程中营养液供给大多超量高频,水肥精准灌溉指标欠缺使得基质栽培灌溉技术大面积推广缓慢。因此,研究营养液不同施用量和浓度对基质栽培番茄植株生长发育、产量及品质的影响过程,探明其碳氮代谢机制,优化基质栽培番茄营养液灌溉模式有重要的科学意义,可为无土栽培技术的精准化调控、智能化决策提供技术储备。

适宜的水分供给需要合理的灌溉制度作为支撑,制定合理的灌溉制度的关键在于准确获取作物需水量。土壤栽培模式下,作物需水量为作物蒸腾与棵间土壤蒸发之和。无土栽培模式下棵间蒸发忽略不计，作物需水量即为作物蒸腾量。作物蒸腾既参与温室能量平衡和水热通量传输，又是作物产量和品质形成的关键环节。因此，连续准确获取较短时间尺度内的作物蒸腾量，是制定合理灌溉制度实现基质栽培设施蔬菜生产精量灌溉管理的基础。但是作物需水过程在空间上从叶片到单株再到群体乃至区域，时间上从小时到日尺度再到不同的生育期和季节，具有空间尺度上的非均匀性和时间尺度上的非线性。通过观测作物需水过程中温室微环境和作物蒸腾变化，分析不同尺度温室微环境变化下作物耗水特征，探究不同尺度能量传输机制和影响作物蒸腾的主控因子，利用模型模拟作物需水过程，根据不同的应用场景，建立不同灌溉条件不同尺度下的需水量估算模型，可为制定合理的灌溉策略提供依据，具有节水提质增效的重要意义。随着经济社会发展，消费者对果蔬品质要求日益提高，设施蔬菜生产需兼顾产量与品质的提升。番茄的产量和品质不仅与品种有关，还受到水分、养分和气候条件以及种植方式和农艺管理等因素的影响。其中水分和养分条件是产量品质形成过程中最敏感的影响因素，水分不仅直接关系到作物对养分的吸收效率，同时还对田间小气候起着重要的调节作用。大量试验结果表明，在作物某些生育阶段通过控制水分供应可以改善产品品质，达到在不影响作物产量的条件下提高产品品质的目的。目前国内外基质栽培番茄生产实践中，灌溉频率和灌溉量由主观经验决定，缺乏适宜的灌水策略。为了追求产量的提高往往灌溉过量，超出作物需求的营养液供给除了引起番茄出现"徒长"现象，还会导致番茄产量和品质的下降。因此研究设施基质栽培番茄需水规律，探究不同灌溉水平对设施基质栽培番茄产量、品质和水分利用效率的影响，调节作物生长进程，从而在不影响番茄产量的情况下提高果实品质，具有重要的理论和现实意义。

当前设施番茄栽培中水肥管理存在三个关键问题：一是主要依赖经验性灌溉，缺乏基于作物生理需求与环境响应的动态调控，导致水肥利用效率低下（水分利用率不足50%，肥料利用率低于30%）；二是传统灌溉模式难以适应番茄生育期的动态变化需求，例如苗期对养分敏感而需水量低，成熟期需水量大却易受盐胁迫；三是现有策略普遍忽视椰糠基质持水特性与营养液浓度的交互作用，加剧了养分淋失和盐分累积风险。针对这些问题，建议基于生育期构建营养液精准灌施模式：一方面可通过优化水肥供应提升利用效率，另一方面能通过调控碳氮代谢关键酶［如蔗糖合成酶（SS）、硝酸还原酶（NR）、谷氨酰胺合成酶（GS）］活性及代谢物（如蔗糖、氨基酸）分配实现产量品质协同提升。进一步结合代谢组学技术解析水肥耦合对代谢网络的影响机制，将为动态灌溉模型的参数化设计提供理论依据，推动设施农业向智能化、可持续化方向发展。

我国耕地资源有限，且有严格的用途管制，2022年中央一号文件明确提出：永久基本农田重点用于粮食生产，高标准农田原则上全部用于粮食生产。党的二十大报告提出：逐步把永久基本农田全部建成高标准农田。这意味着耕地将越来越多地用于保障粮食的供给。因此，可用于生产非粮食类产品的增量面积几乎没有，必须通过发展设施农业，提高土地产出率，增加果蔬等农产品的供给。2023年中央一号文件明确指出，在保护生态和不增加用水总量前提下，积极发展设施农业。党的二十大报告明确提出：树立大食物观、发展设施农业，构建多元化食物供给体系。这对设施农业寄予厚望，大力发展现代设施农业，加快用现代技术与先进设施装备武装农业，既可保障农产品稳定安全供给，也可弥补水土资源短缺、减少耕地占用，既可促进农业转型升级和增加农民收入，也可带动关联产业发展，畅通城乡经济循环，是建设农业强国的重要任务，是推进农业农村现代化的重要举措。《全国现代设施农业建设规划（2023—2030年）》提出，关于设施蔬菜量化目标，即到2030年，全国现代化设施农业规模进一步扩大，设施蔬菜产量占比提高到40%，设施种植机械化率达到60%。从国家需求和产业需求方面来看，以设施果菜为主的设施农业在新型农业生产体系中的地位被进一步提到新的高度，因此，如何在保障粮食稳产的前提下发展设施无土栽培产业、保障"菜篮子"产品有效供给、增加经济收入是我国农业生产面临的一个重要问题。本书聚焦设施农业水肥资源高效利用，在系统研究设施无土栽培番茄需水规律基础上，构建无土栽培番茄蒸腾模型，动态模拟设施番茄需水过程，突破设施无土栽培番茄的水肥协同调控关键技术，结合代谢组学分析揭示其生物学基础，为制定高产优质的番茄设施无土栽培精准化管理技术提供理论依据，同时为农业现代化和绿色转型提供技术支撑。

1.2 国内外研究现状分析

1.2.1 温室优质高产番茄需水规律研究进展

研究指出，较之于开放环境，设施栽培可以提高作物用水效率3倍以上（Hao et al.，2013）。在基质栽培条件下，灌溉是作物水分的唯一来源，灌溉不仅是影响番茄产量和品质形成的关键因素之一，而且对温室微环境调控、病虫害的发生与演变重要的影响（郭文忠 等，2005）。鉴于番茄生长迅速，对水分的需求量大且敏感，制定科学合理的灌溉制度，对于提升番茄的产量和品质具有至关重要的意义（Zhao et al.，2018）。所谓科学合理的灌溉制度，就是综合考虑蔬菜的产量、品质、水分利用率以及对环境影响，寻求适宜的平衡点，达到丰产、优质、高效的目的（陆红娜 等，2018）。明确作物需水特性是制定合理灌溉制度的基础。FAO（联合国粮食及农业组织）把补偿农田蒸发蒸腾所消耗的水量定义为作物需水量（Allan et al.，1998）。温室番茄需水量受到栽培方式、作物类型、温室微环境、水分供应条件等多种因素的共同影响（Yi et al.，2024）。由于形态结构和生长季节不同，不同品类蔬菜之间的需水规律有明显差异（葛建坤，2017）。同一种作物在不同的栽培季节及不同的生育期对水分的需求有很大的差别（许金香 等，2005；邵光成 等，2008）。刘浩等（2011）指出，豫北地区番茄日需水量变化范围在0.78~6.01mm/d，全生育期的需水量约为330mm，张友贤等（2014）采用水量平衡方法对膜下滴灌条件下秋冬茬番茄需水规律进行研究，结果表明，番茄全生育期的耗水量为354.3mm时有利于获得较高的产量和灌水利用效率。总体而言，作物需水过程表现为前期小、中期大、后期小的变化规律。苗期耗水量最少，从开花结果期开始，随植株的生长，植株体的蒸腾加大，需水量逐渐变大，到了结果中后期需水量最大，水分对产量的影响也最大。到了成熟期后，由于果实的不断采摘，植株体的衰老，需水量也开始下降。

现有研究表明，通过主动对作物施加一定的水分胁迫，控制营养生长，促进生殖生长，不仅不会降低作物的产量，而且可以减少奢侈蒸腾，提高作物的水分利用效率（康绍忠 等，2002）。崔宁博等（2009）提出温室梨枣在果实成熟期实施中度水分亏缺可显著改善品质；龚雪文等（2015）研究了华北地区日光温室黄瓜的耗水量、产量及品质与灌水量的关系，发现全生育期最适宜的灌水量为 0.75Ep。万书勤等（2019）综合考虑产量、果实形态及水分利用效率，建议番茄开花坐果期 0~60cm 土层含水率维持在田间持水率的 80% 左右。Liu 等（2019）研究指出，减少灌水频率和灌水量虽降低番茄单果重，但显著提升果实维生素 C、可溶性固形物、可溶性糖、可溶性蛋白、硬度及有机酸含量。近年来无土栽培技术推广迅速，刘伟等（2006）提出，在不同的栽培条件下的作物需水过程有明显差异，Son 等（2014）指出，在无土栽培条件下，基质表面的蒸发可忽略不计，在温室基质栽培条件下的作物需水量即为作物蒸腾量。王柳等（2021）提出，由于基质的持水量小，在土壤栽培条件下的优质高效灌溉模式不适用于基质栽培，并指出椰糠条栽培番茄灌溉应遵循少量多次的原则。现有对番茄需水规律研究大多是土壤栽培番茄，对无土栽培番茄，在兼顾优质、高产、高效的条件下，什么时候灌，一次灌多长时间，尚有待进一步明确。

作物冠层与大气之间的物质和能量交换受到作物本身生理、生化以及土壤和气象因子的综合影响，具有非线性、非稳态、多尺度和随机性等特点（张宝忠 等，2015）。现有研究表明，被番茄植株所吸收的水量 99% 以上通过蒸发蒸腾过程消散（Rana et al.，2000），作物需水过程受气候条件、作物类型及灌溉制度和管理方式等因子的综合影响，分析作物需水过程变化规律并确定其主控因子是制定合理灌溉制度的基础（丁日升 等，2014）。邱让建等（2018）提出，不同生育期各水热通量和各能量分量占比有所不同，且具有季节性变化，不同地区作物在不同的生育期的水热通量差异较大。许多研究对大田露天环境下不同尺度能量通量变化进行了分析和研究（Liu et al.，2019；Wang et al.，2020；Yan et al.，2017），但是温室作为半封闭环境，温室内的辐射水平低于外部环境，同时空气流通性较差，风速低且空气湿度较大，水热通量传输过程与大田露天环境存在明显差异，更加复杂多变（Fernández et al.，2010；Qiu et al.，2013）。

温室中作物水分主要通过蒸腾作用消耗，作物蒸腾既是水量平衡的一部分，也是冠层能量平衡的关键一环（郑思宇 等，2020）。作物蒸腾与环境因子密切相关，环境因子包括太阳辐射、温湿度和水汽压差等，不同的环境因子之间具有多重相关性，其中太阳辐射是驱动作物蒸腾的主要驱动力，而水汽压差（VPD）和空气温度变化也会间接影响蒸腾量（Zhang et al.，2016）。汪小昆等（2002）通过评估环境因素对 Venlo 型温室不同种植季节黄瓜蒸腾的影响，指出冬季黄瓜蒸腾速率日变化主要取决于冠层上方净辐射（Rn），夏季黄瓜蒸腾速率对 Rn 和 VPD 变化的敏感性相同。罗卫红等（2004）在同一地区对温室能量通量的评估表明，平均有 46% 作物冠层上方净辐射通过作物蒸腾作用转化为潜热。刘浩等（2010）利用茎流计对日光温室滴灌番茄的研究结果表明，无论晴天还是阴天，蒸腾速率受 Rn 和 VPD 共同支配，Rn 主导蒸腾速率，且蒸腾速率变化相对于太阳辐射总是表现出一定的滞后性。罗新兰等（2019）对寒区日光温室基质袋栽培番茄的研究结果与之一致，并指出冠层上方净辐射的峰值出现在 12：00，而 VPD 峰值出现的时间为 13：00，平均有 43.5% 的净辐射通过蒸腾作用消耗。上述研究分析了不同尺度温室作物需水过程变化及其能量分配，探讨了不同条件下影响作物蒸腾的主控因子，但是作物蒸腾是一个复杂的生理过程，它不仅受各种微环境因子的影响，而且受作物本身形态结构和生理状况的调节和控制。Heilman 等（1994）提出，作物的冠层结构会对能量分配产生影响，事实上由于农田作物具有垂直结构，LAI（叶面积指数）的垂直分布决定了冠层不同层次的辐射水平。Tie 等（2017）提出，在土壤栽培条件下，作物蒸腾和土壤蒸发同时发生，而且随着作物冠层的生长，作物蒸腾和土壤蒸发之间的比例关系是变化的；Zhao 等（2018）指出，作物的 LAI 和空气温度是水热通量变化的主控因子，LAI 控制着蒸发和蒸腾的分配比例。Cowan（1982）认为，冠层的能量输送过程与冠层气孔导度有关，气孔导度是作物对环境的综合响应，是影响农田水热通量最主要的作物生理因子。作物气孔导度与水分供应条件密切相关。在土壤水分充足条件下，气孔完全打开，作物以潜在蒸腾速率失水；在土壤水分不足时，干旱引起气孔导度下降，冠层蒸腾速率减小。作物的需水过程不仅与自身的生理特性和环境因子有关，而且在很大程度上受水分供应状况的决定。姚勇哲等（2012）认为，水分供应条件是影响番茄需水过程的主要决策因子。张大龙等（2014）对温室盆栽甜瓜的研究结果表明，在水分供应充足的条件下，作物蒸腾主要受其本身的生物学特性与外界气象因子的影响，当供水亏缺或过饱和时，水分条件是影响蒸腾的主导因子，蒸腾与环境因子的相关性较差。龚雪文等（2017）对日光温室不同水分处理番茄叶片蒸腾速率和气孔导度的评估表明，充分供水条件下的叶片蒸腾速率和气孔导度分别比亏缺供水处理高 10.8%～14.7% 和 16.3%～21.8%。

综上所述，作物蒸腾是一个复杂的生理过程，其主导因子随时空的变化而不断变化。生理生长因子决定蒸腾的潜在能力，气象因子决定作物蒸腾的瞬时变率，水分供应条件则决定作物蒸腾的总体水平。现有研究多集中于从时间尺度上分析不同的环境因子与作物蒸腾之间的相关关系，评估作物蒸腾与环境因子之间的关系时，环境因子通常基于冠层上方气象数据，没有考虑冠层不同层次微环境因子的变化，对于冠层比较高大、需水量比较大的作物，如番茄、黄瓜等，其冠层上方和冠层内部之间小气候存在明显差异。Morille 等（2013）和 Yan 等（2020）提出，冠层内部微环境与作物叶片之间直接进行水汽交换，作物蒸腾与冠层内部的温室微环境之间更相关。现有研究指出，冠层表面的温度比周围的空气温度低 2～5℃，冠层内部与冠层上方的相对湿度最大相差超过 25%（Westreenen et al.，2020；Jeon et al.，2022）。此外，对于同一种作物，栽培方式及农艺管理措施改变时，作物亦表现出不同的耗水特征。Gong 等（2021）对日光温室滴灌土壤栽培番茄的研究表明，土壤蒸发占全生育期蒸发蒸腾总量的 15.4%～26.5%，是温室能量平衡中不可或缺的一部分。但是在无土栽培条件下，由于土壤蒸发被忽略不计，能量收支与土壤栽培方式下明显不同。在不同的环境条件下，作物可能会表现出不同的生理生态响应机制，因此无土栽培条件下，作物蒸腾与微环境因子之间关系需要重新评估。

1.2.2 温室作物需水量估算方法研究进展

作物需水量估算模型分直接估算模型和间接估算模型。目前直接估算温室设施栽培作物潜热通量的方法主要有三种。一是将温室气象因子、作物因子与实测蒸腾量进行多元拟合，用拟合得到的经验模型估算作物需水量，Ta 等（2011）考虑了水汽压差对作物蒸腾的影响，建立了温室无土基质栽培作物蒸腾量估算的线性模型；李建明等（2017）、刘聪等（2022）基于累计太阳辐射、空气温度和风速以及 LAI，分别建立了温室甜瓜和番茄日蒸腾量估算的经验模型；徐立鸿等（2020）构建了带有偏置项的多元线性回归模型，经验模型的优点是使用方便，但是由于其经验性仅适用于局部区域，具有较强的时空局限性。

二是以数据作为驱动利用算法模型估算作物需水量,霍再林等(2004)基于 BP（Back prpagation）神经网络建立了一个参考作物需水量估算模型;陈士旺等（2019）基于反向传播神经网络算法,以基质含水率变化量、空气温度、空气湿度和光照强度为输入参数模拟了番茄日蒸腾量;李莉等（2022）基于随机森林与门控循环单元模拟了番茄前期的日蒸腾量。由于作物需水量与其影响因子之间复杂的非线性关系,算法模型表现出了广阔的应用前景,但此类模型以数据作为驱动,往往需要大量的数据作为输入,现有研究大多停留在实验室,模型泛化能力有待提升。

三是以 Penman-Monteith（PM）模型为代表的机理模型模拟作物潜热通量。PM 模型最初是为了计算大田环境下的作物需水量估算而提出的,1965 年 Monteith 依据能量平衡和湍流传输理论修正 Penman 模型,将下垫面看成位于动量汇源处的一片大叶,提出了适用于大田作物需水量计算的 Penman-Monteith 模型（Monteith,1965）。1998 年 FAO 规定了一种冠层高度固定为 0.12m,冠层阻抗固定为 70s/m 的理想参考面对 PM 模型进行简化,作为计算大田环境下的参考作物需水量计算的标准方法（Allen et al.,2006）。Penman-Monteith 方程全面考虑了影响温室作物潜热通量的大气物理特性和植被生理特性,可以连续准确模拟较短时间尺度内的温室作物潜热通量。PM 模型自提出以来,在世界各地不同的气候条件下得到了广泛应用（Montero et al.,2001;Rouphael et al.,2004）。应用 PM 模型的关键在于确定模型中空气动力学项（ra）与冠层阻力项（rc）,直接将大田环境下确定的模型参数应用于温室环境会产生较大误差（Boulard et al.,2000）,为使 PM 模型适用于温室条件下的作物需水量估算,根据温室环境的特点对 PM 模型中的参数进行了修正,确定 ra 的方法主要有两种,一是 Perrier（1975）提出的基于作物冠层特征和风速对数函数来计算 ra,Perrier 对数法被普遍应用于大田条件下的 ra 计算,但是陈新明等（2007）认为,该方法不适合于温室,基于 Thom 等（1977）提出的方法对 ra 进行简化,通过假定零平面位移高度修正 PM 模型中的 ra,从而较好地模拟了塑料大棚土壤栽培番茄的蒸腾量。刘浩等（2011）采用相同的方法对 ra 进行简化,建立了一个以温室气象因子和 LAI 为参数的日光温室土壤栽培番茄蒸腾估算模型。二是 Bailey 等（1993）提出的热传输系数法,通过计算温室能量分布区分温室的对流类型来确定 ra。Qiu 等（2013）应用热传输系数法较好的估算了西北旱区日光温室沟灌辣椒需水量，并指出温室内的对流主要以混合对流为主。闫浩芳等（2019）以桶栽黄瓜为研究对象，对 Perrier 对数风速法和热传输系数法对 ra 进行了评估，结果表明基于热传输系数法确定的 ra 模拟精度更高，基于热传输系数确定 ra 是当前的主流方法。rc 与冠层导度有关，冠层导度由叶片气孔导度尺度提升而来，在尺度转换时根据处理冠层的不同，PM 模型可以分为单层模型和多层模型。单层模型 PM 模型是将冠层看成一片大叶，大叶模型是将冠层视为一个整体，能够较好地估算冠层封闭条件下的作物蒸腾量，但在植被冠层较为稀疏时，估算精度较差。多层模型是将冠层分为两层或多层进行考虑。Shuttleworth 等（1985）通过引入 LAI，将作物蒸腾和土壤蒸发分别进行考虑，建立了著名的 SW 双层模型，但其实质仍然是将冠层视为一层。Norman（1982）提出一天中在不同的太阳高度角下，作物冠层中总保持一定比例的遮阴叶片，现有研究将叶片气孔阻力提升尺度转换为冠层阻力时，只考虑了阳光直射的冠层上部叶片，忽略了冠层下部的阴叶。因此有必要根据冠层结构的特点将冠层分层，分别建立冠层不同层次叶片气孔导度与温室微环境因子之间的关系确定 rc。此外，冠层叶片与温室微环境之间的水汽交换存在明显差异，Yan 等（2021）通过分析温室黄瓜作物冠层不同高度主要微气象数据的变化特征与分布规律，分别应用不同观测位置气象因子作为 PM 模型的输入数据估算作物需水量，结果显示，采用作物冠层内部气象数据可使模型的输出精度提高。传感器采集数据的位置对模型输出精度有较大影响，对于不同类型的作物，以冠层内部气象数据作为输入模型是否可以获得更好的模拟效果有待进一步研究。

间接估算温室作物需水量的方法主要包括蒸发皿法和作物系数法，作物系数法包括单作物系数法和双作物系数法。Fernandes（2003）提出，直径 60cm、深 25cm 的蒸发皿可以预测温室的参考作物需水量。应用作物系数法估算温室作物需水量时，Stanghellini（1987）和 Villarreal–Guerrero 等（2012）指出，由于温室内风速较稳定，使得 ra 变化幅度较小，对 ra 取固定值对 PM 模型模拟精度的影响并不显著，徐立鸿等（2020）和李宗阳等（2023）分别对温室栽培番茄和猕猴桃 ra 的敏感性分析得出了相似的结论。Fernández 等（2010）对温室牧草的评估结果表明，将 ra 固定为 295s/m 时模拟效果最好。

由于作物系数法具有一定的经验性，作物系数受气候、土壤、作物栽培管理方式和作物生长状况等诸多因素影响，必须利用当地试验资料对作物系数进行修正或重新计算。

温室微环境的特点之一是风速较低，接近于零，在农田尺度上，作物冠层内部和冠层上方微气象因子存在明显差异，作物自身冠层上部和冠层下方叶片生理特性亦有所不同。气象站采集微环境因子的位置对模型输出精度有显著影响，在温室条件下将气象站安装在冠层内部应用于模型中，是否可以获得更加准确的模拟结果尚有待明确。现有研究认为，温室内空气对流形式以混合对流为主，在考虑冠层不同层次微环境差异将冠层进行分层时，冠层不同层次的叶片与周围环境之间的水汽传输可能受不同类型的对流影响，冠层不同层次叶片分别受什么类型的对流控制尚有待明确。如何正确处理冠层，提高模型输出精度需要进一步探讨。

1.2.3 设施无土栽培下果菜生长发育研究进展

无土栽培（Soilless Cultivation）是指在不使用天然土壤的条件下，通过人工基质或营养液为作物提供生长所需的养分和水分的一种现代农业技术。随着全球耕地资源日益紧张和设施农业的快速发展，无土栽培因其高效、节水、环保等优势，逐渐成为现代农业的重要组成部分。无土栽培技术主要分为水培和基质栽培两大类，水培通过营养液直接为作物提供养分，而基质栽培则使用椰糠、岩棉、珍珠岩等人工基质替代土壤。水培技术通过营养液直接向作物提供养分、水分和氧气，这种栽培方式显著提高了产量和水肥利用效率。基质栽培是无土栽培的主要形式之一。其中，椰糠因其良好的透气性、保水性和可持续性，成为广泛应用的基质之一。研究表明，椰糠栽培能够显著提高番茄、黄瓜等作物的产量和品质。此外，岩棉和珍珠岩等无机基质因其稳定的物理化学性质，也在无土栽培中得到广泛应用。近年来，随着无土栽培技术的快速发展，基质特性对作物生长的影响机制研究不断深入。研究表明，理想的无土栽培基质需同时满足以下关键指标：良好的保水保肥性能、优异的透气性以及稳定的化学性质。椰糠在各方面展现出显著优势：其纤维结构可形成适宜的水汽比例，椰糠总孔隙度通常高于80%，有助于保持水分和空气之间的平衡，碳氮比约80∶1；同时，椰糠的阳离子交换量（CEC）可达32.40~55.00mol/kg，具有良好的养分保持能力。此特性使椰糠成为优化无土栽培系统的理想选择。从适用性、经济性和植物适应性三个维度分析，椰糠基质展现出独特的应用价值。在适用性方面，椰糠的化学性质稳定，pH值维持在5.5~6.5的适宜范围，电导率（EC值）较低，能为植物根系营造稳定的生长环境。经济性上，椰糠来源广泛，主要由椰子外壳加工而成，资源丰富且成本相对较低。与一些价格高昂的进口基质相比，椰糠具有明显的价格优势，能够降低无土栽培的生产成本，尤其对于大规模种植的农户而言，可有效提高经济效益。并且，椰糠可重复利用，经过适当处理后，能多次用于无土栽培，进一步降低了长期使用成本，提高了资源利用效率。植物适应性层面，椰糠对番茄等多种植物表现出良好的适配性。研究显示，以椰糠为基质栽培番茄时，根系活力指数较传统土壤栽培提高25%~30%，根系总长度增加35%~40%，为植株地上部分的生长提供了坚实基础。综上所述，椰糠凭借在适用性、经济性和植物适应性方面的优势，成为无土栽培中极具潜力的基质选择，为推动无土栽培产业的发展提供了有力支撑，在未来的农业生产中有望得到更广泛的应用。

营养液浓度与灌溉量是影响作物生长发育、产量和品质的关键因素。营养液作为作物生长的主要养分来源，其浓度决定了养分的供应强度，而灌溉量则直接影响养分的输送效率。二者协同作用，共同调控作物的生理代谢和生长发育过程。适宜的营养液浓度能够为作物提供均衡且充足的养分，显著促进根系发育、叶片光合作用及干物质积累。研究表明，在番茄栽培中，合理的营养液浓度能够促进根系扩展，增强养分吸收能力，进而提高光合效率，为植株生长和高产奠定基础。然而，营养液浓度过低会导致养分供应不足，引发植株矮小、叶片黄化、生长迟缓等问题，严重限制光合作用效率和产量。相反，营养液浓度过高则可能引发根际离子胁迫，导致根系细胞渗透失衡，抑制养分吸收，甚至造成烧根现象，最终影响作物产量和品质。Kang等（2024）在黄瓜种植中，当营养液中氮、磷、钾等主要元素浓度控制在适宜范围内时，黄瓜的产量和品质均达到最佳状态，而浓度过高或过低均会导致产量和品质下降。灌溉量作为养分输送的关键调控因子，对作物生长发育同样具有重要影响。适量的灌溉能够维持土壤适宜的水分条件，促进根系对养分的吸收和运输，提高水分利用效率，从而支持作物的健康生长和高产。然而，灌溉不足会导致土壤水分亏缺，限制根系发育和养分吸收，进而抑制植株生长，降低产量和品质。

Marín 和 Wang 等（2022）在辣椒种植中，干旱胁迫显著抑制植株生长，导致果实发育不良和产量下降。另外，过度灌溉则可能引发土壤积水，导致根系缺氧，增加病害风险，同时造成养分淋失，降低肥料利用率，并对环境产生负面影响。营养液浓度与灌溉量之间存在显著的交互作用，二者共同影响作物的养分吸收、代谢和分配。合理的浓度与灌溉量组合能够优化作物的养分利用效率，促进干物质积累，实现高产优质。Caruso 等（2011）和 Shirdel 等（2025）在草莓栽培中，根据不同生育阶段精准调控营养液浓度和灌溉量，能够显著提高植株生长势和果实品质。然而，营养液浓度与灌溉量的不匹配可能导致养分利用效率下降。高浓度营养液结合过量灌溉会加剧养分淋失和土壤盐分积累，而低浓度营养液结合灌溉不足则无法满足作物生长需求，二者均会抑制作物生长。

目前营养液浓度和灌溉量对作物生长的重要性已被广泛认识，但在实际农业生产中，精准调控仍面临诸多挑战。农民往往难以准确掌握二者的最佳配比，导致施肥和灌溉不合理，造成资源浪费、土壤退化及环境污染等问题，严重制约农业的可持续发展。因此，深入研究营养液浓度和灌溉量对不同作物生长发育的影响机制，建立基于作物品种、生育阶段和土壤条件的精准调控模型，对于提高农业生产效率、保障农产品质量安全、实现农业可持续发展具有重要意义。通过优化营养液管理策略，有望实现作物生长发育的精准调控，为农业现代化提供科学依据和技术支持。

1.2.4 碳氮代谢的研究进展

（1）植物碳氮代谢相关酶和产物的研究进展。植物碳氮代谢是光合作用、呼吸作用及氮素同化的核心枢纽，二者通过能量与物质交换形成动态平衡，共同支撑植物生长发育与环境适应。蔗糖代谢相关酶包括蔗糖合酶（SS）、磷酸蔗糖合酶（SPS）和酸性转化酶（S-AI）等；在氮代谢相关酶方面，有硝酸还原酶（NR）、谷氨酰胺合成酶（GS）和谷氨酸合成酶（GOGAT）共同调节植株氮素代谢正常进行。植物的碳氮代谢相互协调、相互促进，有着密切的关系，共同调控植物的生长发育。

碳代谢关键酶的调控机制方面，蔗糖合成酶（SS）展现出功能的多样性。SS 在蔗糖合成与降解路径中扮演双重角色，在合成方向，它催化尿苷二磷酸葡萄糖（UDPG）与果糖反应生成蔗糖；在降解方向，则将蔗糖分解为 UDPG

与果糖，其活性的动态变化对源库器官间的碳分配效率影响显著。在果实发育进程中，在果实成熟期，SS 活性上调，促使蔗糖积累量增加约 30%，这一变化显著提升了果实的甜度，进而提高了其市场价值。李国辉等（2019）研究发现在逆境响应过程中，低温胁迫下，水稻通过激活 SS 活性，使得胞内蔗糖浓度增加 40%，从而增强细胞的渗透调节能力，其抗寒性得以提高 25%。酸性转化酶（S-AI）则在植物源库关系调节中发挥关键作用。植物碳代谢产物不仅为植物的生长发育提供物质和能量基础，还在植物应对逆境胁迫过程中发挥着重要作用。蔗糖作为信号分子，参与调控植物的生长发育进程，包括种子萌发、根系生长、开花诱导等。在逆境胁迫下，植物体内可溶性糖含量增加，如葡萄糖、果糖等，一方面可以调节细胞渗透压，维持细胞的水分平衡，增强植物的抗旱、抗寒能力；另一方面，还可以作为抗氧化剂，清除活性氧自由基，减轻氧化损伤。

氮代谢方面，硝酸还原酶（NR）是植物氮同化的关键酶，催化硝酸盐还原为亚硝酸盐，其活性与作物氮利用效率密切相关。Juan 等（2012）研究发现在番茄中，NR 活性在果实膨大期显著升高，促进氮的同化和利用。谷氨酰胺合成酶（GS）和谷氨酸合成酶（GOGAT）是植物氮同化的核心酶，催化铵离子与谷氨酸结合形成谷氨酰胺，其活性与作物产量和品质密切相关。Li 等（2019）在小麦中，较高的氮肥施用通常会提高 GS 和 GOGAT 的活性，促进氮的同化和转运，从而提高籽粒的蛋白质含量和产量。氮代谢产物对植物的生长发育和抗逆性具有深远影响。氨基酸不仅是蛋白质合成的原料，还作为信号分子参与植物的生长调控，如精氨酸可通过调节一氧化氮（NO）的合成，影响植物根系的生长和发育。蛋白质是植物体内氮的主要储存形式，其合成与降解过程受到严格调控。核糖体蛋白合成酶参与蛋白质的合成过程，在植物生长旺盛时期，核糖体蛋白合成酶基因表达增强，促进蛋白质合成，满足植物生长对氮素的需求。

综上所述，植物碳氮代谢及其产物在植物生长发育和应对环境胁迫过程中发挥着核心作用，且二者相互关联、相互影响。深入了解植物碳氮代谢相关酶及产物的作用机制，对于优化作物栽培管理、提高作物产量和品质以及增强作物抗逆性具有重要的理论指导意义。

（2）植物代谢组各生育期动态变化的研究进展。代谢组学（Metabolomics）是研究植物体内所有代谢产物的组成、动态变化及其与生理、环境之间关系的学科。代谢组学通过高通量分析技术（如质谱、核磁共振等）对植物体内的代谢物进行定性和定量分析，揭示植物在不同生长条件、环境胁迫和遗传背景下的代谢调控机制。在植物领域，代谢组调控植物生长、发育、应对环境胁迫以及次生代谢产物合成等方面的研究，近年来取得了显著进展，为深入理解植物生命活动机制和提升植物性能提供了全新视角。

在植物营养生长阶段，代谢组在维持植物光合、呼吸等基本生理过程中起关键作用。于晓波等（2024）研究发现，在光合作用活跃的叶片中，光合碳代谢相关的代谢物，如磷酸丙糖、蔗糖等，参与碳同化和运输，其含量和比例直接影响植物的生长速度和生物量积累。Sun 等（2015）研究表明，营养生长阶段的代谢组动态变化不仅决定了植物的株高、茎粗和叶面积等形态指标，还通过调控光合产物的分配，影响后期生殖生长的潜力。当植物从营养生长向生殖生长转变时，代谢组发生显著重塑。这一阶段的代谢组变化主要体现在碳氮代谢的重新分配上。阮新民等（2015）研究表明，蔗糖、氨基酸和有机酸等代谢物的含量和比例发生显著变化，以满足花芽分化和果实发育的需求；蔗糖和淀粉的积累为果实膨大提供了必要的碳源，而氨基酸和有机酸的合成则为蛋白质和次生代谢产物的合成奠定了基础。在果实发育和成熟阶段，代谢组的动态变化进一步影响果实的品质和营养价值。Li 等（2022）研究发现，番茄果实成熟过程中，类胡萝卜素、维生素 C 和酚类化合物等次生代谢物的积累显著增加，这些代谢物不仅决定了果实的色泽、风味和营养价值，还与其抗氧化能力和抗病性密切相关。并且 Micallef 等（2022）研究发现，果实成熟阶段的代谢组变化与果实的糖酸比、硬度和贮藏性等品质指标密切相关。代谢组的变化还受到环境因素的显著影响。其中，水分和养分胁迫会导致代谢组的显著重塑，进而影响植物的生长发育和产量品质。Pardo-Hernández 等（2024）研究发现，适度水分胁迫可提高番茄果实中糖类和酚类化合物的含量，从而改善果实品质；而过量水分则会导致代谢紊乱，抑制果实发育。

综上所述，代谢组在植物各生育期的动态变化不仅调控了植物的生长发育，还通过影响碳氮代谢和次生代谢产物的合成，决定了后期果实的产量和品质。未来，我们通过代谢组学技术解析植物生长发育的代谢调控网络，将为优化作物栽培管理和提升果实品质提供重要理论依据。

1.2.5 营养液灌溉模式的研究进展

营养液灌溉模式作为无土栽培技术体系的核心构成部分，凭借其对营养液成分、浓度及供应量的精准调控效能，为作物生长营造了极为理想的环境条件。近年来，在提升作物产量、优化品质以及提高资源利用效率等多个关键维度，该模式展现出了卓越且无可替代的优势。传统的营养液管理范式，往往将产量最大化作为单一且主导的目标导向。然而，在当前消费者对果蔬品质要求日益精细化、严格化，以及农业可持续发展理念已成为全球共识并深入践行的宏观背景下，相关研究正经历着从单一目标驱动向多目标协同优化范式的深刻转型。

大量的研究成果表明，精准调控营养液浓度与灌溉量对番茄的生长发育进程具有至关重要的影响。Ou 等（2023）研究发现正常排水率（20%）结合高 EC 值［EC1.2/4.8（1.2+3.6Na）/3.2（1.2+2.0Na）］的处理（T_2）显著促进了番茄的生长和果实风味品质，能够显著促进番茄植株的物质积累，进而有效提升产量；然而，排水率过高则易引发养分过剩，干扰植株正常的生理代谢过程，对番茄生长产生明显的抑制效应。类似地，孟鑫等（2021）的研究进一步指出，适宜的营养液浓度能够通过调控植株的生理生化过程，显著提升番茄果实的可溶性固形物、维生素 C 含量以及糖酸比等关键品质指标；而一旦浓度偏离适宜区间，番茄果实品质便会出现不同程度的劣化。以上研究共同揭示了营养液浓度在番茄产量和品质形成中的双重作用，但同时也提出了一个问题，如何在不同生长阶段和环境条件下确定最适浓度，实现产量与品质的协同优化。

从资源利用效率的角度来看，营养液灌溉模式通过对营养液供应量与成分的精确调配，显著提升了水分与肥料的利用效率。研究表明，采用滴灌系统的营养液灌溉模式，能够使水分利用率相较于传统灌溉方式提升 30%~50%，肥料利用率亦能相应提高 20%~30%。与此形成对比的是，传统灌溉方式由于养分供应不均匀，易导致养分淋失和资源浪费。此外，精准调控营养液供应量还能有效减少养分的淋失与径流损失，降低对地下水的污染风险，维护水生态系统的平衡与稳定。以上研究不仅强调了精准灌溉模式在资源高效利用方面的优势，还揭示了其在环境保护与可持续发展中的重要作用。

在探寻最优营养液灌溉模式的方法学研究领域，目前已构建起一套多元化的技术体系。主成分分析法（PCA）通过正交变换构建主成分空间，将高维数据分解为相互正交的低维主成分，并基于协方差矩阵的特征分解定量化确定各主成分的方差贡献率，最终实现数据降维与关键特征提取，以简化数据结构并揭示潜在变异规律。相比之下，数据包络分析法（DEA）则基于相对效率的理论框架，以多个投入和产出指标构建生产前沿面，通过精确比较各决策单元与前沿面的相对位置关系，实现对其效率水平的精准评估。Wichapa 等（2025）运用 DEA 方法，对不同营养液灌溉模式下番茄种植的资源利用效率、生产效率等关键指标进行了系统评估，进而筛选出了高效、可持续的灌溉模式。此外，熵权法（EWM）通过对指标数据的熵值进行精确计算，能够客观、准确地确定指标权重，熵权法能够敏锐反映各指标的变异程度，从而实现对不同方案的科学、合理排序。郭嫣（2024）采用熵权法，结合番茄生长过程中的多维度、多尺度指标数据，确定了适宜的营养液灌溉模式，为实际生产提供了科学依据。在方法融合与协同优化方面，此方法在灌溉模式优化中取得了显著成果，但其多集中于单一方法的应用，缺乏多种方法的融合与协同优化，这为未来的研究提供了新的方向。

综上所述，营养液灌溉模式作为一种高度集成的高效、精准农业技术，在提升番茄产量、优化果实品质以及提高资源利用效率等方面展现出了显著的综合优势。然而，现有研究仍存在一些局限性，缺乏对多养分协同作用、灌溉量与养分供应协同作用的深入研究，以及针对椰糠栽培番茄的系统研究。展望未来，随着智能化管理技术与多目标优化方法的深度融合与协同创新发展，营养液灌溉模式有望在设施农业领域实现更为广泛的应用与推广，为推动农业可持续发展提供坚实的技术支撑与保障，助力农业生产向绿色、高效、智能的现代化方向迈进。

1.3 需要进一步研究的问题

从以上国内外研究动态分析来看，针对土壤栽培作物需水规律和水肥高效利用均已进行了大量的研究，但当栽培方式和温室类型及通风条件改变时，有必要深入分析温室微环境因子的变化特点及其对作物需水过程的影响，确定无土栽培下作物的需水规律，构建无土栽培下作物的蒸腾模型，明确高产高效的无土栽培灌溉下限和营养液浓度，探明无土栽培条件下番茄碳氮代谢、产量和品质的调控机制，阐明无土栽培番茄高效营养液灌溉模式。为设施番茄无土栽培高产优质和现代化发展提供理论依据和技术支撑。需要进一步研究的问题如下。

（1）土壤栽培条件下，土壤蒸发和植株蒸腾共同影响温室能量通量变化，但是无土栽培条件下土壤蒸发忽略不计，能量传输过程明显有别于土壤栽培。温室环境与作物生理生态之间息息相关，在转换不同尺度的作物需水信息时，要先确定某一尺度控制作物需水过程的主导因子，然后才能将其转换为另一尺度。因此当栽培方式和温室类型及通风条件改变时，有必要深入分析温室微环境因子的变化特点及其对作物需水过程的影响，确定不同时空尺度温室水热通量主控因子，探究作物生长生理特征与温室环境因子之间的耦合关系，构建基于温室微环境因子的作物生长发育动态模拟模型。

（2）Penman-Monteith 模型可以较好地估算冠层完全覆盖地面的均匀下垫面潜热通量，是当前温室作物需水量估算中应用最广泛的机理模型，但是在冠层稀疏条件下 PM 模型的准确性存在争议。准确应用 PM 模型的关键在于确定模型中的冠层阻力项和空气动力学项。尽管当前许多研究成功应用 PM 模型对温室作物水热通量进行了模拟，但是由于其模型参数的确定基于特定的气候条件和温室类型，限制了模型的推广和应用。因此有必要根据无土栽培条件下的温室微环境特点对模型参数进行合理修正，提高模型的适用性，使其适用于冠层稀疏条件下的温室作物需水量估算以满足当前温室无土栽培番茄灌溉管理的现实需求。

（3）由于基质持水量小，对水分和养分的缓冲性差。若供给的营养液过少则不能满足作物生长发育需求，会造成产量的降低。若供给的营养液超出作物需求，超出需求的这部分营养液造成资源浪费的同时还会产生面源污染，因此适宜的水分供给对于温室基质栽培番茄产量和品质的形成至关重要。当前的温室生产实践中由于缺乏科学合理的灌溉策略，为了追求高产盲目投入水肥资源，制约了设施农业的绿色可持续发展。如何统筹兼顾作物的产量和品质，对基质栽培条件下的作物进行合理灌溉，是当前设施番茄生产迫切需要解决的问题。

(4)水分和养分胁迫会导致植株代谢组的显著重塑,适度水分胁迫可提高番茄果实中糖类和酚类化合物的含量,从而改善果实品质,而过量水分则会导致代谢紊乱,抑制果实发育。现有研究多局限于单一生育期或环境条件,对水肥耦合作用下代谢物时空分布规律的研究仍属空白,制约了精准灌溉模型的构建。

(5)无土栽培过程中对水肥的精准调控技术方面的研究还较薄弱,生产过程中营养液的供给常采用大水大肥的灌溉方式,造成水肥严重浪费的同时还会影响作物的产量和品质,并且灌溉过程中依然采用手动控制或手动结合自动控制方式,无土栽培技术向"智慧型"灌溉技术发展缓慢,因此,需摸清基质栽培番茄的需水需肥过程,明确基质栽培番茄的水肥精准调控技术,保证作物高产优质的同时又节水控肥,为无土栽培技术的精准化调控、可视化管理和智能化决策提供技术支撑。

第 2 章　试验方案和研究方法

2.1　研究内容与目标

针对当前设施无土栽培番茄高产优质水肥管理中存在的问题，本研究以温室番茄为对象，基于节水、高效、高品质现代农业生产的视角，系统开展以下几方面的研究。

（1）Venlo 型温室基质栽培番茄需水过程及模型模拟。研究不同营养液灌溉量及浓度下番茄生育期内温室微环境因子及植株需水过程特征变化，探究不同时空尺度微环境因子对番茄耗水过程的影响，探讨番茄生长过程与微环境因子的耦合关系，明确设施基质栽培番茄不同尺度耗水过程主控因子，为科学调控温室环境提供依据。分析 Penman-Monteith 模型（PM 模型）存在的局限性和番茄冠层结构的特点，对模型参数进行优化，构建不同条件下的冠层阻力和空气动力学阻力子模型，改进 PM 模型，利用蒸渗仪 0.5h 实测数据作为验证，探究不同冠层覆盖条件下设施基质栽培番茄潜热通量模拟，为温室精量灌溉管理提供支撑。

（2）灌溉下限与营养液浓度对 Venlo 型温室椰糠栽培番茄生长和生理的影响。通过监测苗期、开花坐果期及成熟期番茄形态指标（株高、茎粗和叶面积指数等）与生理参数［净光合速率（Pn）、蒸腾速率（Tr）和气孔导度（Gs）等］，结合成熟期植株器官（茎、叶、果实）氮（N）、磷（P）、钾（K）累积量测定，分析水肥耦合对生物量分配的调控规律，明确不同灌溉下限与营养液浓度对番茄植株的生长生理响应。

（3）灌溉下限与营养液浓度对 Venlo 型温室椰糠栽培番茄叶片碳、氮代谢的影响过程。测定各生育期碳代谢关键酶［如蔗糖合成酶（SS）、酸性转化酶

(S-AI)、蔗糖磷酸合成酶（SPS）]和氮代谢关键酶[如硝酸还原酶（NR）、谷氨酰胺合成酶（GS）、谷氨酸合成酶（GOGAT）]的活性，结合主要代谢产物（如蔗糖、硝态氮、蛋白质等）的含量变化。通过相关性分析，揭示碳氮代谢关键酶活性与产物的关系，阐明不同灌溉下限和营养液浓度处理对番茄叶片碳氮代谢的调控机制，为理解番茄代谢过程及其生理响应提供理论支持。

（4）灌溉下限与营养液浓度对番茄叶片代谢组学的影响研究。基于代谢组学技术，研究不同灌溉下限与高营养液浓度组合条件下，番茄叶片在成熟期（结果前期、结果中期和结果后期）的差异代谢产物种类及相关代谢通路。通过非靶向代谢组学分析，筛选出显著差异代谢物（如糖类、氨基酸、有机酸等），并结合代谢通路富集分析，揭示水肥处理对番茄代谢网络的调控机制。该研究不仅为逆境调控提供代谢标记物，还为丰产优质高效的可持续栽培体系提供技术支持。

（5）灌溉下限与营养液浓度对番茄产量、品质及水肥利用效率的影响研究。系统分析不同灌溉下限和营养液浓度对椰糠栽培番茄产量、品质及水肥利用效率的影响，并进一步进行多指标综合评价优化灌溉模式。通过测定番茄的坐果数、单果质量、总产量等以及可溶性固形物、可溶性糖、糖酸比等，评估水肥处理对番茄经济性状的影响。同时利用 Pearson 相关性分析和主成分分析（PCA），筛选出可溶性固形物作为代表性品质指标，简化评价体系。

（6）确定 Venlo 型温室番茄高产优质灌水策略。采用 Critic 权重法确定各指标的客观权重，结合 Vikor 法构建综合评价模型，计算各处理的最优方案距离（Qi 值），筛选出最优灌溉施肥方案。明确不同水肥处理对番茄产量、品质及水肥利用效率的影响规律，基于节水、高效、高品质现代农业生产视角，优化灌溉策略，为椰糠栽培番茄的高产优质高效提供理论支撑。

2.2 研究方案

2.2.1 研究方法与技术路线

本书通过分析目前我国设施无土栽培水肥生产中存在的问题，以华北地区

Venlo 型温室基质栽培番茄为研究对象，以开展试验和模型模拟等方法凝练出目前设施无土栽培水肥管理中要具体研究的内容。首先，探究温室能量通量和水热传输机制，改进作物蒸腾估算模型，动态模拟设施栽培番茄需水过程；其次，系统分析不同灌溉下限和营养液浓度对番茄生长发育、碳氮代谢酶活性及代谢组的影响过程；最后，聚焦节水、高效、高品质现代农业生产视角，提出 Venlo 型温室无土栽培高效灌溉模式。具体技术路线如图 2.1 所示。

2.2.2 试验区概况

试验于中国农业科学院新乡综合试验基地 Venlo 型温室内进行，该试验地位于河南省新乡市（35°19′N、113°53′E，海拔 73.2m），该地区属暖温带大陆性季风气候区，年均降水量 548.3mm，年均蒸发量 1908.7mm，多年平均气温 14.1℃，年日照时数为 2398.8h，无霜期 200.5d。连栋温室坐北朝南，占地

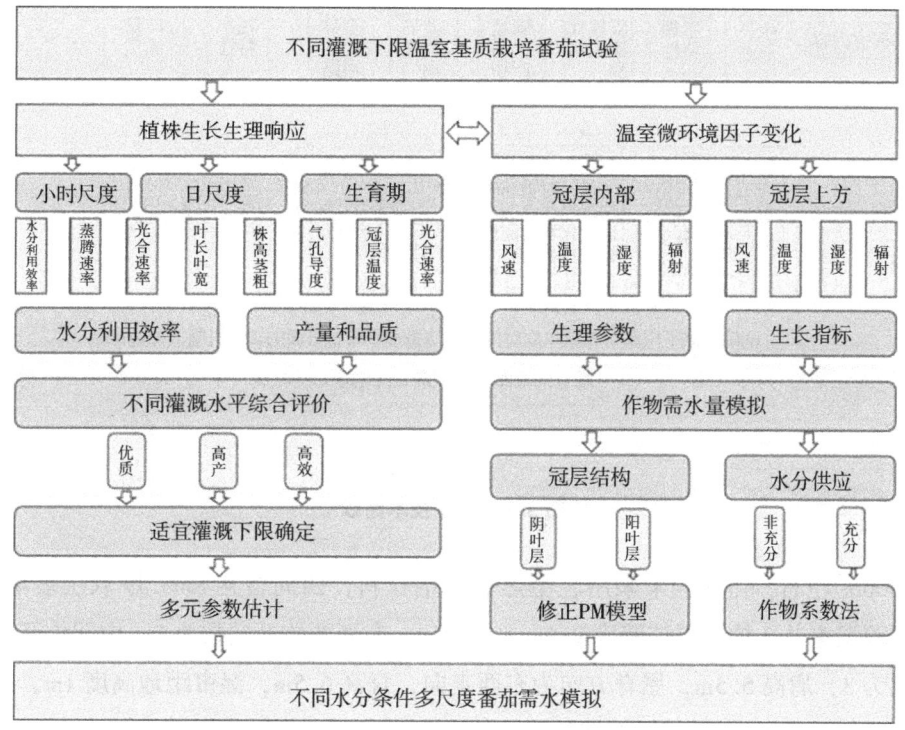

(a)

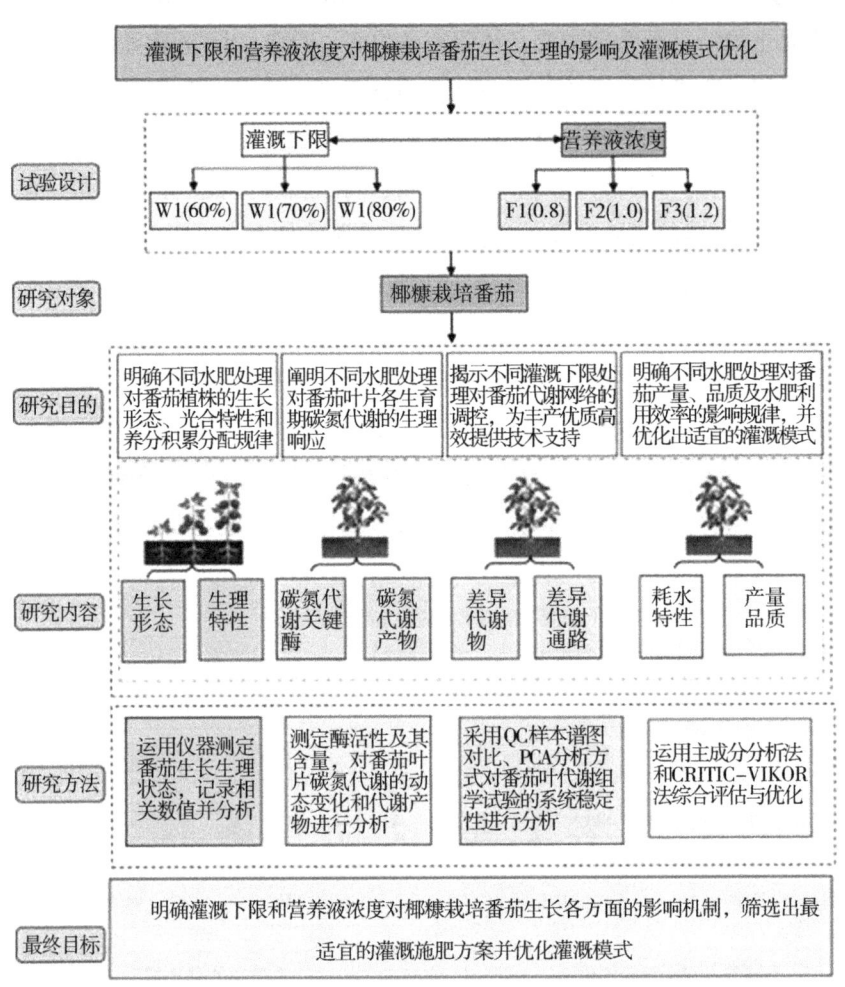

(b)

图 2.1 试验技术路线

2000m²左右，主体构架采用轻型热镀锌钢材料，四周覆盖 8mm 厚双层玻璃，试验温室共 3 栋，单栋跨度 9.6m，长 28m，东西两栋开间数为 2，中间栋开间数为 3，肩高 5.5m，屋脊方向为东西走向，脊高 6.5m，湿帘距地高度 1m，风机距地高度 1.5m。试验在连栋温室的中间栋进行，当室内温度超过 35℃、湿度超过 60%时，关闭天窗和侧窗，打开外遮阳网，并开启降温系统；其他时间自然通风。试验温室侧视示意图如图 2.2 所示。

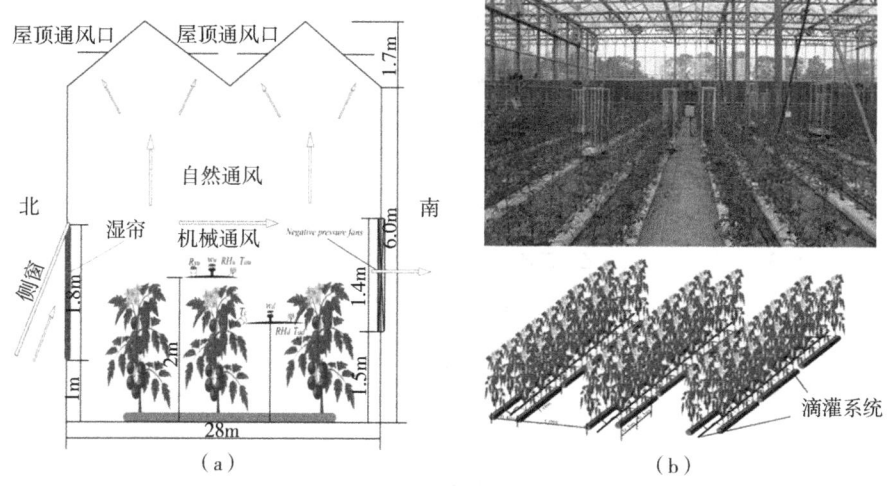

图 2.2 试验温室侧视示意图

2.2.3 试验设计

2.2.3.1 Venlo 型温室基质栽培番茄需水过程试验（2022—2023 年）

试验于 2022—2023 年在中国农业科学院新乡综合试验基地进行，试验栽培基质选用椰糠，苗期充分供水，从开花坐果期开始以基质含水量为控制因素，分别按基质持水量的 60%（T_1）、70%（T_2）、80%（T_3）设 3 个下限处理，每个处理重复 3 次，一次重复 24 株。种植方式采用宽窄行，宽行行距 1m，窄行行距 0.4m，株距 0.3m。营养液配方选用霍格兰营养液配方（表 2.1），灌溉方式采用滴灌，每行铺设一条滴灌管道，滴头流量 1.98L/h，滴头间距与株距相同。在每个小区首部安装一个灌溉控制器和一个精度为 0.001m³ 水表，定时对番茄灌溉，严格控制灌水量。试验温室有自然通风和强制通风两种通风模式，自然通风采用侧窗和天窗联合通风，初花期为保苗避免植株徒长，打顶前强制通风采用湿帘结合负压风机的调控方式，采摘期打顶后强制通风采用湿帘结合风机以及外遮阳的调控方式，气温高于 30℃时开启强制通风，气温低于 15℃时关闭天窗和侧窗，其他时间自然通风。

表 2.1 霍格兰营养液配方

分类	化合物名称	基础配比/（mg/L）
A 液	四水硝酸钙	945.00
	硝酸钾	607.00
B 液	磷酸二氢铵	115.00
	七水硫酸镁	493.00
C 液	乙二胺四乙酸二铁钠	30.00
	硼酸	2.86
	四水硫酸锰	2.13
D 液	七水硫酸锌	0.22
	五水硫酸铜	0.08
	四水钼酸铵	0.02

分别在温室中部 2m 高度处和冠层中间 2/3 高度处安装两套气象自动采集系统，采集番茄全生育期气象数据，其中冠层中间气象采集系统位置随冠层生长不断移动，始终保持在冠层 2/3 高度处。气象采集系统监测项目包括总辐射（Rs）、相对湿度（RH）、空气温度（Ta）和风速（u）。2m 高度处选用精度为 0.2kW/（$m^2 \cdot mV$）的辐射计（LI200X，Campbell Scientific，Inc，USA）测量 Rs；Ta 和 RH 采用温湿度记录仪（CS215，Campbell Scientific，Inc，USA）测定；冠层中间 Ta 和 RH 由温湿度传感器（S－THB－M002，Hobo，USA）测定，冠层上下方风速均采用精度为 0.02m/s 的超声波风速仪（Wind Sonic，Gill，UK）测量，所有数据每 10s 记录一次，30min 计算一次平均值储存于 CR1000 数据采集器中（Campbell Scientific Inc，USA）。温室外安装有一套全自动气象站，测定的气象参数包括总辐射、温度、湿度、风速和风向，所有数据每隔 10s 记录一次，30min 计算一次平均值储存于 CR1000 数据采集器中（Campbell Scientific Inc，USA）。在试验开始前，对所有传感器探头进行校正。

2.2.3.2 观测指标与测定方法

（1）温室微环境因子观测。分别在温室中部 2m 高度处和冠层中间 2/3 高度处安装两套气象自动采集系统，采集番茄全生育期气象数据，其中冠层中间气象采集系统位置随冠层生长不断移动，始终保持在冠层2/3高度处。气象采集系统监测项目包括总辐射（Rs）、相对湿度（RH）、空气温度（Ta）和风速（u）。2m高度处选用精度为0.2kW/（m^2·mV）的辐射计（LI200X，Campbell Scientific，Inc，USA）测量Rs，Ta和RH采用温湿度记录仪（CS215，Campbell Scientific，Inc，USA）测定；冠层中间Ta和RH由温湿度传感器（S-THB-M002，Hobo，USA）测定，冠层上下方风速均采用精度为0.02m/s的超声波风速仪（Wind Sonic，Gill，UK）测量，所有数据每10s记录一次，30min计算一次平均值储存于CR1000数据采集器中（Campbell Scientific Inc，USA）。温室外安装有一套全自动气象站，测定的气象参数包括总辐射、温度、湿度、风速和风向，所有数据每隔10s记录一次，30min计算一次平均值储存于CR1000数据采集器中（Campbell Scientific Inc，USA）。在试验开始前，对所有传感器探头进行校正。

（2）番茄蒸腾量及耗水量观测。椰糠条泡发后体积为100cm×20cm×10cm，6面塑料膜包裹，仅底边留有排液孔。每个处理选两个基质条，在基质条下方安装回液槽，用天平（精度为1g）每天8：00和18：00定时称量，以早上的称重数据和当天的天气条件作为灌水依据，根据水量平衡原理计算单株番茄日蒸腾量，其计算式如下所示：

$$T_d = W_i + I_i - R_i - W_{i+1} \tag{2.1}$$

式中，T_d 为番茄植株单株日蒸腾量，kg；W_i 为第 i 天 8：00 基质槽与基质以及植株重量之和，kg；I_i 为第 i 天灌水量，kg/株，R_i 为第 i 天基质回液量，kg；W_{i+1} 为第 $i+1$ 天 8：00 基质槽与基质以及植株重量之和。

采用称重式蒸渗仪（精度为1g，BSI-ZSY2019，西安碧水环境新技术有限公司）对设施基质栽培番茄植株潜热通量进行测定。蒸渗仪内栽有三株番茄，植株间距与其他植株保持一致，为减小边界影响，蒸渗仪安装在温室中间位置，每半小时记录一次，实测潜热通量 T_m 以能量单位（mm/d）表示，由下式进行转化：

$$LE_m = \lambda \frac{PD \times \Delta m \times 35.3}{\Delta t} \tag{2.2}$$

式中，λ 为水的汽化潜热，W/m^2；PD 为番茄的种植密度，株/m^2；Δm 为 Δt（s）时段内基质槽质量改变量，g。

(3) 番茄生理生态指标观测。定植2周后，每个处理标记6株长势均一的植株，每隔10d测量植株的株高、茎粗、叶长及最大叶宽，叶长叶宽及株高用卷尺测量。叶面积指数（LAI）为单株叶面积与单位面积的比值，其中番茄单株叶面积为单叶叶面积（叶长×最大叶宽）乘以折减系数0.64之和（刘浩 等，2009）。两次测量时间间隔内的日LAI利用Matlab R 2022a软件通过Hermite插值法插值得到。用精度为0.01mm的数显游标卡尺分两个方向测量距茎基部2cm处直径，记为茎粗。采用LI-6400xt便携式光合作用测量系统（LI-COR，USA），选择晴朗天气每隔1h测量番茄叶片气孔导度，测量时段为8：00—18：00。采用光量子传感器（MQ-300，Apogee，USA）分别测定冠层上方和冠层下方光合有效辐射，每30min记录一次数据；番茄冠层温度由红外测温仪（SI-111，Apogee，USA）测量。

(4) 番茄产量及水分利用效率的测定。于番茄成熟期，在每个处理小区中间选取12株作为产量观测对象，每个处理重复3次，记录12株植株红色的、无病虫害的果实采摘数量，并用精度为0.1g的电子天平称量单果重和计算总产量，水分利用效率（WUE，kg/m³）用下式计算：

$$\text{WUE} = \frac{Y_a}{T} \tag{2.3}$$

式中，Y_a为番茄产量（kg/株）；T为作物耗水量（m³/株）。

(5) 数据分析与处理。利用Microsoft Excel 2019和Matlab R 2022a软件进行数据整理及计算；采用SPSS 25.0软件进行试验数据方差分析，运用LSD法对不同处理间差异进行多重比较，运用Origin 2022软件完成作图。

(6) 评价指标。用平均相对误差（Mean relative error，MRE）、平均绝对误差（Mean absolute error，MAE）、均方根误差（Root mean square error，RMSE）及Nash-Sutcliffe效率系数（Nash-Sutcliffe efficiency coefficient，NSE）评价模型模拟精度，计算公式如下所示：

$$\text{MRE} = \frac{1}{n}\sum_{i=1}^{n}\left|\frac{T_i - M_i}{M_i}\right| \tag{2.4}$$

$$\text{MAE} = \frac{1}{n}\sum_{i=1}^{n}|T_i - M_i| \tag{2.5}$$

$$\text{RMSE} = \sqrt{\frac{1}{n}\sum_{i=1}^{n}(T_i - M_i)^2} \tag{2.6}$$

$$NSE = 1 - \frac{\sum_{i=1}^{n}(T_i - M_i)}{\sum_{i=1}^{n}(M_i - \overline{M_i})} \qquad (2.7)$$

式中，n 为样本数量；T_i 为模型计算的第 i 个模拟值；M_i 为蒸渗仪测量的第 i 个实测值；$\overline{M}$ 为 M_i 的平均值；NSE 越接近于 1，表明模型拟合效果越好。

2.2.3.3 Ven 型温室灌溉模式试验（2023—2024 年）

试验于 2023 年 3 月至 2024 年 7 月在河南省新乡县七里镇的中国农业科学院新乡综合试验基地（35°9′N，113°47′E，海拔 78.7 m）的连栋温室内进行。番茄供试品种为新型水果型番茄"普罗旺斯"，属无限生长品种。椰糠采用荷兰 FORTECO Power 商品椰糠条，平均重量为 2.20kg ± 0.02kg，体积密度为 0.075g/cm³，粗细椰糠比为 3∶7，椰糠条泡发后体积为 100cm×20cm×10cm，其理化性质为：全氮 4280.58mg/g、全磷 529.44mg/g、全钾 8527.08mg/g、pH 值为 5.60、EC 值为 2.50mS/cm。每个椰糠条 6 面塑料膜包裹，仅顶上一面每隔 33cm 划开 5cm×5cm 的正方形小孔用于移栽番茄苗，每个椰糠条（1m）种植 3 株番茄，底边留有排液孔，温室地面整体铺设防草布。试验采用椰糠条宽窄行栽培方式，宽行 100cm，窄行 40cm，株距 33cm。每个处理分别有 2 个体积为 110cm×30cm×10cm 的栽培槽，每槽放置 1 条泡发后的椰糠条（100cm×20cm×10cm）和一个正方体框架（110cm×30cm×151cm），共 18 个椰糠条。试验站位置以及温室内的试验布置如图 2.3 所示。

设置灌溉下限和营养液浓度 2 个因素，其中灌溉量由椰糠条含水量控制，以单株番茄需求量为标准。灌溉下限：设置 3 个水平，分别为椰糠条持水量的 60%（W1）、椰糠条持水量的 70%（W2）、椰糠条持水量的 80%（W3）。当各处理含水量达到灌溉下限时进行灌溉，至椰糠条持水量的 100%时停止灌溉。根据回液占施用量 25%~30%的原则来调整各处理灌溉时长和每日灌溉频次。营养液剂量：设置 3 个水平，分别为 0.8 剂量（F1）、1 剂量（F2）和 1.2 剂量（F3），采用霍格兰营养液配方（表 2.1），苗期均采用 0.5 剂量。采用水肥一体化滴灌系统进行水肥管理，滴头间距 33cm，滴头流量 2L/h，灌溉量采用流量计控制（精度为 0.001m³）。具体试验处理组描述见表 2.2，共 9 组处理，各处理 3 个重复。

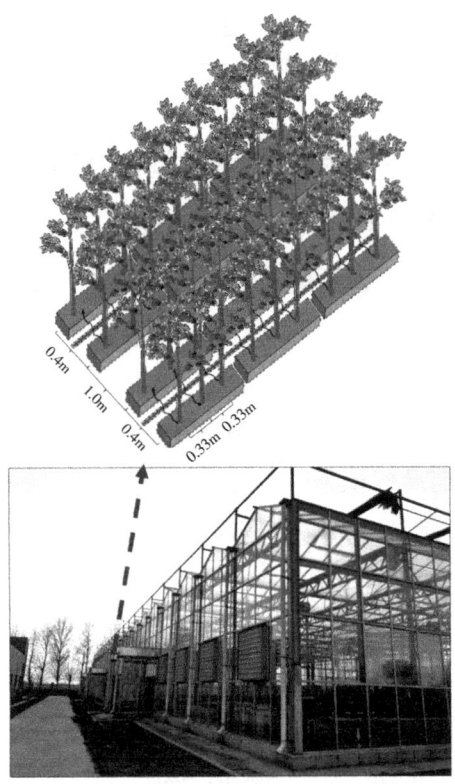

图 2.3 试验区位置示意图

表 2.2 试验处理

处理	基质含水率/%	营养液（霍格兰）剂量（倍数）
W1F1	60	0.8
W2F1	70	0.8
W3F1	80	0.8
W1F2	60	1.0
W2F2	70	1.0
W3F2	80	1.0
W1F3	60	1.2
W2F3	70	1.2
W3F3	80	1.2

结合本项目组前期对日光温室番茄滴灌灌溉制度多年的研究成果，参考日光温室土壤栽培番茄苗期灌水量约为200mL/（d·株），为保证本试验椰糠栽培番茄移栽后幼苗成活率，定植0~30d之内（具体时间根据植株生长情况而定），各处理不做水分处理，营养液施用量均为198mL/（d·株），分别于每日8：00和18：00各灌1次，每次滴灌3min，移栽后21d左右开始进行水分处理，根据各处理椰糠条含水量来确定灌水量（表2.3）。苗期末每次滴灌时长为4min，开花坐果期至成熟采摘期，每次滴灌时长为8min。滴灌频次根据灌水量和灌水时长来计算，灌溉一般选择上午和下午进行，避开高温时段，灌水时间采用电磁阀控制。苗期各处理采用0.5剂量（EC值为1.2mS/cm），之后各生育期均采用1剂量（EC值为1.5mS/cm），并定期采用便携式电导率仪（ZD-EC）和Blue-lab pH测试笔对基质条内营养液进行电导率值（EC）和酸碱度（pH值）监测，确保基质条内营养液EC值（1.5~2.8mS/cm）和pH值（5.3~5.8）均在番茄无土栽培合适的范围。为了保证椰糠条内不造成盐分累积和防止管道堵塞，每2d冲洗一次管道。2023年番茄生育期划分为3个阶段：苗期（3月27日至5月3日）、开花坐果期（5月4—31日）、成熟采摘期（6月1日至7月9日）；2024年番茄生育期划分为3个阶段：苗期（4月9日至5月16日）、开花坐果期（5月17日至6月12日）、成熟采摘期（6月13日至7月14日）。开花坐果期，需要对花进行人工授粉，选择10：00进行授粉；成熟采摘期，需要定期修剪枝叶。各处理农艺措施，如整枝、打药、打顶时间与当地农艺时间同步。

表2.3 2023—2024年温室番茄不同生育期灌溉量　　　　单位：L/株

处理	2023年			2024年		
	苗期	开花坐果期	成熟期	苗期	开花坐果期	成熟期
W1F1	7.24	10.58	20.23	10.49	17.34	21.95
W2F1	6.96	12.08	25.12	13.60	18.53	23.56
W3F1	6.68	12.40	26.93	12.09	21.13	24.77
W1F2	5.94	10.60	20.55	10.18	21.07	20.15
W2F2	7.40	12.89	25.53	13.23	21.24	21.75
W3F2	7.45	15.73	28.95	17.68	22.40	24.57
W1F3	5.70	9.82	21.44	9.33	18.55	24.07

(续表)

处理	2023 年			2024 年		
	苗期	开花坐果期	成熟期	苗期	开花坐果期	成熟期
W2F3	7.36	11.44	22.57	12.13	18.67	22.29
W3F3	7.04	11.38	31.93	16.23	20.18	23.34

2.2.3.4 观测项目与方法

(1) 温室气象因子。温室气象数据通过安装于温室中部 2m 高度处的自动气象记录系统（CS215，Campbell Scientific，USA）连续监测，主要采集气温（Ta）和相对湿度（RH）参数。所有传感器在试验前均通过标准校准程序进行灵敏度测试，确保测量误差小于±0.5℃（温度）和±2%（湿度）。

(2) 营养液基础指标。利用 ZDS-PPM 电导率测试笔对配制的营养液进行检测，检测时间为 15~60s。番茄移栽后，每 15~30d 从每个处理中随机选取 3 个椰糠条，使用便携式电导率仪检测，检测时间为 10~15s。同时，采用 Blue-lab pH 仪测定椰糠条的酸碱度（pH 值），检测时间为 3~5s。

(3) 番茄蒸腾量和耗水量的观测。随机选取 5 个无任何损坏的干椰糠条，称取干重，用量杯加水，每隔 15min 加 1 次，每次 1.5L，每个椰糠条加水 20L，放置 12h 排除重力水，第 2 天早上排除多余的水后称质量，2 次质量相减即可得其持水量，最终折算为平均持水量。各处理灌溉下限所对应的重量的计算公式为：

$$X = M \times N + W + m \quad (2.8)$$

式中，X 为各处理椰糠含水量达到下限时所对应的重量，kg；M 为椰糠持水量，kg；N 为各处理设定下限所对应的含水量占椰糠持水量的比率（W1 为 60%、W2 为 70% 和 W3 为 80%）；W 为椰糠条干重，kg；m 为栽培槽和架子的重量，kg。

每处理选取 3 个椰糠条置于电子秤上，电子秤量程为 30kg，误差小于 0.001kg；每日 7:00（灌溉前）对椰糠条重量进行记录，每次灌后约 1h 对回液进行称重并记录。作物耗水量计算公式为：

$$T_v = \frac{(I_i + W_i - W_{i+1} - S)}{3} \quad (2.9)$$

式中，T_v 为植株日耗水量，kg/株；I_i 为当日的灌水量，kg；W_i 为当日 7：00 时植株连同椰糠条总重量，kg/条；W_{i+1} 为翌日 7：00 时植株连同椰糠条总重量，kg/条；S 为当日灌溉后回液总重量，kg/条。

(4) 番茄生长生理指标的测定。

①植株生长指标。自移栽后约 15d 起，每隔 10~15d 从每个处理选取具有代表性的植株 3 株，每个处理重复 3 次，用于测量叶面积。采用直尺测量叶片的长度 a (cm) 和宽度 b (cm)，作物叶面积指数 (LAI) 计算公式为：

$$\text{LAI} = \frac{\sum (a \times b \times 0.685) \times c \times 10^{-4}}{666.67} \quad (2.10)$$

式中，LAI 为番茄的叶面积指数，m^2/m^2；a 为叶片的长度，cm；b 为叶片的宽度，cm；c 为每亩①株数，株。

②植株生理指标。开花坐果期和成熟期，选择晴朗天气于 9：00—11：30，每个处理随机挑选 3~4 株充分受光、叶位一致的连体健康叶片，每个处理重复 3~4 次。采用 LI-6400xt 便携式光合作用测量系统 (LI-COR, USA) 测定番茄叶片的净光合速率、气孔导度和蒸腾速率等气体交换参数，计算气孔限制值 (Ls) 和叶片瞬时水分利用效率 (LWUE)。同时，采用叶绿素测定仪 SPAD (SPAD-502, Konica Minolta, Japan) 测量叶片叶绿素的相对含量。

气孔限制值 (Ls) 是表征气孔导度的变化对光合速率的影响的指标之一，其计算方法如下：

$$\text{Ls} = 1 - \frac{Ci}{Ca} \quad (2.11)$$

式中，Ls 为植株的气孔限制值；Ca 为大气 CO_2 浓度，μmol/mol；Ci 为胞间 CO_2 浓度，μmol/mol。

叶片瞬时水分利用效率 (LWUE) 反映了植物在生长过程中对水分的有效利用程度，其计算方法为：

$$\text{LWUE} = \frac{Pn}{Tr} \quad (2.12)$$

式中，LWUE 为植株的叶片瞬时水分利用效率，μmol/mmol；Pn 为植株的

---

① 1 亩约为 667m^2，全书同。

净光合速率，μmol/（m²·s）；Tr 为植株的蒸腾速率，mmol/（m²·s）。

（5）植株生物量和养分的测定。2023—2024 年成熟期每个小区随机选取 6 株番茄，对地上部分进行全部刈割，将茎、叶和果实分成 3 部分，测量各部位的鲜重后将样品分别放入烘箱中，并将烘箱调至 105℃杀青 30min 后，改调为 75℃直至恒重，最后用精度 0.01g 的电子天平进行称重，并记录各部位的干重。将取得的茎、叶、果实干物质粉碎过筛 0.15mm，测其全氮（TN）、全钾（TK）和全磷（TP），其中 TN 用 AA3 流动分析仪（AA3，Germany）测定、TK 用火焰光度计法测定，TP 用钒钼黄吸光光度法测定。相关指标的计算公式如下：

各器官氮（磷、钾）吸收量（kg/hm²）= 各器官全氮（磷、钾）含量×干物质量×种植密度

各器官氮（磷、钾）分配比例（%）= 各器官全氮（磷、钾）吸收量/植株总氮（磷、钾）吸收量×100

氮（磷、钾）素吸收效率（UPE）（kg/kg）= 植株总氮（磷、钾）吸收量/氮（磷、钾）养分投入

氮（磷、钾）素利用效率（NUE）（kg/kg）= 产量/植株氮（磷、钾）总吸收量

（6）番茄叶片碳氮代谢相关指标测定。随机选取长势一致的番茄植株做好标记，分别于番茄结果初期（2024 年 5 月 18 日，移栽后 40d），结果中期（2024 年 6 月 10 日，移栽后 63d）、结果后期（2024 年 7 月 3 日，移栽后 86d），于晴天 10：00—11：30，于第一层果穗选取基部果实紧挨该果穗的上部第一片带柄叶片，每个处理组共采集 6 个样品，每个小区取样 2 份。取样后迅速用锡纸包好用镊子将其放入液氮中速冻，带回实验室后将叶片进行研磨处理后装入离心管中放入超低温冰箱-80℃保存待测。

样品和仪器测定的准备：提取液体积（mL）为 1：（5~10）的比例（称取约 0.1g 组织，加入 1mL 提取液），进行冰浴匀浆。8000r/min 4℃离心 10min，取上清液，置冰上待测。在试验开始前将酶标仪或者分光光度计进行预热 30min 以上并将根据不同的试验测定调至不同的波长。

（7）叶片碳代谢相关酶活性及其产物测定。蔗糖合成酶（SS）测定参照 Zhao 等（2018）、蔗糖磷酸合成酶（SPS）测定参照 Schrader 等（2002）和酸

性转化酶（S-AI）测定参照 Huang 等（2013），蔗糖含量测定参照 Tian 等（2013）和可溶性糖含量测定参照 Bai 等（2013），试剂均由苏州科铭生物技术有限公司提供。

（8）叶片氮代谢相关酶活性及其产物测定。硝酸还原酶（NR）参照 Chen 等（2023）的方法、NADH-谷氨酸合成酶（NADH-GOGAT）参照 Groat 和 Vance 等（1981）的方法和谷氨酰胺合成酶（GS）活性测定参照 Ksenia Fedorova 等（2013）的方法。硝态氮含量测定参照 Liu 等（2017）和蛋白质含量（GB 5009.5—2016），试剂均由苏州科铭生物技术有限公司提供。

（9）叶片代谢组分析。

①样品预处理。样本预处理方式：取每个待测组织样本，全部液氮研磨，分别称取每组样品约 80mg，加入 1mL 甲醇/乙腈/水（2∶2∶1，v/v），涡旋混匀，低温下进行超声破碎 30min，2 次，-20℃ 孵育 1h 沉淀蛋白质，13000r/min，4℃离心 15min，取上清液冻干，-80℃保存待用，用于番茄叶片代谢组学的测定。质控样本（QC）的制备：样品等量混合用于制备 QC 样本。QC 样本用于测定进样前仪器状态及平衡色谱-质谱系统，并用于评价整个实验过程中系统稳定性。

②色谱-质谱分析方法。

a. 色谱条件。样品采用 Agilent 1290 Infinity LC 超高效液相色谱系统（UHPLC）使用 HILIC 色谱柱进行分离；柱温 25℃；流速 0.3mL/min；进样量 2μL；流动相组成 A：水+25mM 乙酸铵+25mM 氨水。B：乙腈。梯度洗脱程序如表 2.4 所示。

表 2.4 梯度洗脱程序

时间/min	流动相 A/%	流动相 B/%
0	5	95
1	5	95
14	35	65
16	60	40
18	60	40
18.1	5	95
23	5	95

b. Q-TOF 质谱条件。分别采用电喷雾电离（ESI）正离子和负离子模式进行检测。样品经 UHPLC 分离后用 Triple TOF 6600 质谱仪（AB SCIEX）进行质谱分析。HILIC 色谱分离后的 ESI 源条件如下：离子源 Gas1（Gas1）：60，离子源 Gas2（Gas2）：60，气帘气：30psi；离子源温度：600℃；喷雾电压（ISVF）：±5500V（正负模式）；TOF MS 检测范围：60~1000Da；产物离子扫描范围 m/z：25~1000Da；TOF MS 检测累积时间：0.20s/spectra；二级质谱采用信息依赖性（Information dependent acquisition，IDA）获得，并选择高灵敏性（High sensitivity）模式。去簇电压（De-clustering potential，DP）：±60V（正负模式）；碰撞能量：35eV+15eV。IDA 设置如下：动态排除同位素离子范围：4Da，每个周期监测候选离子数为：6。

数据预处理：原始数据经 Proteo Wizard 转换为 .mzXML 格式，然后采用 XCMS 软件进行峰对齐、保留时间校正和提取峰面积。对 XCMS 提取得到的数据首先进行代谢物结构鉴定、数据预处理，然后进行实验数据质量评价，最后再进行数据分析。数据分析内容包括单变量统计分析、多元统计分析、差异代谢物筛选、差异代谢物相关性分析、机器学习、ROC 分析、KEGG 通路分析等。数据分析流程如图 2.4 所示。

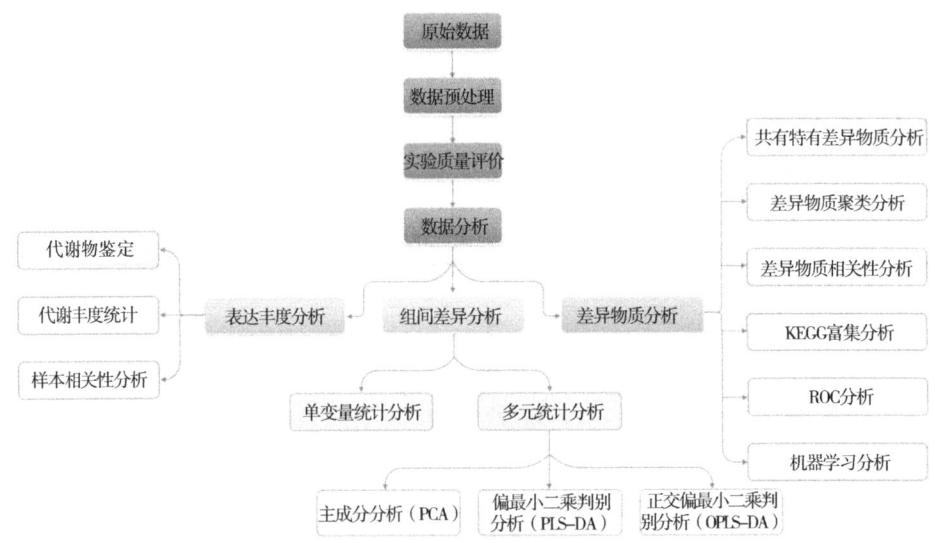

图 2.4　代谢组数据分析流程图

多元统计分析和差异代谢物筛选：本试验采用主成分分析（PCA）、偏最小二乘法-判别分析（OPLS-DA）、差异物质 Venn 分析和差异物质机器学习分析用于分析所有产生的代谢物和筛选差异代谢物，从而从整体上反映样本组间和组内的差异性，并依据显著性（$P<0.05$）和变量权重值（$VIP>1$），对各处理间的显著上下调的代谢产物进行筛选。

KEGG 通路分析：通过 Cluster Profiler（V4.6.0）对差异物质进行 KEGG 富集分析，获得显著富集的代谢通路信息，并通过差异丰度得分计算，得到某一通路中所有差异代谢物的总体变化差异丰度得分，从而捕捉到某一途径中所有代谢物的平均、总体变化趋势情况，更好地筛选关键通路。

（10）番茄产量、水分利用效率和肥料偏生产力。每小区选取 12 株无病虫害且长势一致的番茄植株作为产量的观测对象，采用精度为 0.01g 的电子秤对每个小区单独测产并记录每个小区的果实的坐果数，取平均值作为该小区的平均产量，每个处理 3 次重复，最后折算为单果质量和总产量，采用游标卡尺测量每个果实的横径（W）和纵径（L），并计算果径（FD）。

果径（FD）的计算公式为：

$$FD = \frac{W+L}{2} \tag{2.13}$$

式中，FD 为果径，mm；W 为横径，mm；L 为纵径，mm。

灌溉水利用效率（IWUE）计算公式为：

$$IWUE = \frac{Y_a}{I} \tag{2.14}$$

式中，IWUE 为灌水利用效率，kg/m^3；Y_a 为番茄产量，kg/株；I 为番茄全生育期总灌水量，m^3/株。

水分利用效率（WUE）计算公式为：

$$WUE = \frac{Y_a}{ET} \tag{2.15}$$

式中，WUE 为水分利用效率，kg/m^3；Y_a 为番茄产量，kg/株；ET 为番茄全生育期总耗水量，m^3/株。

肥料偏生产力（PFP）计算公式为：

$$PFP = \frac{Y}{F} \tag{2.16}$$

式中，PFP 为肥料偏生产力，kg/kg；Y 为番茄产量，kg/hm^2；F 为 N-P$_2$O$_5$-K$_2$O 的投入量，kg/hm^2。

（11）番茄品质指标的测定。果实成熟后，采摘第三穗果实（为同一天开花坐果）进行品质测定并将其平均值作为最终品质。每小区取 3 个重复，每组重复选取 6 个成熟度一致的果实，于 8：00—10：00 完成样品采摘，并将新鲜的果实放置密封袋中送至实验室，用蒸馏水将果实洗净并擦拭干后将每个果实用混浆机研磨混匀，用于测量品质。可溶性固形物（TTS）采用手持测糖仪（ATAGO，PR-32α，Tokyo，Japan）测定，维生素 C 含量采用 2，6-二氯酚靛酚盐法测定，有机酸（OA）采用滴定法测量，可溶性蛋白（SP）用考马斯亮蓝测定，可溶性糖（SSC）含量采用蒽酮比色法测定，糖酸比（SAR）将每样样品的可溶性糖含量除以每样样品中的有机酸度含量来确定。

（12）模式优化的评价方法。

主成分分析法：主成分分析法（Principal components analysis，PCA）通过对原始变量进行线性组合，形成一组新的相互独立的变量，即主成分。主成分能够尽可能多地保留原始变量的信息，并且它们的方差依次递减。第一主成分具有最大的方差，能够反映原始数据的大部分变异信息；第二主成分与第一主成分不相关，且具有次大的方差，以此类推。其计算过程如下：

①数据标准化公式。为了消除量纲和数量级的影响，使各变量在分析中具有同等的地位，需要对原始数据进行标准化处理。常用的标准化方法是 Z-score 标准化，其计算公式为：

$$x_{ij}^* = \frac{x_{ij} - \bar{x}_j}{s_j} \tag{2.17}$$

式中，x_{ij} 是原始数据；$\bar{x}_j$ 是第 j 个变量的均值；s_j 是第 j 个变量的标准差；x_{ij}^* 是标准化后的数据。

②协方差矩阵计算。标准化后的数据，计算其协方差矩阵 S 或相关矩阵 R。协方差矩阵可以反映变量之间的线性关系程度，相关矩阵则是对协方差矩阵进行了标准化处理，更便于比较变量之间的相关性。

$$S = (s_{ij})_{p \times p} \tag{2.18}$$

式中，$s_{ij} = \frac{1}{n-1} \sum_{k=1}^{n} x_{ki}^* x_{kj}^*$，$i, j = 1, 2, \cdots, p$；$n$ 是样本数量；p 是变量

数量。

相关矩阵：

$$R = (r_{ij})_{p \times p} \tag{2.19}$$

式中，$r_{ij} = \dfrac{s_{ij}}{\sqrt{s_{ii} s_{jj}}}$。

③计算特征值和特征向量。对协方差矩阵 S 或相关矩阵 R，求解其特征方程，

$$|\lambda I - S| = 0 \tag{2.20}$$

得到特征值 $\lambda_1 \geq \lambda_2 \geq \cdots \geq \lambda_p \geq 0$，

$$|\lambda I - R| = 0 \tag{2.21}$$

得到对应的特征向量 e_1，e_2，$\cdots$，e_p。

式中，特征值 λ_i 表示第 i 个主成分的方差；e_i 特征向量则确定了第 i 个主成分与原始变量之间的线性组合关系。

④确定主成分个数。根据特征值的大小和累计贡献率来确定主成分的个数。主成分的贡献率，累计贡献率，计算如下：

$$w_j = \dfrac{\lambda_j}{\sum\limits_{i=1}^{p} \lambda_i} \tag{2.22}$$

$$\sum_{i=1}^{k} w_i = \dfrac{\sum\limits_{i=1}^{k} \lambda_i}{\sum\limits_{j=1}^{p} \lambda_j} \tag{2.23}$$

一般选取累计贡献率达到 85% 以上的前个主成分，作为原始数据的主要代表，即保留了原始数据大部分信息的主成分。

⑤计算主成分得分。根据确定的主成分个数 k 和对应的特征向量，计算每个样本在主成分上的得分，计算如下：

$$F = (f_{ij})_{n \times k} \tag{2.24}$$

式中，$f_{ij} = \sum\limits_{k=1}^{p} a_{kj} x_{ik}^*$；$a_{ki}$ 是第 k 个主成分的第 i 个特征向量元素；x_{ik}^* 是标准化后的第 i 个样本的第 k 个变量值。

⑥最大主成分分量和最小主成分分量计算。

最大主成分分量计算公式为：

$$d_j^+ = \sqrt{\sum_{i=1}^{n} w_j (f_{ij} - f_j^+)^2} \quad (2.25)$$

最小主成分分量计算公式为：

$$d_j^- = \sqrt{\sum_{i=1}^{n} w_j (f_{ij} - f_j^-)^2} \quad (2.26)$$

式中，w_j 为第 j 个主成分的方差贡献率；f_j^+ 和 f_j^- 分别为第 j 个主成分的最大值和最小值。

⑦计算综合指标评价度量值。基于最大主成分分量 d_i^+ 和最小主成分分量 d_i^-，可以构造以下综合子表评价度量值的公式：

$$M = \sum_{j=1}^{k} a_j \frac{f_{ij} - d_j^-}{d_j^+ - d_j^-} \quad (2.27)$$

式中，a_j 是第 j 个主成分的权重，通常取 $a_j = w_j = \dfrac{\lambda_j}{\sum_{i=1}^{p} \lambda_i}$，$\dfrac{f_{ij} - d_j^-}{d_j^+ - d_j^-}$ 是对第 i 个样本在第 j 个主成分上的得分进行归一化处理，将其映射到 [0，1] 区间，以消除不同主成分量纲的影响，然后通过权重 a_j 对归一化后的得分进行加权求和，得到综合评价度量值 M。

（13）Critic-Vikor 法综合评价。Critic-Vikor 法结合了 Critic 权重法与 Vikor 方法。前者基于数据客观属性，通过对比强度和冲突性系数确定权重；后者为多属性决策方法，基于 Lpmetric 函数，通过正、负理想解计算折中解并排序。Critic-Vikor 法先以 Critic 法确定权重，再以 Vikor 法排序备选方案，兼顾客观属性与主观偏好，提升综合评价的准确性和可靠性。其计算过程如下：

①确定数据矩阵 $X = X_{ij}$ 和归一化指标 V_{ij}。

$$V_{ij} = \frac{x_{ij}}{\sqrt{\sum_{i=1}^{m} x_{ij}^2}} \quad (2.28)$$

式中，V_{ij} 表示指标归一化后的结果；m 个评价对象；x_{ij} 表示第 i 个方案在第 j 个指标上的值。

②计算各个指标的正理想解 R^+ 和负理想解 R^-。

针对放入的正向指标时：

$$R^+ = \max(x), \quad R^- = \min(x) \tag{2.29}$$

负向指标时：

$$R^+ = \min(x), \quad R^- = \max(x) \tag{2.30}$$

③采用改进 Critic 法确定权重。

$$\varphi_j = \sigma_j \times \sum_{i=1}^{n}(1 - r_{ij}) \tag{2.31}$$

$$w_j = \frac{\varphi_j}{\sum\limits_{i=1}^{n}\varphi_j} \tag{2.32}$$

式中，φ_j 为第 j 个评价指标的信息量；σ_j 为第 j 个评价指标的标准差；r_{kj} 为第 k 个评价指标与第 j 个评价指标之间的相关系数；w_j 为第 j 个评价指标的权重。

④计算最优方案距离。对每个方案 i，计算其与最优方案距离，即：

$$S_i = w_j \times \left(\frac{R_j^+ - V_{ij}}{R_j^+ - R_j^-}\right) \tag{2.33}$$

式中，w_j 表示各指标在不同处理所占的权重；R_j^+ 和 R_j^- 分别为 V_{ij} 中每列的最大值和最小值。

⑤计算最优方案距离之和，最优方案距离最大值。最优方案距离之和，最优方案距离最大值，分别为：

$$S = \sum_{i}^{n} s_i \tag{2.34}$$

$$R = \max(S) \tag{2.35}$$

式中，S 和 R 分别为第 i 个处理群体效用值和个体遗憾值。

⑥计算利益比率 Q_i。对每个方案 i，计算 VIKOR 指数 Q_i 如下：

$$Q_i = \lambda \times \frac{S - S^+}{S^- - S^+} + (1 - \lambda) \times \frac{R - R^+}{R^- - R^+} \tag{2.36}$$

式中，Q_i 表示各处理的利益比率，Q 值越小的方案越优；λ 是策略的决策权重，通常取 $\lambda = 0.5$，表示同时最大化群体效用和最小化个体遗憾；S^+ 值和 S^-

值分别是 S 值的最小值和最大值。

(14) 数据处理与分析。采用 Microsoft Excel 2019 软件处理试验数据；绘制图形用 Origin 2021；采用 SPSS 20.0 软件进行方差分析，用单因素方差分析（ANOVA）分析平均值之间的显著差异，用双因素方差分析确定灌溉下限、营养液浓度的主效应及其耦合效应，并运用 Duncan 新复极差法进行多重比较（$P<0.05$）。

代谢组数据分析：利用 R 软件包 Ropls 对样本数据进行降维分析，包括主成分分析（PCA）和正交偏最小二乘判别分析（OPLS-DA）。为了验证模型的可靠性，采用置换检验方法进行过拟合检验，并计算 P 值以评估模型的显著性。通过 OPLS-DA 方法计算变量投影重要度（VIP），结合差异倍数（FC）分析，衡量各代谢物组分对样本分类判别的影响强度和解释能力，从而辅助筛选标志性代谢物。进一步利用机器学习工具 mlr3verse（V0.2.7）对差异代谢产物进行深入分析，并通过 KEGG 数据库对差异代谢物进行功能注释和可视化展示。最后，使用 UpSet R（V1.4.0）绘制 Upset 图，直观展示不同组别间差异代谢物的重叠与分布情况，以全面解析代谢物的差异特征及其生物学意义。

第3章 温室微环境变化及基质栽培番茄生长生理响应特征

不同尺度温室微环境差异显著，不同尺度温室能量通量受到不同的环境因子控制，因此，分析不同时间和空间尺度温室微环境因子变化，明确不同时空尺度作物蒸腾主控因子，对于理解温室能量通量变化机制具有重要意义。本章通过分析不同时空尺度温室微环境因子变化规律和番茄生理生态响应特征，明确了无土栽培条件下不同时空尺度温室能量通量主控因子。尝试根据温室微环境因子与作物形态参数之间的相关关系，建立基于温室微环境因子的番茄形态参数估算模型，实现基于温室微环境的作物生长过程动态模拟。

3.1 冠层不同层次温室微环境日变化及植株耗水特征响应

3.1.1 日尺度番茄冠层不同层次能量分布

图3.1为2022年和2023年番茄开花坐果期和采摘期冠层不同层次处温室能量通量日变化过程。图中冠层上方光合有效辐射 R_n（W/m²），冠层底部光合有效辐射 R_{ns}（W/m²）是利用光量子传感器每30min的实测值。冠层截留净辐射 R_{nl}（W/m²）是根据比尔朗博特定律，利用温室内距地面2m高度处的净辐射计算的计算值。由图3.1可知，不同生育期，冠层不同层次处能量分布有明显不同。开花坐果期（LAI=1），2022年和2023年计算时段内 R_n 的平均值分别为72.79W/m²、113.45W/m²，R_{ns} 分别为32.09W/m²、38.75W/m²，R_{nl} 分别为25.48W/m²、32.23W/m²。采摘期（LAI>3），计算时段内 R_n 的平均值

分别为 43.23W/m²、93.54W/m²，R_{ns} 分别为 11.52W/m²、12.63W/m²，R_{nl} 分别为 12.83W/m²、26.23W/m²。从开花坐果期到采摘期，R_{ns} 降低，R_{nl} 增加。开花坐果期由于冠层覆盖度低，所以 R_{ns} 大于 R_{nl}，到了成熟采摘期，由于此时冠层覆盖度高，因此 R_{ns} 小于 R_{nl}。

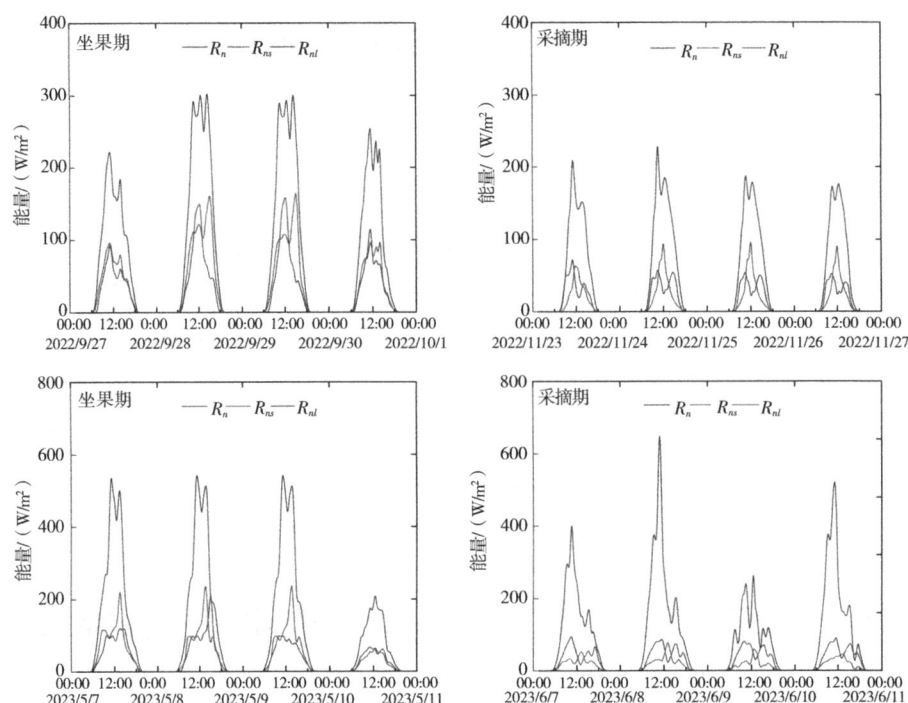

图 3.1　2022 年和 2023 年番茄开花坐果期和采摘期冠层不同层次能量通量日变化（见书后彩图）

3.1.2　日尺度冠层不同层次温室微环境变化及植株耗水特征响应

不同通风条件下冠层不同层次处微环境明显不同。选取春季初花期（2023 年 5 月 7—10 日）和采摘期（2023 年 6 月 7—10 日）对冠层不同层次处微气象因子变化和植株蒸腾的响应进行分析，其中初花期每天 11：00—16：00 采用湿帘结合负压风机强制通风，由于 5 月 10 日多云，采用侧窗联合天窗自然通风；采摘期每天 10：30—16：30 采用外遮阳结合湿帘以及风机强制通风，其他时间采用侧窗+天窗自然通风。由图 3.2 可知，初花期和采摘期基质栽培番茄潜热通量 LE_m 均呈现双峰曲线，峰值分别出现在 11：00 和 14：00 左

第3章 温室微环境变化及基质栽培番茄生长生理响应特征

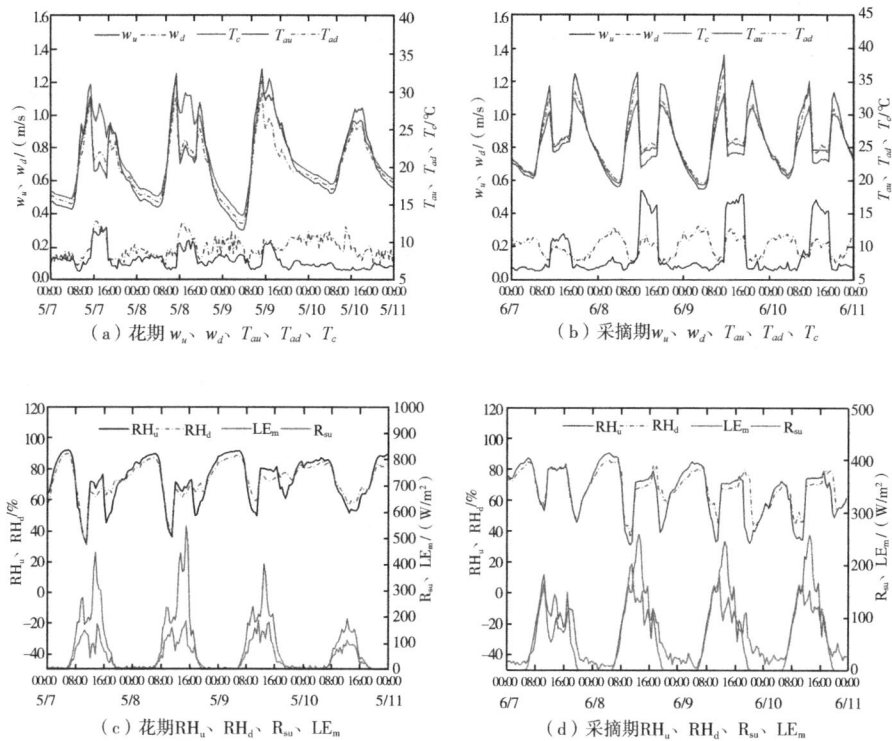

图 3.2 花果期和采摘期不同冠层高度微环境因子和番茄耗水特征变化（见书后彩图）

右,上午 LE_m 随冠层上方总辐射 R_{su} 的增加迅速增加,11:00 开启强制通风降温后,叶片气孔受湿冷空气影响出现应激反应关闭,蒸腾速率迅速下降,气孔适应一段时间后又重新打开,蒸腾速率逐渐回升,至 14:00 左右到达峰值后随太阳辐射的降低逐渐降低。由于水汽压差的存在,夜间叶片蒸腾速率不为零,初花期和采摘期日平均潜热通量分别为 46.58W/m²、65.67W/m²。在不同的通风条件下,冠层中间风速 w_d 与冠层上方风速 w_u 始终接近于零,最大不超过 0.5m/s,由于冠层的阻碍作用,w_u 与 w_d 始终存在差异,这种差异随冠层高度的增加而增大。自然通风条件下 w_u 小于 w_d,计算时段内平均风速分别为 0.10m/s、0.19m/s;强制通风条件下 w_u 与 w_d 同时增大,且 w_u 增大的幅度大于 w_d,计算时段内平均风速分别为 0.26m/s、0.22m/s。在不同的通风条件下由于冠层不同层次风速场的差异进而使冠层内部和冠层上方产生湿度和温度梯度,11:00 和 16:00 当转换温室通风模式时,梯度最大。自然通风条件下,冠层上方温度 T_{au} 和冠层中间温度 T_{ad} 平均温差 ΔT 为 1℃,最大温差 4.17℃;冠层上方湿度 RH_u 与冠层中间湿度

RH_d平均相差 4.81%,最大相差 42.69%。强制通风条件下,由于风速增大温湿度梯度显著增大,T_{au}与T_{ad}平均相差 1.81℃,最大温差 4.71℃;RH_u与RH_d平均相差 6.8%,最大相差 31.49%。不同的通风条件产生不同的微环境,对植株蒸腾产生影响,植株蒸腾强度的变化又反过来影响温室微环境。作物蒸腾与温室微环境和通风过程之间存在较强的耦合作用。

3.1.3 日尺度番茄耗水与温室微环境因子的相关性分析

植株蒸腾是植株叶片与大气之间的水汽交换过程,在水分供应充足的条件下,植株蒸腾主要受温室微环境因子的影响。3.1.2 节的分析表明,冠层不同层次微环境存在明显差异。表 3.1 和图 3.3 为冠层内部和冠层上方微环境因子和番茄蒸腾的相关性分析结果。

表 3.1 番茄蒸腾与冠层不同层次微环境因子相关性分析

环境因子	T	R_{su}	R_{sd}	W_u	W_d	T_{au}	T_{ad}	RH_u	RH_d
T	1								
R_{su}	0.619**	1							
R_{sd}	0.417**	.862**	1						
W_u	0.370**	.349**	0.194**	1					
W_d	0.101**	0.013	0.001	.164**	1				
T_{au}	0.520**	.322**	.263**	−0.027	−0.218**	1			
T_{ad}	0.585**	.379**	.280**	.197**	−0.147**	.962**	1		
RH_u	−0.389**	−0.418**	−0.472**	.156**	0.304**	−0.547**	−0.436**	1	
RH_d	−0.426**	−0.547**	−0.584**	−.109**	0.235**	−0.399**	−0.372**	0.901**	1

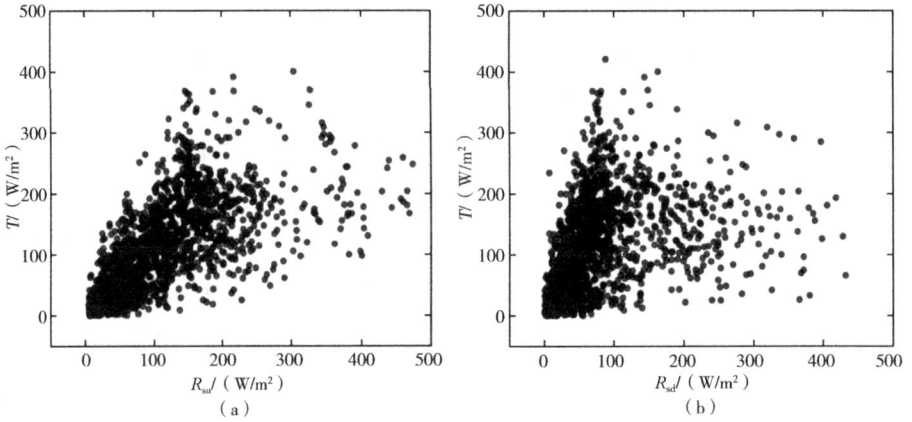

第3章 温室微环境变化及基质栽培番茄生长生理响应特征

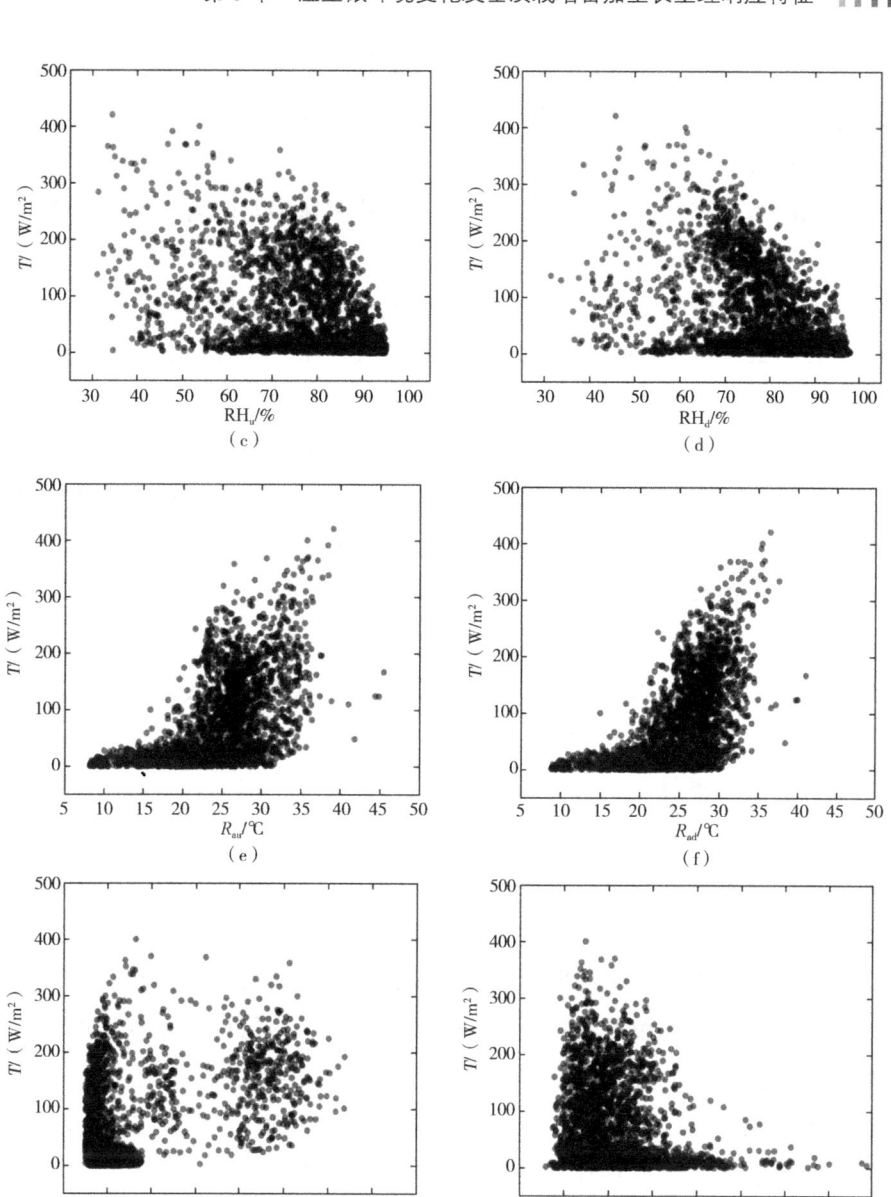

图 3.3 冠层不同层次微环境因子与番茄蒸腾相关性分析

注：T 为蒸渗仪实测番茄植物蒸腾量（W/m^2），表示单位时间单位面积的蒸腾能量通量；R_{su} 表示冠层上方太阳辐射（W/m^2）；RH_u 表示相对湿度（%）；T_{au} 表示空气温度（℃）；W_u 表示风速（m/s）；R_{sd} 表示冠层中间太阳辐射（W/m^2）；RH_d 表示相对湿度（%）；T_{ad} 表示空气温度（℃）；W_d 表示风速（m/s）。

由表 3.1 和图 3.3 可知，所有气象因子与对应时刻番茄蒸腾速率的相关性均达到了显著水平（$P<0.05$），冠层上方太阳辐射 R_{su} 与对应时刻番茄蒸腾速率的相关性最高，其次是冠层内部的空气温度 T_{ad}，冠层内部风速 w_u 与对应时刻的番茄蒸腾速率相关性最低。番茄蒸腾速率与辐射、风速、温度正相关，在一定阈值内，辐射强度越高，风速越大，空气温度越高，边界层阻力越小，植株蒸腾作用越强烈。番茄蒸腾速率与相对湿度负相关，水汽扩散的难易程度取决于扩散面之间的水汽压差，水汽压差越大，表示大气对水的需求越强烈，水汽从植株叶片气孔进入大气越容易。与冠层内部气象因子相比，冠层上方的辐射与风速与番茄蒸腾速率的相关性更强，而冠层内部温度和湿度与对应时刻的蒸腾速率的相关性高于冠层上方。因此构建蒸腾估算模型时，气象站采集气象数据的位置对模型精度有显著影响，选择合适位置对于保证模型的模拟精度具有重要作用。上述结果表明冠层上方太阳辐射是番茄蒸腾速率的主要驱动因素。就辐射强度与植株蒸腾作用的相关关系而言，冠层上方太阳辐射更具代表性。同时，结果显示冠层上方太阳辐射与冠层不同层次的温度和湿度显著相关，其中冠层内部相对湿度 RH_d 与太阳辐射的相关性最强。太阳辐射可以通过控制大气的热量状况，调节冠层不同层次的温度和湿度，间接影响植株蒸腾强度。由于番茄叶片之间的相互遮挡，番茄冠层从上到下接收到的辐射强度逐渐降低（图 3.3），冠层不同层次辐射强度的差异是造成冠层不同层次微环境因子之间差异的原因之一。温度对植株蒸腾速率的影响仅次于太阳辐射，温度越高，水分子具有的动能越强，冠层内部和冠层中间温度与植株蒸腾速率的相关性不同，冠层内部空气温度与植株蒸腾之间的相关性更强，造成这种现象的原因可能与植株蒸腾有关。植株蒸腾会产生降温和增湿的效果，越靠近植株水汽扩散面，这种效果越明显，因此冠层内部与冠层上方存在温度梯度。风速与植株蒸腾之间的相关性最弱，现有研究表明，风速对植株蒸腾的影响主要是间接作用。由于番茄冠层对气流的阻碍作用，冠层内部和冠层上方风速有明显差异，风速的差异进而导致冠层不同层次温度场和湿度场之间的差异。

3.2 番茄叶片生理参数日变化及尺度转化

3.2.1 番茄冠层不同层次叶片生理参数日变化特征

冠层结构包括冠层形状、叶面积指数及其垂直分布、叶倾角等特征。辐射在冠层内的传输过程与冠层结构密切相关，不仅受到叶片总量的影响，还与叶片的垂直分布有关。叶片在冠层内的分布具有不连续性，作物冠层在垂直方向上的非连续性导致了辐射在冠层内传输过程的非均匀性，冠层顶部阳光直射叶片受到的辐射强度总是高于冠层下部的遮阴叶片。因此，在分析温室微环境因子与叶片生理因子之间的相互作用时，必须考虑冠层垂直结构的特点，将冠层分层进行考虑。图 3.4 是充分供水条件下开花坐果期（2022 年 10 月 21 日，2023 年 5 月 10 日）和采摘期（2022 年 11 月 25 日，2023 年 6 月 10 日）番茄冠层不同层次处叶片光合速率（P_r）和气孔导度（G_s）日变化过程。由图 3.4 可知，不同生育期番茄冠层不同层次叶片 P_r 和 G_s 存在明显差异，无论开花坐果期还是采摘期，冠层上部阳光直射叶片光合速率和气孔导度总是大于冠层下部遮阴叶片。阴叶和阳叶具有相同的日变化趋势，上午 P_r 和 G_s 随太阳辐射的增强逐渐增大，不同的是 P_r 和 G_s 达到峰值的时间不同，P_r 呈单峰曲线，在 11：00 前后达到峰值。2022 年和 2023 年开花坐果期阳叶 P_r 最大值分别为 28.27μmol/（m²·s）、27.23μmol/（m²·s），阴叶 P_r 最大值分别为 21.94μmol/（m²·s）、20.41μmol/（m²·s）。2022 年和 2023 年采摘期阳叶 P_r 最大值分别为 16.80μmol/（m²·s）、22.58μmol/（m²·s），阴叶 P_r 最大值分别为 13.92μmol/（m²·s）、10.65μmol/（m²·s）。开花坐果期 G_s 呈双峰曲线，第一个峰值出现在 10：00 左右，2022 年和 2023 年阴叶 G_s 分别为 0.32mol/（m²·s）、0.28mol/（m²·s），阳叶 G_s 分别为 0.48mol/（m²·s）、0.33mol/（m²·s）。第二个峰值出现在 13：00 左右，2022 年和 2023 年阳叶 G_s 分别为 0.58mol/（m²·s）、0.52mol/（m²·s），阴叶 G_s 分别为 0.42mol/（m²·s）、0.35mol/（m²·s）。采摘期 G_s 呈单峰曲线，2022 年阴叶和阳叶 G_s 在 12：00 达到峰值，阴叶和阳叶 G_s 最大值分别为 0.19mol/（m²·s）、0.24mol/（m²·s）；与 2022 年相比，2023 年采摘期达到峰值的时间有所提前，G_s 在 10：00 左右即达到峰值，阴叶和阳叶 G_s

最大值分别为 0.53mol/（m²·s）、0.80mol/（m²·s）。

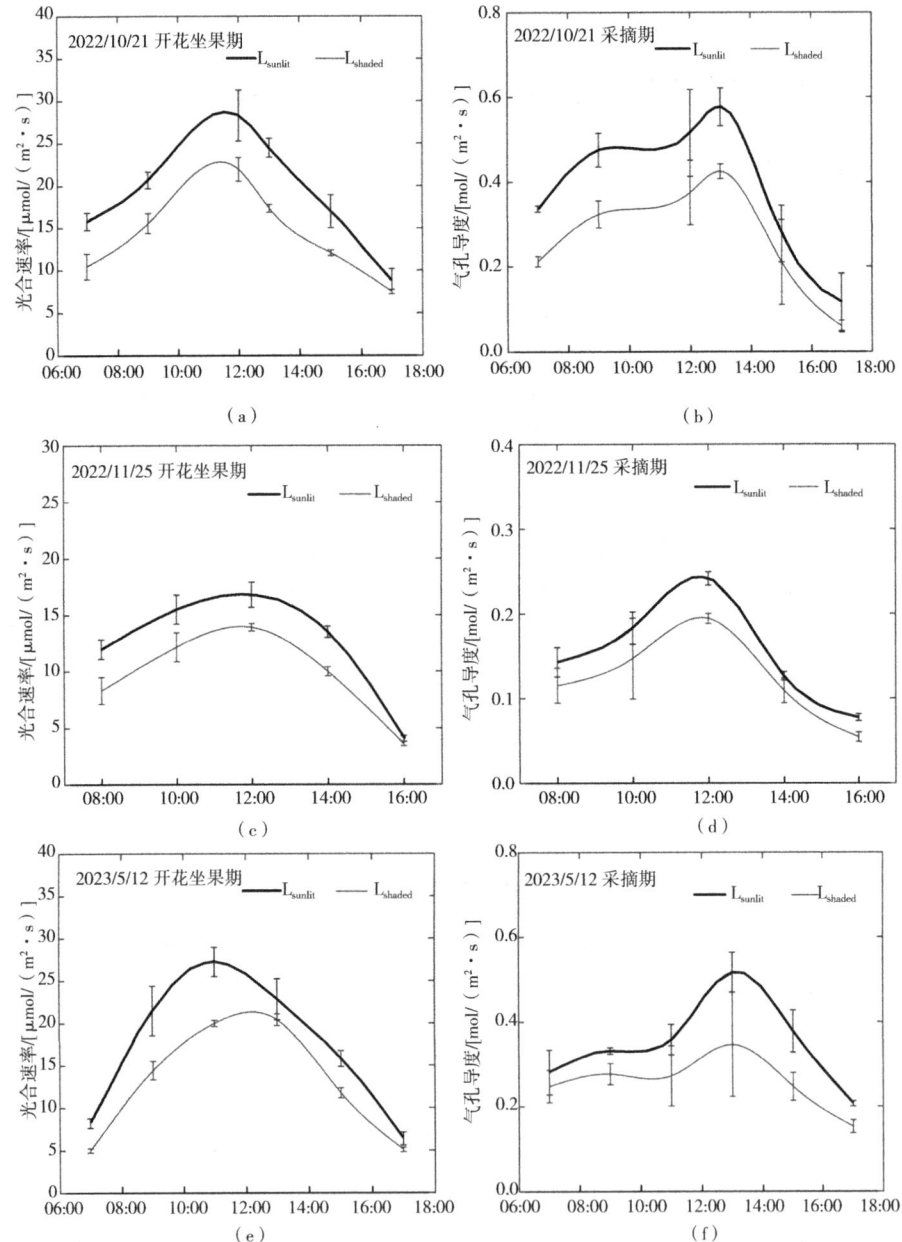

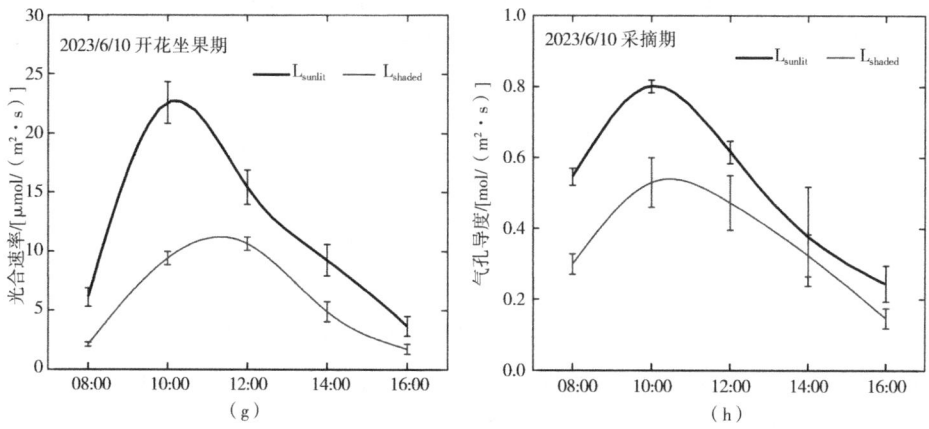

图 3.4　不同生育期番茄冠层不同层次叶片生理因子日变化特征

注：L_{sunlit} 表示阳叶；L_{shaded} 表示阴叶。

3.2.2　不同水分处理番茄叶片生理参数日变化特征

作物叶片的光合速率、气孔导度等生理参数不仅受到气象因子变化的影响，而且与基质持水量密切相关。在不同的水分条件下，作物的光合产物向不同的组织和器官分配。水分供给过多，会导致番茄徒长。水分供应不足，水分胁迫条件下的作物叶片会减小气孔开度或关闭气孔以减小自身水分损失。现有研究表明适度的水分胁迫可以减少番茄叶片的奢侈蒸腾，在不影响产量的情况下提高水分利用效率。不同于土壤栽培，由于基质的体积小，持水量少，对水分的缓冲性差，在基质栽培条件下，以基质持水量为控制因素，探究不同灌溉水平番茄叶片生理特性与基质持水量的关系。图 3.5 为不同水分处理开花坐果期（2022 年 10 月 21 日，2023 年 5 月 10 日）和采摘期（2022 年 11 月 25 日，2023 年 6 月 10 日）番茄叶片光合速率（P_r）和气孔导度（G_s）日变化过程。

由图 3.5 可知，同一生育期不同水分条件下的 T_1、T_2、T_3 生理参数呈现出相同的变化趋势。随灌水量的减少，T_1、T_2、T_3 同一时段 P_r 和 G_s 逐渐降低。采摘期 2022 年和 2023 年 P_r 和 G_s 均呈单峰曲线，且二者均在同一时段达到峰值。与 2022 年相比，2023 年 P_r 和 G_s 达到峰值的时间有所提前，2022 年秋季在 12:00 左右达到峰值，2023 年春季 10:00 左右即达到峰值。造成这种差异的原因可能与不同的季节有关,秋茬番茄采摘期日照时间短且辐射弱,温室温度偏低;而春茬番茄采摘期日照时间长辐射强,外界温度高,因此春茬番茄P_r和G_s达到峰值的时间较秋茬有所提前。开花坐果期不同水分处理P_r呈单峰曲线,P_r随太阳辐射的增加而增加,11:00前后达到峰值,之后随太阳辐射的降低而降低。G_s呈双峰曲线,10:00前后达到第一个峰值,第二个峰值出现在13:00前后。开花坐果期气孔导度之所以出现两个峰值,可能与该时段温室通风条件的改变有关。开花坐果期11:00温室温度超过30℃,为平衡多余的热荷载,温室开启湿帘和风机,该时段温室内温度迅速降低而湿度增大,由于受到湿冷空气的刺激,因此该时段气孔导度有所降低。一段时间气孔适应周围环境以后又重新打开,因此G_s日变化过程表现为双峰曲线。

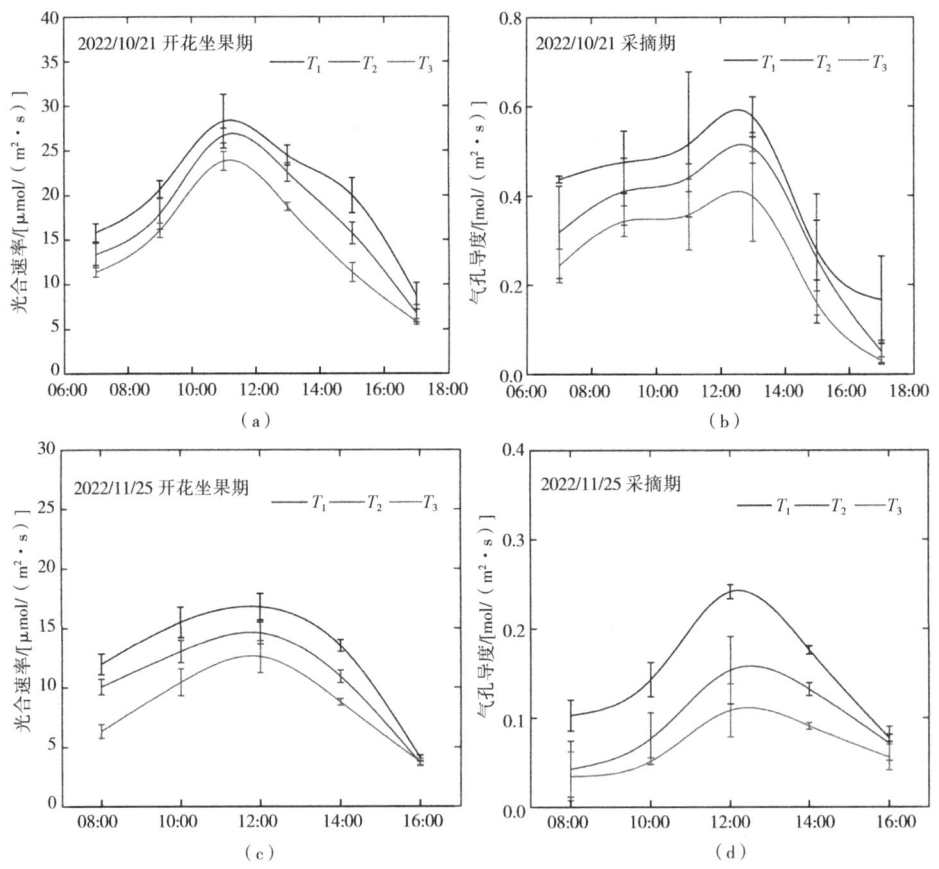

第3章 温室微环境变化及基质栽培番茄生长生理响应特征

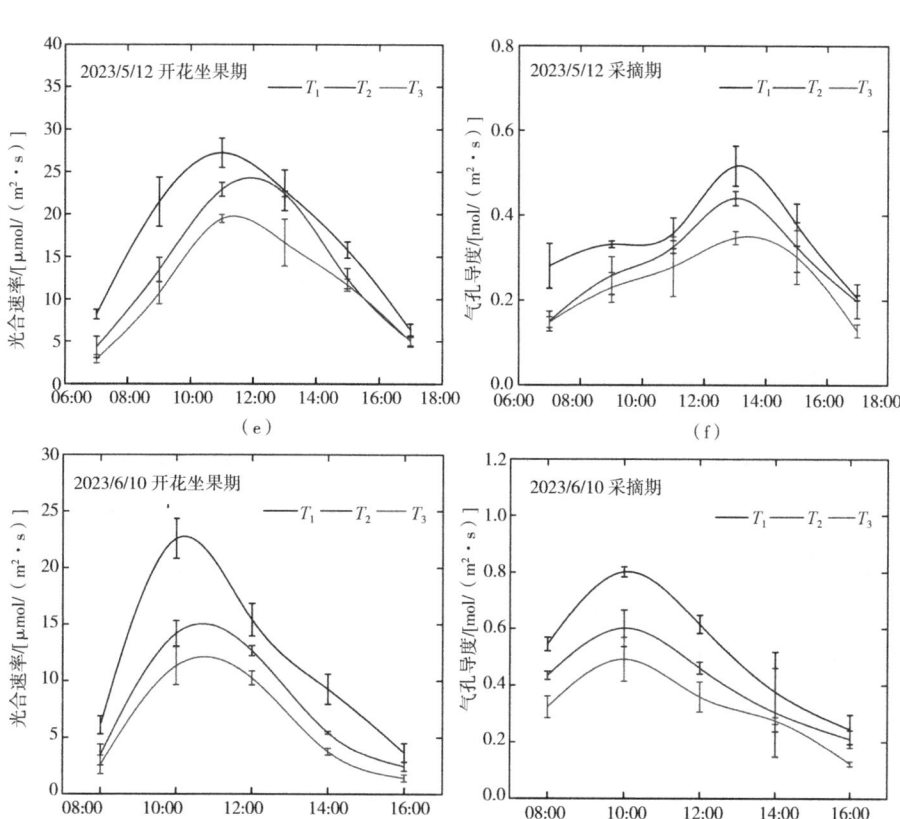

图3.5 不同水分处理番茄叶片光合速率和气孔导度日变化（见书后彩图）

3.2.3 考虑冠层结构差异的叶片耗水尺度转化与提升

气孔是作物叶片与环境进行水汽交换的主要通道，叶片气孔阻力 r_{st} 与气象因子密切相关，气孔根据外界环境的变化调节开度进而调节作物的蒸腾速率。1976年，Jarvis等（1976）提出叶片气孔阻力可以表示为最大叶片气孔导度和气温 T_a、R_s 及 VPD 的经验函数，Jarvis 经验公式有效反映了气孔导度随大气条件的变化，但由于气象因子之间存在相关性，在实际应用时只需要考虑主要气象因素对气孔导度的影响。3.1.3节的分析表明，冠层上方太阳辐射是控制叶片蒸腾的决定因素。本研究通过分析实测叶片气孔导度与对应时刻冠层上方总辐射 R_s，分别建立阴叶气孔阻力 r_{st1} 和阳叶气孔阻力 r_{st2} 与 R_s 的定量关系，结果如图3.6所示。

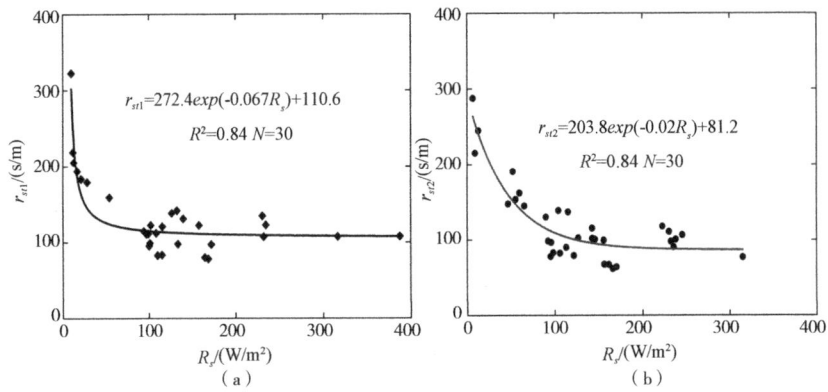

图3.6 番茄阳叶（a）和阴叶（b）气孔阻力与太阳辐射的关系

根据图3.6所示，r_{st1}和r_{st2}与R_s存在较好的回归关系，R_s随太阳高度角增大逐渐增大，r_{st1}、r_{st2}迅速降低，当R_s增大到100W/m²以后，r_{st1}、r_{st2}不再降低，基本保持恒定，r_{st2}与太阳辐射的相关关系与Gong等（2020）附近地区日光型温室土培番茄的研究结果一致，但r_{st1}对R_s的变化更敏感。由于冠层不同层次处的叶片的辐射水平不同，在R_s一定的情况下，冠层下部阴叶辐射水平较上部阳叶低，而且与冠层上部阳叶相比，冠层下部阴叶叶龄偏大，在外部环境一定的条件下气孔导度偏小，这是r_{st1}较r_{st2}对R_s的变化更敏感的原因。

3.3 温室微环境动态变化与番茄形态指标对其的响应过程

3.3.1 温室微环境动态变化过程

温室微环境与作物之间存在互馈作用。图3.7为2022年和2023年温室日累计太阳总辐射DAR、风速W、水汽压差VPD、空气温度T_a从初花期到采摘期的动态变化过程。由图3.7可知，不同生育阶段DAR、VPD、T_a存在明显差异。2022年开花坐果期和采摘期日平均DAR分别为83.67mm/d和50.60mm/d，日平均VPD分别为0.48kPa和0.27kPa，日平均T_a分别为21.27℃和16.06℃。2023年日平均DAR分别为119.70mm/d和99.21mm/d，日平均VPD分别为0.71kPa和0.84kPa，日平均T_a分别为21.99℃和26.23℃。DAR与VPD及T_a之间具有较好的一致性，VPD和T_a随DAR的波

第3章 温室微环境变化及基质栽培番茄生长生理响应特征

动而波动;就日尺度而言,2022 年 T_a 波动大于 2023 年。2022 年和 2023 年 W 无明显差异,开花坐果期 W 分别为 0.10m/s 和 0.12m/s,采摘期 2022 年和 2023 年 W 分别为 0.09m/s 和 0.17m/s,两年日平均最大风速不超过 0.3m/s。但值得注意的是,2022 年开花坐果期和采摘期风速没有明显差异,始终接近于 0;而 2023 年不同生育阶段日尺度风速变化存在差异,采摘期风速波动大于开花坐果期。

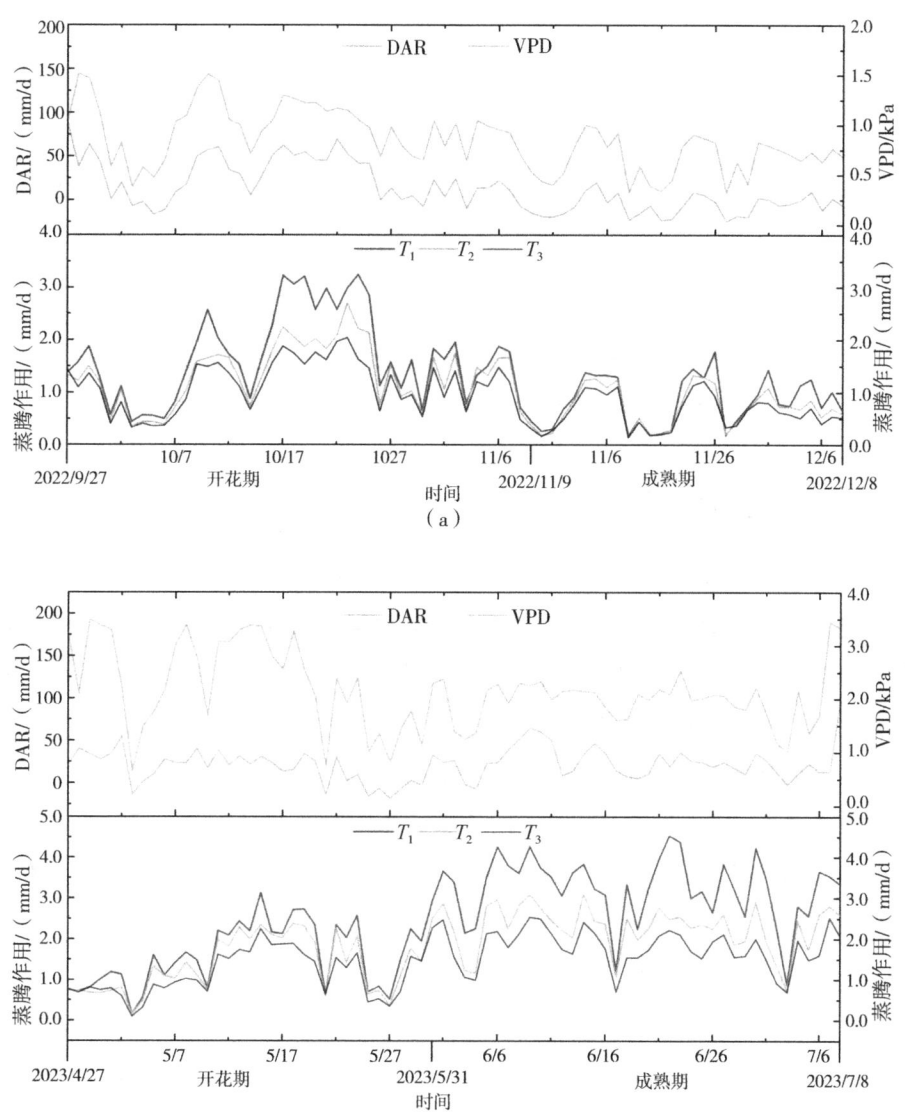

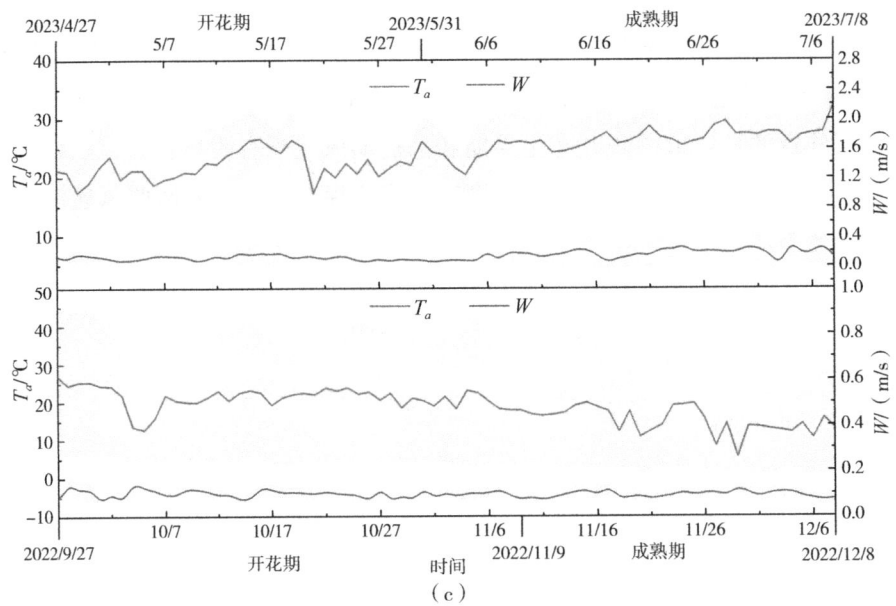

图 3.7 温室微环境因子及植株蒸腾季节变化（见书后彩图）

注：c 中的蓝色和灰色区域代表空气温度和风速日变化的标准差。

3.3.2 不同生育期番茄耗水特征变化过程

不同水分处理基质栽培番茄日蒸腾变化及灌水情况如图 3.7 及表 3.2 所示。由图 3.7 可知，不同水分处理番茄日需水强度随着生育进程的推进呈现出先增加后降低的趋势。同一生育阶段不同灌溉水平之间耗水强度有所不同。从整体上看，随灌水量的减小，同一生育阶段 T_1、T_2、T_3 处理日蒸腾强度逐渐下降，相应的耗水总量也随之下降。这种差异在需水强度达到峰值时最明显。秋季番茄需水峰值出现在 10 月中下旬果实膨大期，峰值期间（10 月 15—25 日），T_1、T_2、T_3 日平均蒸腾量分别为 2.9mm/d、2.1mm/d、1.7mm/d，春季需水峰值出现在成熟采摘期，峰值期间（6 月 5—15 日），T_1、T_2、T_3 日平均蒸腾量分别为 3.7mm/d、2.7mm/d、2.1mm/d。进入果实采摘期打顶后日蒸腾量 Tr 保持相对稳定，随天气条件的变化上下波动。2022 年 T_1、T_2、T_3 累计蒸腾量分别为 136.19mm、117.01mm、109.67mm，累计灌水总量分别为 139.94mm、120.82mm、117.12mm。2023 年 T_1、T_2、T_3 累计蒸腾量分别为 188.49mm、

143.32mm、116.71mm，累计灌水总量分别为 203.82mm、155.89mm、132.56mm。同一地区同一种植季节相同的种植密度，土壤栽培番茄全生育期蒸发蒸腾耗水总量大于 300mm，与之相比基质栽培可减少灌水量约 30%。

同一灌溉水平不同生育阶段之间耗水强度有明显差异。2022 年开花坐果期 T_1、T_2、T_3 日平均蒸腾量分别为 1.51mm/d、1.24mm/d、1.16mm/d，采摘期 Tr 分别为 0.84mm/d、0.75mm/d、0.67mm/d。2023 年开花坐果期 T_1、T_2、T_3 日平均蒸腾量分别为 1.63mm/d、1.37mm/d、1.15mm/d，采摘期日平均蒸腾量分别为 3.24mm/d、2.29mm/d、1.80mm/d。整体上看，从苗期到采摘期，2022 年 Tr 呈现出先增大后减小的趋势，2023 年从苗期到采摘期 Tr 呈逐渐增加趋势。这种差异与温室环境因子变化有关，2022 年番茄生育前期辐射水平高，Tr 随番茄的生长迅速增加，到了生育后期，辐射水平降低，因此 Tr 降低，变化相对平缓。2023 年随生育进程的推进，辐射水平逐渐增加，故 Tr 保持在相对较高水平。

表3.2 2022 年及 2023 年不同水分处理番茄各生育阶段耗水特征

处理	生育期	蒸腾总量/mm		灌水总量/mm		日均蒸腾强度/(mm/d)		日均灌水量/(mm/d)	
		2022 年	2023 年	2022 年	2023 年	2022 年	2023 年	2022 年	2023 年
T_1	苗期	11.52	8.47	19.31	16.38	0.52	0.33	0.88	0.63
	花果期	74.16	56.95	70.30	59.54	1.51	1.63	1.43	1.70
	采摘期	50.50	123.08	50.33	127.89	0.84	3.24	0.84	3.37
	合计	136.19	188.49	139.94	203.82				
T_2	苗期	11.24	8.45	19.90	16.54	0.51	0.33	0.90	0.64
	花果期	60.67	48.00	53.16	51.53	1.24	1.37	1.08	1.47
	采摘期	45.09	86.87	47.75	87.82	0.75	2.29	0.80	2.31
	合计	117.01	143.32	120.82	155.89				
T_3	苗期	12.40	8.05	17.56	14.50	0.56	0.31	0.80	0.56
	花果期	57.03	40.23	56.22	45.63	1.16	1.15	1.15	1.30
	采摘期	40.24	68.43	43.35	72.43	0.67	1.80	0.72	1.91
	合计	109.67	116.71	117.12	132.56				

3.3.3 番茄形态指标对温室微环境的响应

随着生育进程的推进，T_1、T_2、T_3 各项生理指标在生育前期逐渐增大，定植后 70d 左右达到最大,之后略有减小,直至保持相对稳定的趋势,不同灌溉水平番茄生长指标变化趋势基本一致,如表 3.3、表 3.4 所示。

表 3.3 2022 年不同灌溉水平对番茄生长指标的影响

生长指标	处理	定植后天数					
		30d	40d	50d	60d	70d	80d
叶片枝数/枝	T_1	10±1a	11±1a	16±1a	18±1a	18±1a	17±1a
	T_2	10±1a	11±1a	16±1a	17±1ab	17±1a	16±1b
	T_3	10±1a	10±1a	15±1b	16±1a	16±1a	15±1b
平均叶长/cm	T_1	21.45±0.79a	23.52±0.77a	28.18±0.87a	32.92±0.89a	34.36±1.06a	34.61±0.61a
	T_2	21.59±1.27a	22.40±1.15a	23.93±0.68b	27.56±0.86b	29.275±0.53b	29.70±0.51b
	T_3	22.67±0.92a	22.19±0.71a	23.77±0.57b	26.49±0.54b	27.88±0.99b	27.87±0.56c
平均叶宽/cm	T_1	19.10±0.52a	22.14±0.69a	26.86±0.63a	31.49±0.49a	37.88±0.91a	37.91±1.20a
	T_2	18.78±0.81a	21.87±0.40a	22.50±0.43b	27.69±0.44b	29.34±1.01b	31.69±0.72b
	T_3	20.15±0.77a	21.64±0.21a	21.84±0.39b	26.91±0.69b	28.24±1.42b	28.91±0.61c
叶面积指数	T_1	0.53±0.07a	1.00±0.05a	2.07±0.21a	3.27±0.13a	3.58±0.45a	3.65±0.40a
	T_2	0.56±0.10a	0.86±0.02b	1.44±0.08b	2.19±0.16b	2.57±0.41b	2.64±0.21b
	T_3	0.61±0.13a	0.85±0.04b	1.29±0.09b	1.99±0.22b	2.33±0.34b	2.39±0.43b
株高/cm	T_1	54.63±1.95a	86.23±1.37a	128.67±1.61a	136.67±1.53a	139.67±1.53a	140.50±1.80a
	T_2	54.67±1.04a	81.67±1.53b	103.50±1.08b	115.38±1.11b	118.00±1.32b	126.17±1.26b
	T_3	56.00±1.29a	77.95±1.01c	99.88±1.03c	110.80±1.59c	113.17±0.76c	119.67±1.15c
茎粗/mm	T_1	8.89±0.60a	9.31±0.30a	10.00±0.20a	12.24±0.55a	12.65±0.68a	12.67±0.90a
	T_2	8.77±0.57a	9.39±0.32a	10.56±0.23b	11.18±0.37b	11.74±0.73ab	11.81±0.56ab
	T_3	8.81±0.57a	9.10±0.36a	10.21±0.39b	10.97±0.59b	11.04±0.61b	11.41±0.37a

（续表）

生长指标	处理	定植后天数					
		30d	40d	50d	60d	70d	80d
叶片枝数		ns	ns	*	*	ns	**
叶长		ns	ns	**	**	**	**
叶宽		ns	ns	**	**	**	**
叶面积指数		ns	**	**	**	**	**
株高		ns	**	**	**	**	**
茎粗		ns	ns	*	*	*	*

注：不同小写字母表示处理间差异显著；* 和 ** 分别表示在 0.05 和 0.01 水平上显著；ns 表示不显著。

表 3.4　2023 年水分处理对番茄生长指标的影响

生长指标	处理	定植后天数					
		32.00d	42.00d	52.00d	62.00d	72.00d	87.00d
叶片枝数/枝	T_1	11±1a	15±1a	18±1a	19±1a	19±1a	18±1a
	T_2	11±1a	14±1a	17±1ab	18±1b	18±1ab	17±1ab
	T_3	11±1a	13±1b	15±1b	17±1b	17±1b	16±1b
平均叶长/cm	T_1	16.36±1.07a	20.67±0.93a	25.59±0.95a	27.73±1.31a	29.05±1.20a	28.74±0.93a
	T_2	16.34±1.49a	20.16±0.88a	21.31±0.86b	24.74±1.31b	25.67±2.27b	25.67±0.73b
	T_3	15.30±1.05a	18.01±1.14b	20.56±0.97b	24.18±0.97b	24.98±0.89b	24.78±0.77b
平均叶宽/cm	T_1	15.86±0.22a	20.80±1.00a	28.18±1.52a	34.19±1.18a	38.34±1.88a	36.29±1.07a
	T_2	16.06±1.10a	18.74±0.97b	22.45±1.14b	30.61±0.99b	30.10±2.09b	29.68±0.72b
	T_3	14.97±0.69a	17.67±0.92b	21.45±1.62b	28.26±0.93c	29.59±1.16b	26.90±0.65c
叶面积指数	T_1	0.43±0.08a	0.94±0.32a	2.30±0.51a	3.54±0.47a	3.69±0.93a	3.51±0.65a
	T_2	0.54±0.20a	0.85±0.10ab	1.50±0.19b	2.36±0.32b	2.64±0.27b	2.53±0.34b
	T_3	0.41±0.07a	0.61±0.09b	1.23±0.13b	2.00±0.19b	2.36±0.19b	2.31±0.25b

（续表）

生长指标	处理	定植后天数					
		32.00d	42.00d	52.00d	62.00d	72.00d	87.00d
株高/cm	T_1	54.78±1.40a	81.60±1.23a	133.9±1.65a	142.8±1.0a	141.8±1.0a	140.1±2.5a
	T_2	54.03±1.70a	74.80±1.14b	116.2±0.60b	125.6±1.4b	127.0±1.8b	129.8±1.9b
	T_3	55.08±1.23a	68.17±1.53c	104.6±1.82c	120.5±1.8c	122.0±1.3c	122.2±1.1c
茎粗/mm	T_1	9.49±0.29a	10.33±0.18a	12.10±0.21a	12.54±0.59a	12.78±0.21a	12.95±0.68a
	T_2	9.24±0.55a	10.31±0.04a	11.61±0.70ab	11.95±0.34ab	12.19±0.09b	12.30±0.11ab
	T_3	9.37±0.64a	10.22±0.36a	11.01±0.30b	11.28±0.59b	11.54±0.25c	11.77±0.33b
叶片枝数		ns	**	**	**	*	*
叶长		ns	**	**	**	**	**
叶宽		ns	**	**	**	**	**
叶面积指数		ns	*	**	**	**	**
株高		ns	**	**	**	**	**
茎粗		ns	ns	ns	*	*	*

注：不同小写字母表示处理间差异显著；*和**分别表示在0.05和0.01水平上显著，ns表示不显著。

由表3.3及表3.4可知，除了茎粗外，定植40d（水分处理开始第20天）以后，水分处理对各项形态指标影响均达到极显著水平（$P<0.01$）。随灌水量的减少，T_1、T_2、T_3的株高和LAI逐渐减小。其中株高对水分处理的响应最敏感，定植40d（水分处理开始第20天）后，不同灌溉水平之间的株高即产生显著性差异（$P<0.05$）。随着生育进程的推进，不同水分处理之间株高一直存在极显著差异（$P<0.01$），在打顶后的10d内，LAI即达到最大值，达到最大值起LAI保持相对稳定，在生育后期虽略有下降，但是变化幅度不超过0.2。T_1叶面积指数LAI始终大于T_2、T_3，两年T_1与T_2、T_3之间自定植后42d起LAI一直存在极显著差异，而T_2与T_3之间LAI虽有差异，但未达到显著水

第3章 温室微环境变化及基质栽培番茄生长生理响应特征

平。2023 年番茄叶片枝数、平均叶长和叶宽对水分处理的响应比 2022 年秋季迅速，2023 年定植后 42d 不同水处理之间就产生了极显著差异（$P<0.01$），2022 年定植后 50d，T_1、T_2、T_3 开始出现差异，随生育进程推进到定植 80d 以前，T_1 平均叶长和叶宽与 T_2、T_3 之间存在极显著差异，到定植 80d 以后，T_1、T_2、T_3 之间出现极显著差异。较之于株高、LAI、平均叶长、叶宽、叶片枝数，水分处理对茎粗的影响最小，2022 年、2023 年分别在定植 40d 和 62d 以后，T_1、T_2、T_3 才开始出现差异（$P<0.05$），全生育期茎粗 $T_1>T_2>T_3$，T_1、T_2、T_3 之间有差异，但差异未达到极显著水平。随灌水量的减小，T_1、T_2、T_3 叶片枝数、平均叶长、叶宽逐渐减小。

将番茄全生育期内所有的叶长、叶宽及株高与 LAI 进行回归分析，如图 3.8 所示。结果显示，株高、叶长、叶宽与 LAI 之间呈现显著相关，LAI 与叶长与叶宽之间呈幂函数关系，LAI 与株高之间呈对数关系，模型决定系数均达到了 0.9 以上。

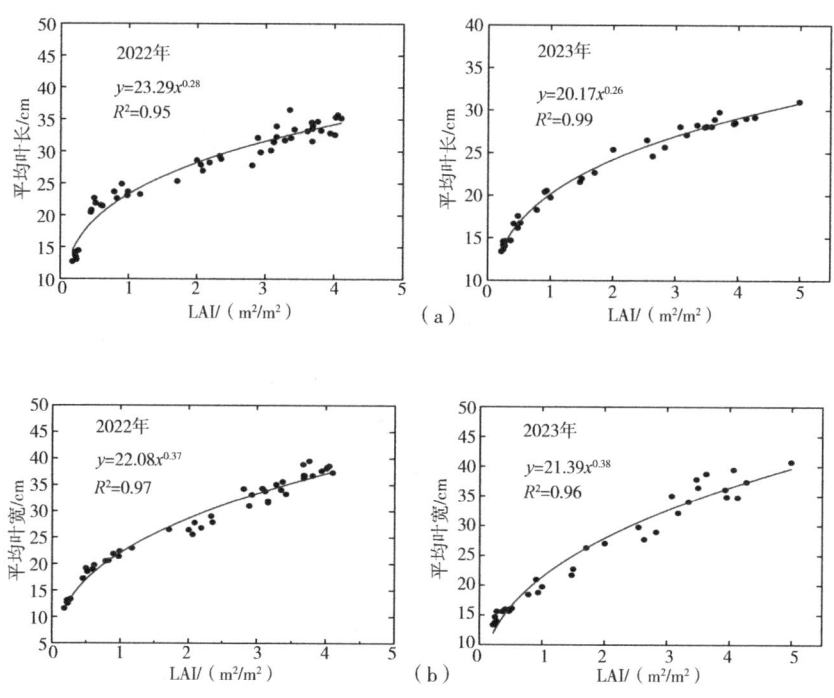

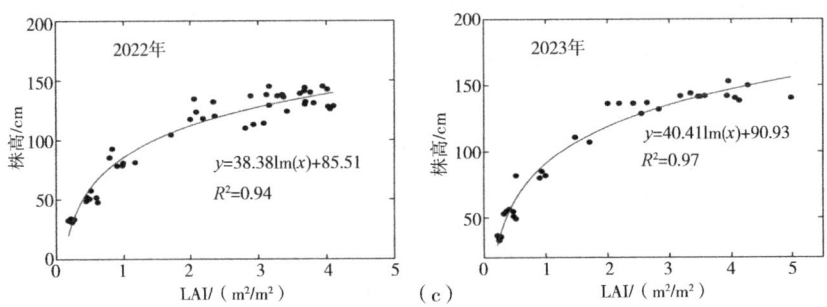

图3.8 番茄叶长、叶宽、株高与叶面积指数的关系

3.3.4 基于Logistic累计辐热积的叶面积指数动态模拟

Logistic方程最初用于描述生态学领域生物种群密度变化（王信理，1986），现被广泛用于作物生长发育的动态模拟。叶面积指数是表征作物生长发育状态的重要指标（倪纪恒，2006）。叶面积指数与作物冠层光能截获率和水分利用效率以及作物产量品质的形成显著相关（刘战东等，2008）。动态模拟叶面积指数随作物生长发育实现作物生长的可视化，对于改进温室灌溉策略和环境调控具有重要意义（王全九等，2020）。叶面积指数随作物的生长发育先表现为线性增加，就温室基质栽培而言，叶面积指数在打顶后一段时间内达到最大值，之后随叶片的衰老略有下降。以往研究利用积温修正Logistic方程对小麦、玉米、水稻等大田作物的叶面积指数变化过程进行了模拟。但是温室条件下，叶面积指数的变化不仅与温度有关，而且与辐射密切相关，基于累计积温的叶面积指数的模拟存在局限性。研究表明，虽然番茄植株在生长过程受到辐射、温度、湿度、CO_2浓度等环境因子的共同影响，但是番茄生长过程与累计辐热积（TEP）最相关（孙少坤，2023）。因此通过建立累计辐热积TEP与叶面积指数的相关关系动态模拟基质栽培番茄叶面积指数变化。TEP可按下式计算（倪纪恒，2006）：

$$TEP_i = TEP_{i-1} + DTEP_i \tag{3.1}$$

式中，TEP_i为番茄移栽第1天到第i天时的温室累计辐热积，W/m^2；TEP_{i-1}为番茄移栽第1天到第$i-1$天时温室的累计辐热积，W/m^2；DTP_i为第i天的累计辐热积，W/m^2。

第3章 温室微环境变化及基质栽培番茄生长生理响应特征

$$DTEP_i = \sum_{j=1}^{24} RTE \times PAR \tag{3.2}$$

式中，PAR 为光合有效辐射，W/m^2；RTE 为相对热效应；RTE 计算式如下所示：

$$RET \begin{cases} 0 & T \leqslant T_{min} \text{ 或 } T \geqslant T_{max} \\ \dfrac{T_a - T_{min}}{T_0 - T_b} & T_{min} < T < T_0 \\ \dfrac{T_{max} - T_a}{T_{max} - T_0} & T_0 < T < T_{max} \end{cases} \tag{3.3}$$

式中，T_a 为温室每 30min 的平均空气温度，℃；T_{min} 为生长下限温度，本研究取 15℃；T_0 为生长最适温度，本研究取 25℃；T_{max} 为生长上限温度，本研究取 35℃。为了更加简洁明了的表示叶面积指数随 TEP 的动态变化过程，将叶面积和 TEP 均进行归一化处理，因此基于 Logistic 方程和累计辐热积的叶面积指数可由下式表示：

$$RLAI = \dfrac{a_4}{1 + \exp(a_0 + a_1 RTEP + a_2 RTEP^2 + a_3 RTEP^3)} \tag{3.4}$$

式中，RLAI 表示归一化叶面积指数；RTEP 为归一化累计辐热积，为待定系数。根据 2023 年 RLAI 与 RTEP 在的变化趋势确定式（3.4）中的 a_1、a_2、a_3、a_4，建立 RLAI 与 RTEP 之间的定量关系，如下所示：

$$RLAI = \dfrac{1.28}{1 + \exp(1.82 - 1.94 RTEP - 10.31 RTEP^2 + 9.6 RTEP^3)} \tag{3.5}$$

番茄 LAI 通常经历苗期的缓慢增长，花果期的快速增长，打顶以后保持相对稳定，到采摘期后期逐渐减小。国内外许多研究基于 Logistic 模型模拟 LAI 变化。已有研究通常根据积温和 LAI 之间的相关关系建立模型，而忽略了辐射水平对作物生长的影响。此外，在本研究中，虽然到了采摘后期 LAI 有所下降，但是下降幅度均在 10% 以内（式 3.3、式 3.4），与土壤栽培条件下的番茄 LAI 变化过程有所不同。因此本研究以 2023 年实测 TEP 及 LAI 对式（3.5）进行验证，R^2 为 0.99，拟合斜率接近于 1，如图 3.9 所示，表明模型可以较好地模拟基质栽培番茄生长发育过程。

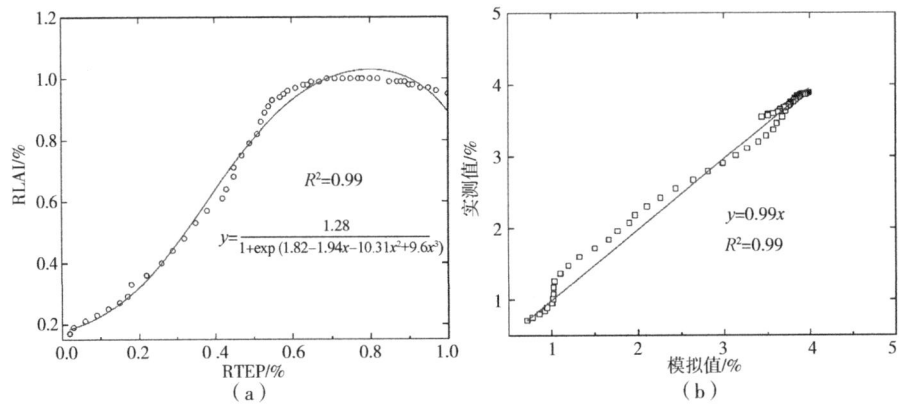

图 3.9 基于 TEP 的番茄叶面积指数模拟及验证

3.4 本章小结

本章从不同尺度分析了番茄生育期内温室微环境因子动态变化及植株生长生理特征响应，探讨了温室微环境与植株生理参数之间的相互作用，不同水分处理对番茄生理及形态参数的影响，以及不同水分处理番茄形态参数随作物生育进程推进的变化规律。根据温室内微环境因子与叶面积指数之间的相关关系，建立了基于温室微环境因子的番茄形态参数估算模型，取得结论如下。

（1）番茄冠层不同层次微环境存在明显差异，自然通风条件下，冠层上部和冠层下方平均温差超过 1℃，相对湿度平均相差 4.81%，冠层内部风速大于冠层上方风速。强制通风条件下，冠层上部和冠层下方温湿度梯度进一步增大，温度平均相差 1.81℃，相对湿度平均相差 6.8%，冠层上方风速大于冠层内部风速。

（2）冠层不同层次微环境因子与叶片生理因子相互作用，冠层蒸腾速率与太阳辐射，空气温度和风速正相关，与相对湿度负相关，冠层上方太阳辐射是决定冠层蒸腾速率的主控因子，其次是冠层内部的空气温度。同一灌溉条件下，番茄冠层从上而下叶片光合速率和气孔导度逐渐降低。不同灌溉条件下，随着灌水量的减小，同一时刻 T_1、T_2、T_3 光合速率、气孔导度、蒸腾速率等生理参数以及株高、茎粗、叶面积指数等形态参数逐渐减小。

(3) 水分处理 20d（移栽 40d）以后，不同水分处理之间的形态参数即产生显著差异。打顶后 10d，株高、LAI 就达到其最大值。叶长、最大叶宽以及株高与 LAI 之间存在良好的相关性，回归系数均大于 0.95。在此基础上基于 Logistic 方程，通过分析 2022 年 LAI 与温室累计辐热积之间的定量关系，建立了一个基于累计辐热积的 LAI 估算模型，并以 2023 年实测数据验证了模型的准确性，利用该模型可实现基于温室环境因子对番茄生长发育进行动态模拟。

第4章 基质栽培番茄优质高产条件下的蒸腾模拟

4.1 充分供水条件下基质栽培番茄蒸腾模拟

Penman-Monteith（PM）最初应用于大田露天环境下作物蒸腾量估算，许多研究对其进行了修正，使其适用于温室作物需水量估算。其在冠层完全覆盖地面的情况下可较好地估算作物蒸腾量，但是在冠层稀疏条件下，模型的有效性存在争议。现有研究对 PM 模型的修正大多基于特定的条件下（自然通风）对作物某一生育阶段（冠层完全覆盖地面）进行模拟，对 PM 模型的修正未考虑冠层垂直结构的阴阳叶差异和冠层不同层次处微环境不同，鲜有研究评估冠层不同层次处气象因子对模型输出精度的影响。因此本章以充分供水条件下的温室基质栽培番茄为研究对象，根据番茄冠层结构的特点将番茄冠层区分为阴叶层和阳叶层，构建阴叶冠层阻力子模型（r_{cS}）与阳叶冠层阻力子模型（r_{cL}）。根据冠层是否分层，计算分层条件下的阴叶空气动力学阻力（r_{aS}）和阳叶空气动力学阻力（r_{aL}），以及不分层条件下的空气动力学阻力（r_{aI}），以冠层不同位置处的气象数据作为输入评估不同组合模型的输出精度的影响，旨在修正 Penman-Monteith 方程使其适用于冠层稀疏条件下的作物蒸腾量估算，为精准灌溉管理和科学调控温室微环境提供依据。

4.1.1 模型构建

（1）考虑冠层垂直结构特征的修正 Penman-Monteith 模型构建。在土壤栽培条件下潜热通量为植株蒸腾和株间土壤蒸发之和。但是在无土栽培条件下，株间土壤蒸发忽略不计，植株蒸腾即为潜热通量。为使 Penman-Monteith 模型适用于温室无土栽培条件下的潜热通量计算，首先考虑将土壤蒸发项从蒸腾模型中去除。其次，在 Venlo 型温室中宽窄行种植的无土栽培番茄，在一定的通风率下，由于冠层对气流的阻碍和冠层的垂直结构变化，在事实上形成了一个包含作物冠层和行间缝隙的非均匀下垫面，冠层上部和作物行间具有不同的边界层厚度，冠层上部和行间存在明显的风速梯度和温湿度差异，因此，当太阳高度角 $\beta>17.2°$ 时，引入天顶角 θ 和冠层聚集度指数 CI 将冠层分为两层，区分为阴叶（LAI_{shaded}）和阳叶（LAI_{sunlit}），LAI_{sunlit} 计算式如下所示：

$$LAI_{sunlit} = \frac{\cos\theta}{B} \times \exp\left(\frac{-B \times CI \times LAI}{\cos\theta}\right) \tag{4.1}$$

式中，θ 为太阳天顶角，rad；θ 为叶倾角函数，一般冠层可概化为球形角分布；B 为常数，本研究取 B=0.5；CI 为冠层聚集度指数，定义为有效叶面积与真实叶面积之比，故 LAI_{sunlit} 可化简为：

$$LAI_{sunlit} = 2\cos\theta \times \left(1 - \exp\left(\frac{LAI_e}{2\cos\theta}\right)\right) \tag{4.2}$$

式中，LAI_e 可按下式计算：

$$LAI_e = \frac{LAI}{0.3LAI + 1.2} \tag{4.3}$$

Qiu 等（2013）和 Gong 等（2021）等对温室辣椒和番茄的研究表明，在叶面积指数较小的生育前期，整个冠层对白天潜热通量均有贡献，在叶面积指数较大的生育后期，潜热通量源主要来自冠层的上半部分，故 LAI_{shaded} 可按下式计算：

$$LAI_{shaded} = \begin{cases} LAI - LAI_{sunlit} & LAI \leq 3 \\ 0.5LAI - LAI_{sunlit} & LAI > 3 \end{cases} \tag{4.4}$$

分别计算阴叶潜热通量 T_S 和阳叶潜热通量 T_L，阴叶和阳叶的潜热通量之和为温室无土栽培番茄潜热通量 LE，故 LE 为：

$$LE = T_S + T_L \tag{4.5}$$

$$T_S = \frac{\Delta R_{n1} + \frac{\rho_a c_p}{r_{aS}} VPD}{\Delta + \gamma\left(1 + \frac{r_{cS}}{r_{aS}}\right)} \tag{4.6}$$

$$T_L = \frac{\Delta R_{n2} + \frac{\rho_a c_p}{r_{aL}} VPD}{\Delta + \gamma\left(1 + \frac{r_{cL}}{r_{aL}}\right)} \tag{4.7}$$

式中，R_{n1}、R_{n2} 分别为阴叶和阳叶截获的净辐射，W/m²；r_{aS}、r_{aL} 分别为阴叶和阳叶的空气动力学阻力，s/m；r_{cS}、r_{cL} 分别为阴叶和阳叶的冠层阻力项，s/m；Δ 为水汽压曲线斜率，kPa/℃；VPD 为水汽压差，kPa；γ 为干湿表常数，kPa·℃。

R_{n1} 与 R_{n2} 可按下式计算：

$$R_{n1} = \frac{LAI_{shaded}}{LAI} R_n' \tag{4.8}$$

$$R_{n2} = \frac{LAI_{sunlit}}{LAI} R_n' \tag{4.9}$$

$$R_n' = R_n [1 - \exp(-k \times LAI)] \tag{4.10}$$

式中，R_n' 为冠层截留净辐射，W/m²；R_n 为冠层上方净辐射，W/m²；k 为消光系数，由冠层上方和底部的实测光合有效辐射值确定。因此当 $\beta > 17.2°$ 时，阴叶冠层阻力 r_{cS} 与阳叶冠层阻力 r_{cL} 按下式计算：

$$r_{cS} = \frac{r_{st1}}{LAI_{shaded}} \tag{4.11}$$

$$r_{cL} = \frac{r_{st2}}{LAI_{sunlit}} \tag{4.12}$$

式中，r_{st1}、r_{st2} 分别为阴叶气孔阻力和阳叶气孔阻力，s/m。当 $\beta < 17.2°$ 时计算冠层阻力如下所示：

$$r_c = \frac{r_{st1}+r_{st2}}{2LAI_e} \quad (4.13)$$

采用热传输系数法计算空气动力学阻力 r_a 如下式所示：

$$r_a = \frac{\rho_a c_p}{2 h_s LAI} \quad (4.14)$$

式中，ρ_a 为恒压下的平均空气密度，kg/m^3；c_p 为恒压比热，J/（kg·℃）；h_s 为热传输系数，W/（m^2K）；根据温室内对流类型选择不同的公式计算 h_s，温室内对流类型的划分及 h_s 的计算方法详见参考文献。

考虑冠层不同层次处气象因子的差异，用冠层上方气象数据计算热传输系数 h_{s1}，用冠层下方气象数据计算热传输系数 h_{s2}，分别计算全分层模型 PMT 阴叶空气动力学阻力 r_{aS-u}、r_{aS-d} 和阳叶空气动力学阻力 r_{aL-u}、r_{aL-d}，以及半分层模型 PMI 空气动力学阻力 r_{aI-u}、r_{aI-d}，计算式如下所示：

$$r_{aS-u} = \frac{\rho_a c_p}{2 h_{s1} LAI_{shaded}} \quad (4.15)$$

$$r_{aS-d} = \frac{\rho_a c_p}{2 h_{s2} LAI_{shaded}} \quad (4.16)$$

$$r_{aL-u} = \frac{\rho_a c_p}{2 h_{s1} LAI_{sunlit}} \quad (4.17)$$

$$r_{aL-d} = \frac{\rho_a c_p}{2 h_{s2} LAI_{sunlit}} \quad (4.18)$$

$$r_{aI-u} = \frac{\rho_a c_p}{2 h_{s1} LAI} \quad (4.19)$$

$$r_{aI-d} = \frac{\rho_a c_p}{2 h_{s2} LAI} \quad (4.20)$$

(2) 模型参数敏感性分析。由于 T_L 和 T_S 受冠层截留净辐射 R_{nl}、水汽压差 VPD、r_a、r_c 四个变量影响，因此有：

$$T_L(T_S) = f(R_{nl}, \text{VPD}, r_a, r_c) \tag{4.21}$$

以阴叶层为例，阴叶层潜热通量 T_S 对环境变量的敏感性计算式为：

$$S_{vi} = \lim_{\Delta v_i \to 0} \left(\frac{\frac{\Delta T_S}{T_S}}{\frac{\Delta v_i}{v_i}} \right) = \frac{v_i}{T_S} \times \frac{d(T_S)}{d(v_i)} \tag{4.22}$$

式中，S_{vi} 为 T_S 相对自变量 v_i 的敏感系数，ΔLE 为 LE 的相对变化量，v_i 为环境变量 R_{nl}、VPD、r_a、r_c 的相对变化，由 4.23 式可得：

$$S(R_{nl}) = \frac{1}{1 + \dfrac{\rho_a c_p \text{VPD}}{\Delta r_a R_{nl}}} \tag{4.23}$$

$$S(\text{VPD}) = \frac{1}{1 + \dfrac{\Delta r_a R_{nl}}{\rho_a c_p \text{VPD}}} \tag{4.24}$$

$$S(r_c) = -\frac{1}{1 + \dfrac{(\Delta + \gamma) r_a}{\gamma r_c}} \tag{4.25}$$

$$S(r_a) = \frac{1}{1 + \dfrac{(\Delta + \gamma) r_a}{\gamma r_c}} - \frac{1}{1 + \dfrac{\Delta r_a R_{nl}}{\rho_a c_p \text{VPD}}} = -S(r_c) - S(\text{VPD}) \tag{4.26}$$

若 $Sv_i > 0$，则表示 T_S 与自变量 v_i 正相关，反之则负相关，$|Sv_i|$ 越大表示 T_S 对 vi 越敏感，根据敏感系数的大小，将敏感性水平分为以下四类，如下表 4.1 所示。

表 4.1 模型敏感系数等级

敏感系数	敏感等级
$0 \leqslant |Sv_i| < 0.05$	不敏感
$0.05 \leqslant |Sv_i| < 0.20$	中等
$0.20 \leqslant |Sv_i| < 1.00$	高
$|Sv_i| \geqslant 1$	非常高

4.1.2 模型参数确定

(1) 冠层不同层次对流类型。不同通风条件下冠层不同层次处于不同的对流状态。如图 4.1 所示。通过观测春秋两季番茄生育期内温室微环境及生理形态参数,利用热传输系数法分别对冠层上方和冠层中间的对流类型进行判别,结果显示,不同季节不同通风条件下冠层上方和冠层中间没有自由对流的情况发生,与 Qiu 等 (2013) 在西北旱区日光型温室及 Yan 等 (2020) 在南方地区 Venlo 型温室的研究结果不同。自然通风条件下冠层上方均以混合对流为主,分别占计算时段的 97.9% (2022 年) 和 88.5% (2023 年),生育期内发生强迫对流的时间占比 6.7%,主要发生在白天。冠层中间秋冬季以强迫对流为主,占计算时段的 86.4%,发生自由对流的时间占比 13.6%,且主要发生在强制通风条件下;2023 年以混合对流为主,占计算时段的 58.8%。

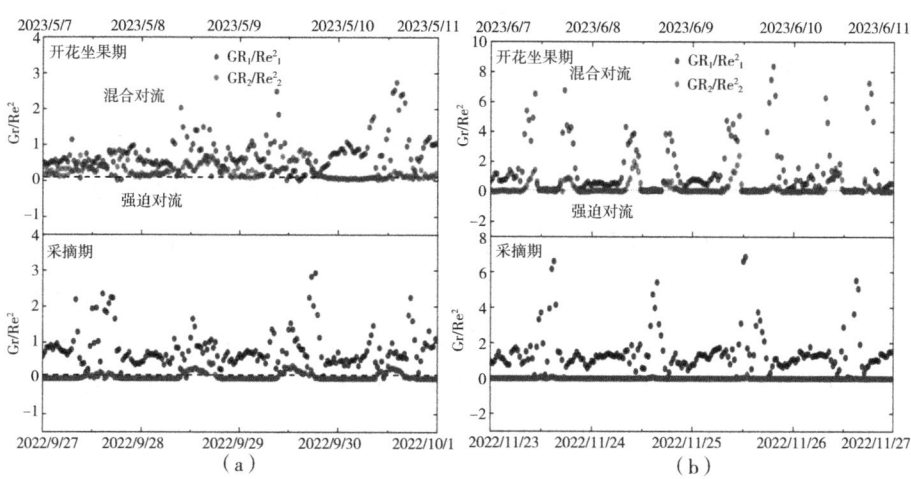

图 4.1 开花坐果期和采摘期冠层不同层次对流类型评估

(2) 冠层阻力及空气动力学阻力评估。以冠层不同层次处的气象数据作为输入，考虑冠层是否分层，选择春夏季初花期对空气动力学阻力 r_a 及冠层阻力 r_c 变化规律进行分析，图4.2a是大叶模型PMB冠层阻力 r_{cB} 及空气动力学阻力 r_{aB}，r_{cB} 与总辐射 R_s 密切相关，清晨 r_{cB} 随 R_s 增大迅速降低，8：00—17：00变化稳定，该时段 r_c 平均值为83s/m，17：00以后 r_{cB} 迅速增加至20：00左右 r_{cB} 稳定为281s/m。r_{aB} 在清晨和傍晚及白天转换通风模式时有所波动，其他时间保持相对稳定；自然通风条件下 r_{aB} 均值为201s/m，强制通风条件下 r_{aB} 均值148s/m，白天 $r_{cB}<r_{aB}$，夜间 $r_{cB}>r_{aB}$。图4.2b中 r_{aI-u}、r_{aI-d} 是半分层模型PMI分别利用冠层上方和冠层中间气象数据将冠层视为整体计算得到的空气动力学阻力，从图4.2中可以看出不同的 r_{aI-u} 与 r_{aI-d} 具有相似的变化趋势，但不同的是 $r_{aI-u}>r_{aI-d}$，自然通风条件下 r_{aI-d} 均值为178s/m，强制通风条件下 r_{aI-d} 均值为135s/m。与 r_{aI-u} 相比 r_{aI-d} 波动较小，全天均值为167s/m。图4.2c是阴叶空气动力学阻力 r_{aS-u}、r_{aS-d} 及冠层阻力 r_{cS}；图4.2d是阳叶空气动力学阻力 r_{aL-u}、r_{aL-d} 及冠层阻力 r_{cL}，将冠层分层后，r_{aS-u}、r_{aS-d}、r_{aL-u}、r_{aL-d} 与 r_{aI-u}、r_{aI-d} 及 r_{aB} 有相同的变化趋势，即清晨和傍晚起伏较大，且温室通风模式转换时的变化幅度更大。自然通风条件下 r_{aS-u}、r_{aS-d}、r_{cS} 均值分别为279.26s/m、242.52s/m、111.66s/m；r_{aL-u}、r_{aL-d}、r_{cL} 均值分别为310.57s/m、280.07s/m、225.62s/m，强制通风条件下 r_{aS-u}、r_{aS-d}、r_{cS} 均值分别为243.90s/m、222.68s/m、215.17s/m；r_{aL-u}、r_{aL-d}、r_{cL} 均值分别为362.33s/m、313.31s/m、108.99s/m。

4.1.3 模型精度评价

(1) 不同组合模型输出精度对比。以2022年秋季和2023年春季两季试验冠层不同层次处的观测到的气象数据作为输入，确定空气动力学阻力和冠层阻力时，根据处理冠层的不同得到全分层模型 PMT_1、PMT_2、PMT_3、PMT_4 和半分层模型 PMI_1、PMI_2、PMI_3、PMI_4 八个不同的组合模型，不同组合模型模拟的潜热通量输出精度如表4.2、表4.3及图4.3所示。由表4.2、表4.3及图4.3可知，不同组合模型均可以较好地模拟不同季节基质栽培番茄蒸腾，拟合斜率均在0.8以上。但不同生育期不同组合的模型输出的精度有所不同。

第4章 基质栽培番茄优质高产条件下的蒸腾模拟

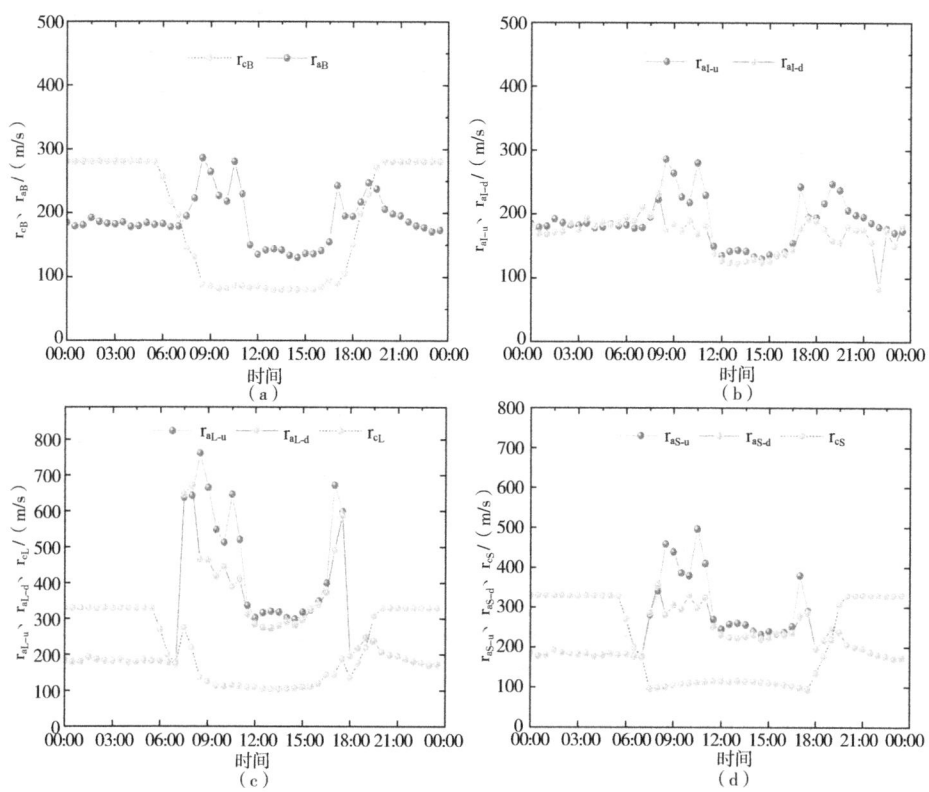

图 4.2 基于冠层不同位置气象数据计算的空气动力学阻力（r_a）及冠层阻力（r_c）日变化（2023 年 5 月 8 日）（见书后彩图）

注：图中 a 为 PMB 模型冠层阻力和空气动力学阻力；b 为 PMI 模型空气动力学阻力；c、d 分别为 PMT 模型阳叶层和阴叶层的冠层阻力及空气动力学阻力。

表 4.2 2022 年不同组合模型输出精度对比

生育期	模型	r_a		Slope	R^2	RMSE	MAE	NSE	N
开花坐果期	PMT_1	r_{aS-d}	r_{aL-u}	0.90	0.90	12.75	8.07	0.94	192
	PMT_2	r_{aS-d}	r_{aL-d}	0.95	0.89	13.31	8.70	0.93	192
	PMT_3	r_{aS-u}	r_{aL-u}	0.83	0.90	14.38	9.06	0.92	192
	PMT_4	r_{aS-u}	r_{aL-d}	0.88	0.91	12.99	8.18	0.94	192
	PMI_1	r_{aI-d}	r_{aI-u}	1.11	0.84	17.71	13.81	0.88	192
	PMI_2	r_{aI-d}	r_{aI-d}	1.67	0.89	42.30	28.95	0.34	192
	PMI_3	r_{aI-u}	r_{aI-u}	0.99	0.90	13.19	8.51	0.94	192
	PMI_4	r_{aI-u}	r_{aI-d}	1.55	0.91	35.73	21.15	0.53	192
	PMB	r_{aB}		0.80	0.90	14.94	9.33	0.92	192

（续表）

生育期	模型	r_a		Slope	R^2	RMSE	MAE	NSE	N
采摘期	PMT_1	r_{aS-d}	r_{aL-u}	0.89	0.88	13.48	7.73	0.92	192
	PMT_2	r_{aS-d}	r_{aL-d}	1.04	0.88	14.82	8.34	0.91	192
	PMT_3	r_{aS-u}	r_{aL-u}	0.83	0.86	14.98	8.66	0.91	192
	PMT_4	r_{aS-u}	r_{aL-d}	0.98	0.90	12.90	7.62	0.93	192
	PMI_1	r_{aI-d}	r_{aI-u}	1.00	0.84	15.83	10.36	0.90	192
	PMI_2	r_{aI-d}	r_{aI-d}	1.58	0.90	34.88	20.35	0.49	192
	PMI_3	r_{aI-u}	r_{aI-u}	1.00	0.87	14.68	8.73	0.91	192
	PMI_4	r_{aI-u}	r_{aI-d}	1.58	0.92	34.44	17.24	0.51	192
	PMB	r_{aB}		0.91	0.88	13.50	7.82	0.92	192

注：表中 PMT 表示全分层模型；PMI 表示半分层模型；PMB 表示大叶模型；r_{aS-u}，r_{aS-d} 与 r_{aL-u}，r_{aL-d} 分别表示 PMT 模型阴叶层及阳叶层空气动力学阻力；r_{aI-u}，r_{aI-d} 与 r_{aB} 分别表示 PMI 模型与 PMB 模型的空气动力学阻力，下同。

表4.3 2023年不同组合模型输出精度对比

生育期	模型	r_a		Slope	R^2	RMSE	MAE	NSE	N
开花坐果期	PMT_1	r_{aS-d}	r_{aL-u}	0.81	0.90	18.31	12.28	0.93	192
	PMT_2	r_{aS-d}	r_{aL-d}	0.80	0.87	20.39	12.99	0.91	192
	PMT_3	r_{aS-u}	r_{aL-u}	0.83	0.91	17.19	11.61	0.94	192
	PMT_4	r_{aS-u}	r_{aL-d}	0.82	0.91	17.65	11.70	0.93	192
	PMI_1	r_{aI-d}	r_{aI-u}	0.98	0.90	15.64	10.99	0.95	192
	PMI_2	r_{aI-d}	r_{aI-d}	1.72	0.88	59.45	37.27	0.23	192
	PMI_3	r_{aI-u}	r_{aI-u}	0.96	0.91	15.85	10.53	0.94	192
	PMI_4	r_{aI-u}	r_{aI-d}	1.70	0.91	55.95	34.61	0.31	192
	PMB	r_{aB}		0.80	0.91	18.41	12.39	0.93	192
采摘期	PMT_1	r_{aS-d}	r_{aL-u}	1.00	0.86	20.74	14.30	0.93	192
	PMT_2	r_{aS-d}	r_{aL-d}	0.95	0.85	20.94	14.57	0.93	192
	PMT_3	r_{aS-u}	r_{aL-u}	1.12	0.88	23.83	16.29	0.91	192
	PMT_4	r_{aS-u}	r_{aL-d}	1.07	0.89	20.64	14.38	0.93	192
	PMI_1	r_{aI-d}	r_{aI-u}	0.92	0.72	23.36	18.26	0.92	192
	PMI_2	r_{aI-d}	r_{aI-d}	1.66	0.80	68.62	47.93	0.28	192
	PMI_3	r_{aI-u}	r_{aI-u}	0.97	0.89	17.69	13.02	0.95	192
	PMI_4	r_{aI-u}	r_{aI-d}	1.71	0.84	71.94	44.63	0.21	192
	PMB	r_{aB}		1.00	0.88	16.92	12.73	0.96	192

初花期 LAI<2 时,大叶模型 PMB 会低估实测潜热通量 LEm,秋茬和春茬模型拟合斜率均为 0.8,R_2 分别为 0.90 和 0.91。将不同的分层组合模型进行对比,2022 年全分层组合模型 PMT_1、PMT_2、PMT_3、PMT_4 的输出精度略优于 PMB,2023 年二者输出精度相近,其中组合模式为 r_{aS-u} 结合 r_{aL-u} 的组合模型 PMT_3 模拟效果最好,NSE 和 R^2 分别为 0.91 和 0.94。半分层组合模型 PMI_2、PMI_4 春秋两个季节均会高估 LEm,拟合斜率均超过 1.5,NSE 均小于 0.6;半分层组合模型 PMI_1、PMI_3 在 2022 年及 2023 年初花期的拟合斜率均接近于 1,模型模拟效果较好。2022 年 PMI_3 输出精度优于 PMI_2,NSE 和 R^2 分别为 0.90、0.94,2023 年二者输出精度近似,因此组合模式为 r_{aI-u} 结合 r_{aI-u} 的组合模型 PMI_3 表现更优,与全分层模型结果一致,即阴叶和阳叶均以冠层上方气象数据作为输入模型输出精度最高。但组合模型 PMT_3 与 PMI_3 相比,PMI_3 模型 2022 年和 2023 年拟合斜率分别为 0.99 和 0.96,而 PMT_3 在 2022 年与 2023 年模型拟合斜率均为 0.83,因此半分层模型 PMI_3 模拟精度优于全分层模型 PMT_3。采摘期 LAI>3 时,PMB 输出精度有所提升,2022 年和 2023 年拟合斜率分别为 0.91 和 1.00,R^2 均为 0.88,除半分层模型 PMI_2、PMI_4 模型会高估 LEm 外,全分层模型 PMT_1、PMT_2、PMT_3、PMT_4 及半分层模型 PMI_1、PMI_3 输出精度与 PMB 近似,NSE 均达到 0.9 以上,其中 PMB 模型输出精度最高,春夏季 NSE 为 0.96,组合模型 PMI_3 与 PMB 最接近,综上组合模式为 r_{aI-u} 结合 r_{aI-u} 的半分层模型 PMI_3 鲁棒性最好表现最优。

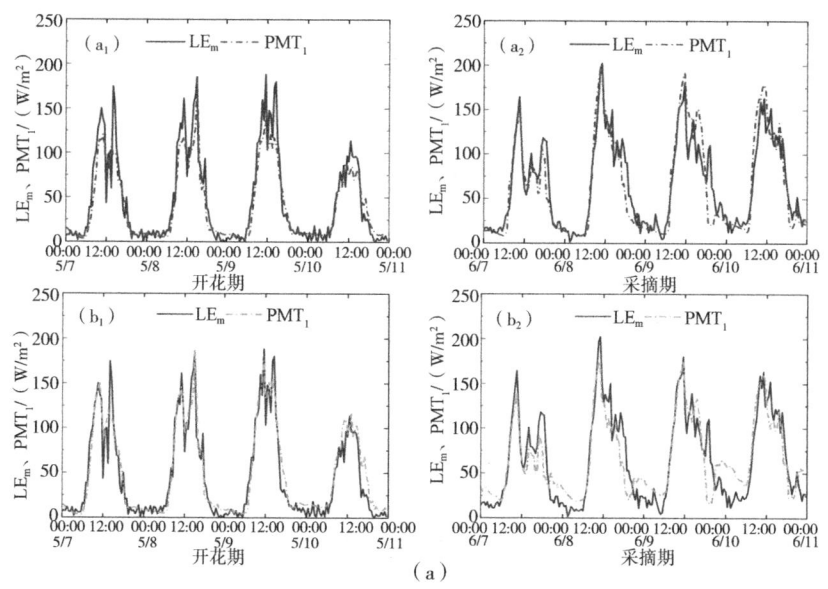

(a)

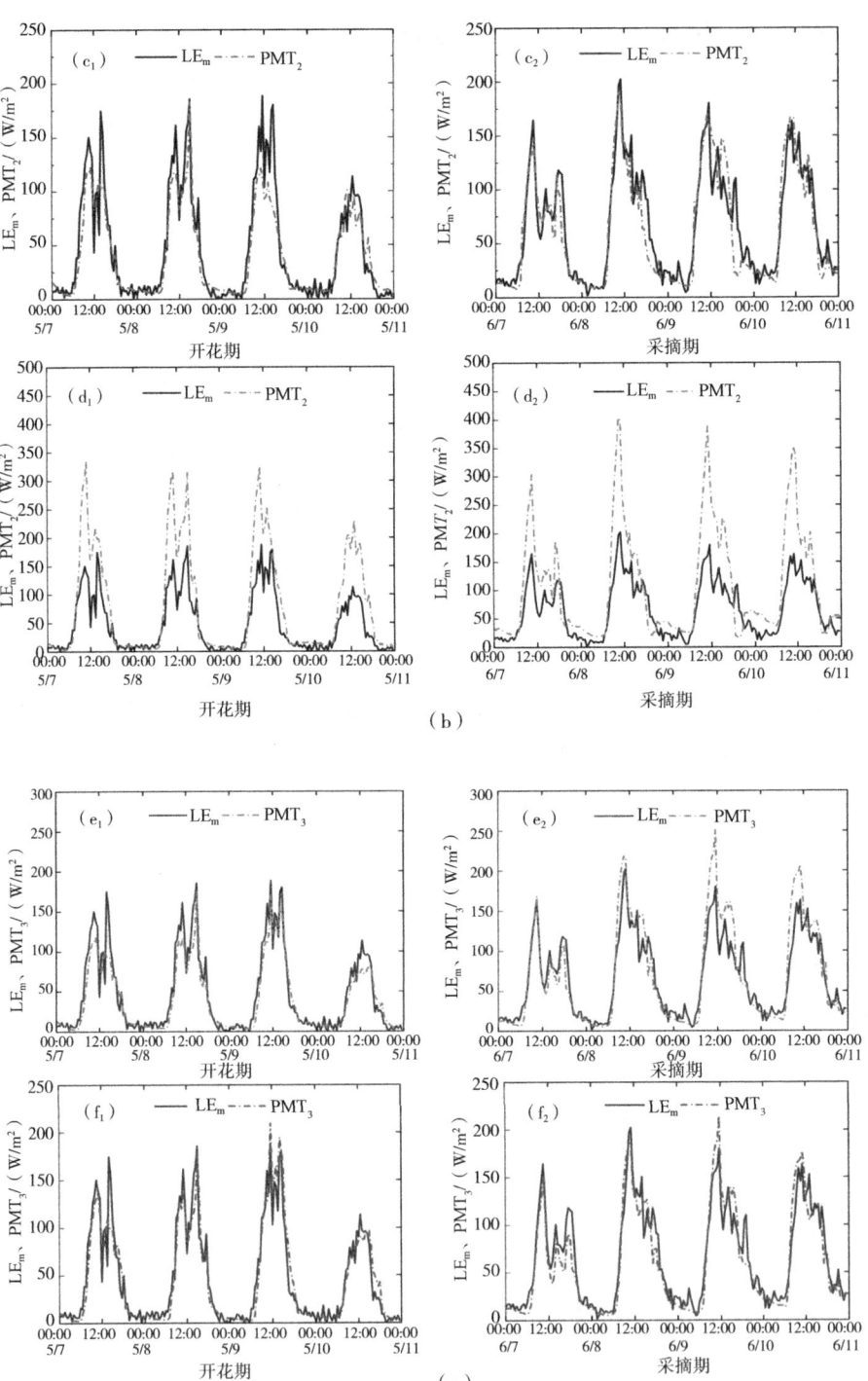

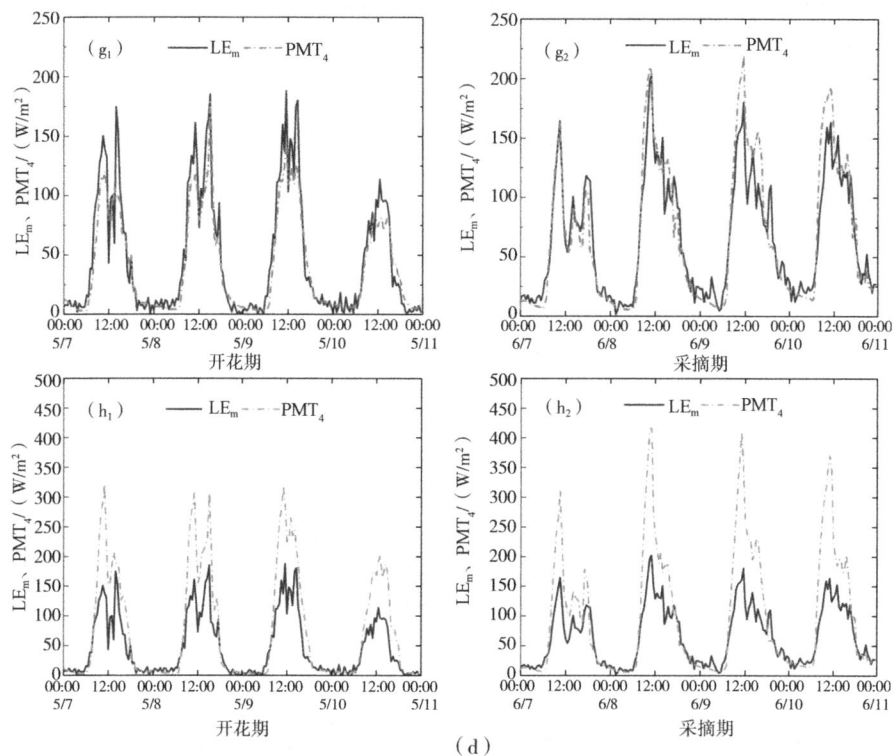

图 4.3 开花坐果期和采摘期不同组合模型模拟值与实测值对比

注：图中 LEm 为实测潜热通量；$a_1 \sim h_1$ 为开花坐果期模型模拟值与实测值对比；$a_2 \sim h_2$ 为采摘期模型模拟值与实测值对比。

（2）模型参数敏感性分析。对不同生育期模型参数敏感性进行分析，结果如表 4.4 所示。由表 4.4 可知阴叶蒸腾量 T_S 与阳叶层蒸腾量 T_L 与冠层截留净辐射 R_{nl} 正相关，与 r_a 和 r_c 负相关。开花坐果期，T_S 和 T_L 对 R_{nl} 敏感性最强，2022 年和 2023 年阴叶敏感系数分别为 0.59 和 0.56，阳叶敏感系数为 0.52。其次是水汽压差 VPD，T_S 和 T_L 对 r_a 的敏感性最低。无论阴叶还是阳叶，T_S 和 T_L 对 r_a 和 r_c 的敏感性均小于 R_{nl} 和 VPD。从花果期到采摘期，T_S 和 T_L 对 R_{nl} 的敏感性下降，2022 年和 2023 年阴叶敏感系数分别为 0.34 和 0.19，阳叶敏感系数分别为 0.12 和 0.10。与之相反，从初花期到采摘期，T_S 和 T_L 对 VPD 与 r_a 的敏感性显著提升，但是 VPD 的敏感性大于 r_a，采摘期 T_S 和 T_L 对 VPD 的敏感性最强，2022 年和 2023 年阴叶敏感系数分别为 0.66 和 0.81，阳叶敏感系数分别为 0.88 和 0.90。不同的是，从初花期到采摘期，T_S 对 r_a 的敏感性降低，T_L 对 r_a 的敏感性提高。上述结果表明不同生育期，番茄蒸腾对模型参数的敏感性不同，产生这种差异的原因可能与冠层结构和下垫面有关。初花期由于冠层覆盖度低，植株蒸腾量小，阴叶蒸腾量和阳叶蒸腾量相近。到了开花坐果期，冠层完全覆盖地面，植株蒸腾量大，而且由于冠层下部叶片衰老，冠层蒸腾主要由冠层上部叶片贡献。

表4.4 不同生育期模型参数敏感性分析

年份	生育期	阴叶				阳叶			
		$S(R_{nl1})$	$S(VPD_1)$	$S(r_{cS})$	$S(r_{aS})$	$S(R_{nl2})$	$S(VPD_2)$	$S(r_{cL})$	$S(r_{aL})$
2022	开花坐果期	0.59	0.41	−0.14	−0.27	0.52	0.48	−0.15	−0.33
	采摘期	0.34	0.66	−0.11	−0.55	0.12	0.88	−0.33	−0.55
2023	开花坐果期	0.56	0.44	−0.21	−0.23	0.52	0.48	−0.19	−0.29
	采摘期	0.19	0.81	−0.16	−0.66	0.10	0.90	−0.24	−0.67

4.2 非充分供水条件下基质栽培番茄蒸腾模拟

灌溉是影响番茄产量和品质的关键因素。在一定的水分阈值内，随灌水量的增加，产量提高的同时可能伴随品质的下降。随着生活水平的提高，人们对品质的要求日益提高，如何平衡产量和品质，实现温室基质栽培番茄生产的高产、优质、高效，是当前设施蔬菜生产中有待解决的一个关键问题。适宜水分供给对于优质高产番茄生产至关重要。温室基质栽培番茄优质高产灌溉下限还有待明确。

国内外大量研究表明，适度的水分胁迫在保证产量的同时可以提高番茄品质和水分利用效率。在水分供应充足、无病虫害的标准条件下，温室作物蒸腾主要与微气象因子有关，但是存在水分胁迫的非标准条件下，作物蒸腾同时受到基质含水量和微环境因子的制约。对于非标准条件下的作物需水量，FAO 推荐采用参考作物蒸腾量 ET_0 和作物系数（K_c）的乘积来确定标准条件下的作物蒸腾量，再由标准条件下的作物蒸腾量 ET_c 乘以特定的胁迫指数（K_s）得到非标准条件下的作物蒸腾量 ET_a。K_c 包含了作物蒸腾和土壤蒸发的综合影响，但是不同于土壤栽培,在基质栽培条件下由于基质条六面覆膜,只有植株蒸腾没有土壤蒸发,而且基质的物理化学特性有别于土壤,因此有必要对 FAO 给出的 K_c 进行率定。根据温室基质栽培的特点对 K_c 进行修正,明确不同水分胁迫条件下的 K_s,从生产实际需求出发,采用不同的方法对非标准条件下的作物需水量进行估算。

4.2.1 基于多元参数估计的番茄日蒸腾模拟

(1) 模型构建。

①模型参数筛选。本小节主要探讨非充分供水条件下基质栽培番茄蒸腾量模拟,以灌溉下限为基质持水量的 70% 处理为代表进行展开。由表 4.5 可知,不同生育期实测日蒸腾量 T_m 与各变量之间存在不同的相关关系。开花坐果期,T_m 与各变量之间的相关性排序从高到低依次为 VPD>DAR>LAI>T_a>W,其中 VPD、DAR、LAI、T_a 与 T_m 之间的相关性均达到了显著水平,VPD 与 T_m 之间的相关性最强,相关系数为 0.864,W 与 T_m 之间的相关性最低,没有达到显著水平。同时,对 T_m 与环境因子之间的通径分析也表明,无论直接还是间接,VPD 对 T_m 影响最大。与开花坐果期不同的是,采摘期 T_m 与相关变量的相关性分析显示 T_m 与 DAR 的相关性最强,各相关变量与 T_m 的相关系数从大到小排序依次为:DAR>VPD>W>T_a>LAI,其中 DAR、VPD、W、T_a 与 T_m 的相关性均达到了显著水平,LAI 与 T_m 的相关性最低,未达到显著水平。通过对 T_m 与各相关变量的通径分析,从花果期到采摘期,VPD 和 LAI 对 T_m 的影响下降,DAR 和 W 对 T_m 的影响增强,而且无论直接还是间接,DAR 对 T_m 的影响最大。

表 4.5　70%持水量下限不同生育期实测日蒸腾量 T_m 与环境因子的相关性分析和通径分析

生育期	变量	直接通径系数	间接通径系数						相关系数
			DAR	W	VPD	T_a	LAI	Σ	
开花坐果期	DR	0.057		0.022	0.051	0.020	0.006	0.098	0.795**
	W	0.144	0.054		0.051	−0.068	−0.039	−0.002	0.255
	VPD	0.810	0.723	0.287		0.360	0.031	1.400	0.864**
	T_a	0.087	0.030	−0.041	0.039		0.005	0.033	0.384*
	LAI	0.414	0.044	−0.113	0.016	0.025		−0.028	0.405**

(续表)

生育期	变量	直接通径系数	间接通径系数						相关系数
			DAR	W	VPD	T_a	LAI	Σ	
采摘期	DR	0.738		0.265	0.590	0.401	-0.179	1.077	0.888**
	W	0.246	0.088		0.057	0.022	0.075	0.243	0.520**
	VPD	0.085	0.068	0.020		0.034	-0.041	0.081	0.583**
	T_a	0.025	0.014	0.002	0.010		0.009	0.035	0.421**
	LAI	0.029	-0.007	0.009	-0.014	0.011		-0.001	-0.183

注：DAR 为日累计太阳总辐射，mm/d；W 为日平均风速，m/s；VPD 为水汽压差，kPa；T_a 为日平均空气温度，℃；LAI 为叶面积，m^2/m^2。

②分段日蒸腾估算模型建立。通过上节的分析，随作物的生长发育，日蒸腾量 T_m 与环境因子之间的关系不断发生变化。随生育进程的推进叶面积指数 LAI 逐渐增大至开花坐果末期达到峰值，此阶段日平均水汽压差 VPD 对 T_m 的影响最大，其次是日累计太阳辐射 DAR 和 LAI，日平均温度 T_a 与 T_m 的相关性也达到了显著水平，但是 T_m 与风速 W 的相关性没有达到显著水平。因此花果期选择 VPD、DAR、T_a、LAI 作为参数对 T_m 进行模拟。进入成熟采摘期以后，DAR 对 T_m 的影响最大，其次是 VPD、W 和 T_a。LAI 与 T_m 的相关性为负且未达显著水平，说明 LAI 对 T_m 的影响较小，此阶段 T_m 变化主要受气象因子控制。因此采摘期选择 DAR、VPD、T_a、W 作为参数对 T_m 进行模拟。根据不同生育期选定参数与 T_2 日蒸腾量之间的趋势，利用麦夸特参数估计，得到 T_2 处理不同生育期日蒸腾模型如下所示：

$$T_s = \begin{cases} 0.001 DAR^{1.261} + 0.689\ln(VPD) + 0.399\ln(T_a) + \\ \quad 0.527\ln(LAI) \quad 1 \leq LAI < LAI_{max} \\ 0.011 DAR^{1.039} + 0.198\exp(VPD) - 0.144\ln(T_a) + \\ \quad 0.567\ln(W) + 1.515 LAI = LAI_{max} \end{cases} \quad (4.27)$$

式中，T_s 为模型模拟日蒸腾量，mm/d；DAR 为日累计太阳总辐射，mm/d；T_a 为日平均温度；W 为日平均风速，m/s；LAI 为叶面积指数。

（2）模型精度评价。李建明等（2017）和刘聪等（2022）分别以温室甜瓜和番茄为研究对象，根据实测日蒸腾量 T_m 与气象因子及 LAI 之间的关系建

第4章 基质栽培番茄优质高产条件下的蒸腾模拟

立了一个多元拟合方程用以估算作物全生育期 T_m。全生育期用一个方程，虽然模型应用较为方便，但是它忽略作物的生长发育及温室气象条件的变化，模型的通用性有待提升。为了验证建立分段模型的必要性，利用 2022 年番茄日蒸腾量 T_m 与温室气象因子和 LAI，建立不分段日蒸腾估算模型 T' 如下所示：

$$T' = 0.514\ln(DAR) + 0.08\ln(VPD) + 0.379\ln(T_a) + \\ 1.05\ln(W) + 0.006\exp(LAI) + 0.249 \tag{4.28}$$

式中，T' 为模型模拟日蒸腾量，mm/d；DAR 为日累计太阳总辐射，mm/d；T_a 为日平均温度；W 为日平均风速，m/s；LAI 为叶面积指数。

表 4.6 不分段模型 T' 与分段模型 T_s 模拟精度对比

生育期	模型	统计指标			
		MRE/%	MAE/(mm/d)	RMSE/(mm/d)	NSE
开花坐果期	T'	17.66	0.27	0.34	0.66
	T_s	12.63	0.15	0.18	0.91
成熟采摘期	T'	12.99	0.25	0.30	0.73
	T_s	11.07	0.20	0.25	0.83

注：MRE 为平均相对误差，%；MAE 为平均绝对误差，mm/d；RMSE 为均方根误差，mm/d；NSE 为 Nash-Sutcliffe 效率系数。

图 4.4 为分段日蒸腾估算模型 T_s 与不分段模型 T' 在 2023 年逐日模拟值与实测之间的对比。表 4.6 是 T_s 模型和 T' 模型花果期和采摘期模拟精度对比。由图 4.4 及表 4.6 可知，开花坐果期，不分段模型 T' 低估 T_m，平均绝对误差 MAE 和均方根误差 RMSE 分别为 0.27mm/d 和 0.34mm/d，NSE 为 0.66。与 T' 模型相比，分段模型 T_s 平均相对误差 MRE 提高了 5%，MAE 和 RMSE 及 NSE 分别为 0.15mm/d、0.18mm/d、0.91mm/d，均小于 T' 模型。采摘期 T' 模型模拟精度有所提高，T' 模型 MRE、MAE 和 RMSE 分别为 12.99%、0.25mm/d、0.30mm/d；T' 模型 MRE、MAE 和 RMSE 分别为 11.07%、0.20mm/d、0.25mm/d；但 Ts 模型模拟的 NSE 为 0.85，而 T' 模型的 NSE 为 0.73，T_s 模型仍优于 T' 模型。图 4.5 为花果期和采摘期分段模型 T_s 模拟值与实测值线性拟合的结果，T_s 模型花果期和采摘期模拟的相关系数分别为 0.92 和 0.86。综合各项统计指标，由图 4.5 可知，T_s 模型模拟

精度高于 T′模型,且 T_s 模型所需参数较 T′少,因此分段模型 T_s 优于不分段模型 T′,可较好地模拟 Venlo 型温室基质栽培番茄日蒸腾量。

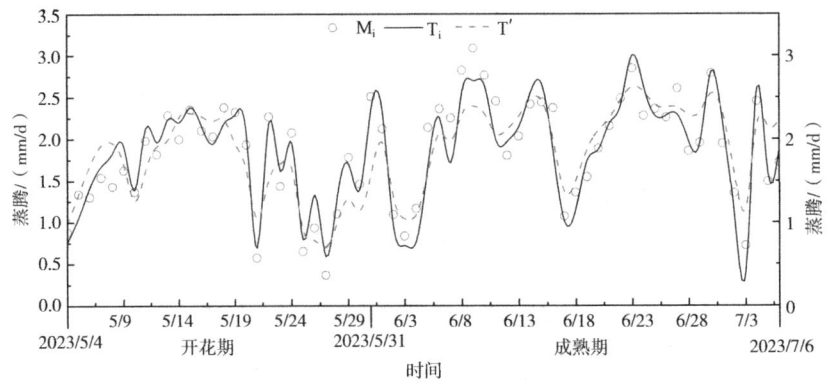

图 4.4　日蒸腾量模拟值与实测值对比

注:T_i 为分段模型模拟值,T′为不分段模型模拟值,M_i 为实测值。

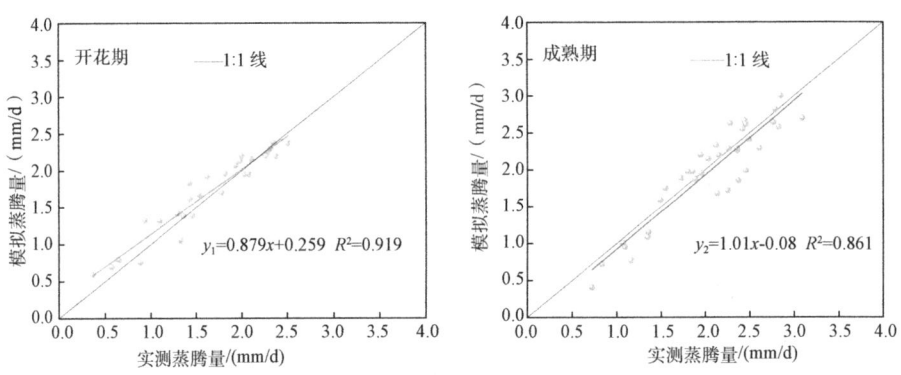

图 4.5　70%持水量下限不同生育期日蒸腾模型精度验证

4.2.2　基于作物系数法模拟不同水分处理基质栽培番茄日蒸量

(1)参考作物需水量及作物系数确定。

①温室参考作物需水量确定。对于大田露天条件下的作物需水量,FAO 推荐了一种计算参考作物需水量 ET_0 的标准方法:假定有一种高度固定为 0.12m,冠层阻抗固定为 70s/m,反射率固定为 0.23 的参考面,对 Penman-Monteith 模型进行简化,简化后的 PM 模型如下式所示:

第4章 基质栽培番茄优质高产条件下的蒸腾模拟

$$ET_0 = \frac{0.408\Delta(R_n-G)+\gamma\dfrac{1713}{T+273}\text{VPD}}{\Delta+1.64\gamma} \quad (4.29)$$

式中，ET_0 表示参考作物需水量，mm/d；G 为土壤热通量，MJ/（m²·d）；Rn 为净辐射，MJ/（m²·d）；VPD 为水汽压差，kPa；Δ 为水汽压差与温度曲线的斜率；ρ_a 为恒压下的平均空气密度，kg/m³；c_p 为恒压比热，MJ/（kg·℃）；γ 为干湿表常数，kPa/℃；T 表示距地面 2m 处的温度,℃。该式是在 Thom 等（1977）提出的计算露天条件下 r_a 计算公式的基础上，推导得出假定参考面的 r_a 固定为 109s/m。虽然温室内风速较低，但不为零，通常在 0.1~0.64s/m 变化。在温室风速较低的条件下的 r_a 应大于露天环境。温室微环境与露天环境有明显差异，过去大量研究对 PM 模型进行简化，使其适用于温室条件下的作物需水量估算，但是到目前止，对于温室参考作物需水量估算还没有一个统一的标准。Fernández 等（2010；2011）在评估温室多年生牧草参考需水量之后，提出将 r_a 设定为 295s/m 可准确估算温室参考作物需水量。龚雪文（2018）在附近站点通过蒸渗仪实测 ET_0 反算 r_a，二者得出的结果近似。本研究参考 Fernández 等（2010）的研究结果，取 $r_a=295$s/m 对 PM 模型进行简化。其次，基质栽培条件下，作物需水量不包含土壤蒸发量，应用 PM 模型计算设施基质栽培番茄参考作物需水量时应将土壤蒸发项去除。因此温室基质栽培条件下的温室参考作物需水量可按下式计算：

$$T_0 = \frac{0.408\Delta R_n+\gamma\dfrac{628}{T+273}\text{VPD}}{\Delta+1.24\gamma} \quad (4.30)$$

式中，T_0 表示参考作物需水量，mm/d；R_n 为净辐射，MJ/（m²·d）；VPD 为水汽压差，kPa；Δ 为水汽压差与温度曲线的斜率；ρ_a 为恒压下的平均空气密度，kg/m³；c_p 为恒压比热，MJ/（kg·℃）；γ 为干湿表常数，kPa/℃；T 表示距地面 2m 处的温度,℃。根据上式计算 2022 年及 2023 年 T_0，如表 4.7 所示，2022 年及 2023 年番茄生育期内的累计参考作物需水量分别为 205.6mm、118.06mm。2022 年从苗期开始生育期长度为 22d，花果期持续时间为 49d，采摘期持续时间为 60d，全生育期持续时间共 131d。从初花期到采

摘期 T_0 逐渐降低，苗期、花果期、采摘期日平均 T_0 分别为 1.99mm/d、1.76mm/d、1.06mm/d。2023 年 T_0 从苗期到采摘期先增加后减小，2023 年从苗期开始生育期长度为 26d，花果期持续时间为 35d，采摘期持续时间为 38d，从移栽到采摘期结束全生育期持续时间共 99d。苗期、花果期、采摘期日平均 T_0 分别为 1.28mm/d、1.46mm/d、1.36mm/d。由于温室风速偏低，具有高温高湿的环境特点，同样以固定高度为 12cm 的牧草为参考面，温室参考作物需水量比露天环境下减少了近 50%。

表 4.7 基质栽培番茄参考作物需水量 T_0 生育期变化

生育期	生育期长度/d		ΣT_0/mm		日平均 T_0/（mm/d）	
	2022 年	2023 年	2022 年	2023 年	2022 年	2023 年
苗期	22	26	56.08	26.33	1.99	1.28
花果期	49	35	86.19	51.06	1.76	1.46
采摘期	60	38	63.33	40.67	1.06	1.36
合计	131	99	205.60	118.06		

将计算得到的 T_0 与充分供水条件下的蒸渗仪实测番茄日蒸腾量值 T_c 进行比对，结果如表 4.7 所示。从整体上看，T_0 主要随天气条件的变化而上下波动。从不同的生育期看，初花期两年 T_0 大于日平均 T_c，随生育进程的推进 T_0 逐渐减小，到采摘期后虽然有所波动，但保持相对平缓。不同的是 2022 年进入 11 月后进入采摘期以后与 T_c 值相当，二者维持在 1mm/d 左右上下波动，2023 年进入 5 月下旬进入采摘期后 T_0 小于 T_c。2022 年 T_0 减小主要与辐射和温度水平降低有关，而 2023 年 T_0 减小则与对温室环境的调控有关。为了维持番茄生长发育的适宜环境，温室采用了遮阳和湿帘以及风机等措施，减少了进入温室的辐射量，降低了温室的温度水平，因此 2023 年采摘期 T_0 较之于花果期有所降低，不同种植季节的 T_0 变化规律存在明显差异。

②作物系数确定。在无土栽培条件下，由于基质对水分和养分的缓冲性差，准确获取日尺度的作物系数至关重要。FAO 给出了半湿润气候区无水分胁迫条件下的推荐作物系数值，使用 FAO56 推荐的方法确定作物系数 K_c 时，首先识别作物所处的生育阶段并确定其长度，通过查询表格获取作物不同生育阶段推荐的作物系数，然后再结合当地的实际条件对其推荐的值进行修正，

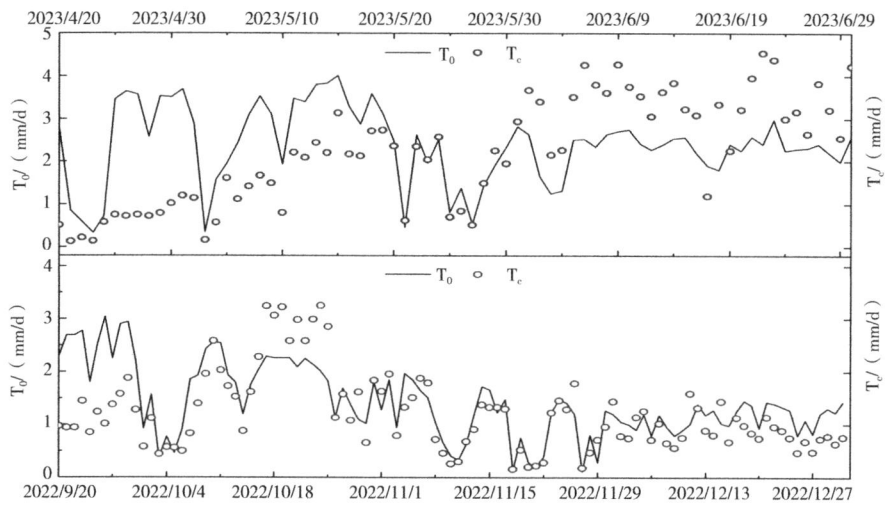

图 4.6　温室参考作物需水量及实际蒸腾量变化

FAO 对气象条件的修正公式如下所示：

$$K_c = K_{c,推荐} + [0.04(u_2-2) - 0.004(RH_{min}-45)] \times \left(\frac{h}{3}\right)^{0.3} \quad (4.31)$$

式中，$K_{c,推荐}$ 为 FAO 给出的作物不同生育阶段的 K_c 推荐值；u_2 为生长中后期距地面 2m 高度处的日平均风速；RH_{min} 为作物生长中后期日最小相对湿度，%；h 为作物生长中后期的平均株高，m。该方法在获取日尺度的作物系数时存在困难，无法反映 K_c 随作物生长实际的变化。因此 Ding 等（2013）以及冯禹等（2016）提出基于实测的 LAI 对 K_c 进行修正，如下所示：

$$K_c = K_{cmin} + K_{cc}(K_{cfull} - K_{cmin}) \quad (4.32)$$

$$K_{cfull} = \min(1+0.1h, 1.2) + \begin{bmatrix} 0.04(u_2-2) - \\ 0.004(RH_{min}-45) \end{bmatrix} \times \left(\frac{h}{3}\right)^{0.3} \quad (4.33)$$

$$K_{cc} = 1 - e^{-kLAI} \quad (4.34)$$

式中，K_{cmin} 是 FAO 推荐的最小基础作物系数，取 $K_{cmin}=0.1$；K_{cfull} 是冠层完全覆盖地面时的作物系数；K_{cc} 为冠层覆盖系数；h_c 为植株高度，m；u_2 为距地面 2m 高度处的风速；RH_{min} 为最小相对湿度，%；C 为消光系数，LAI 为叶面积指数。利用上述三个式子计算 2022 年及 2023 年不同水分处理番茄日尺度的作物系数，对不同水分处理番茄日蒸腾量进行模拟并与蒸渗仪实测值进行比较，结果如图 4.7 及表 4.8 所示：

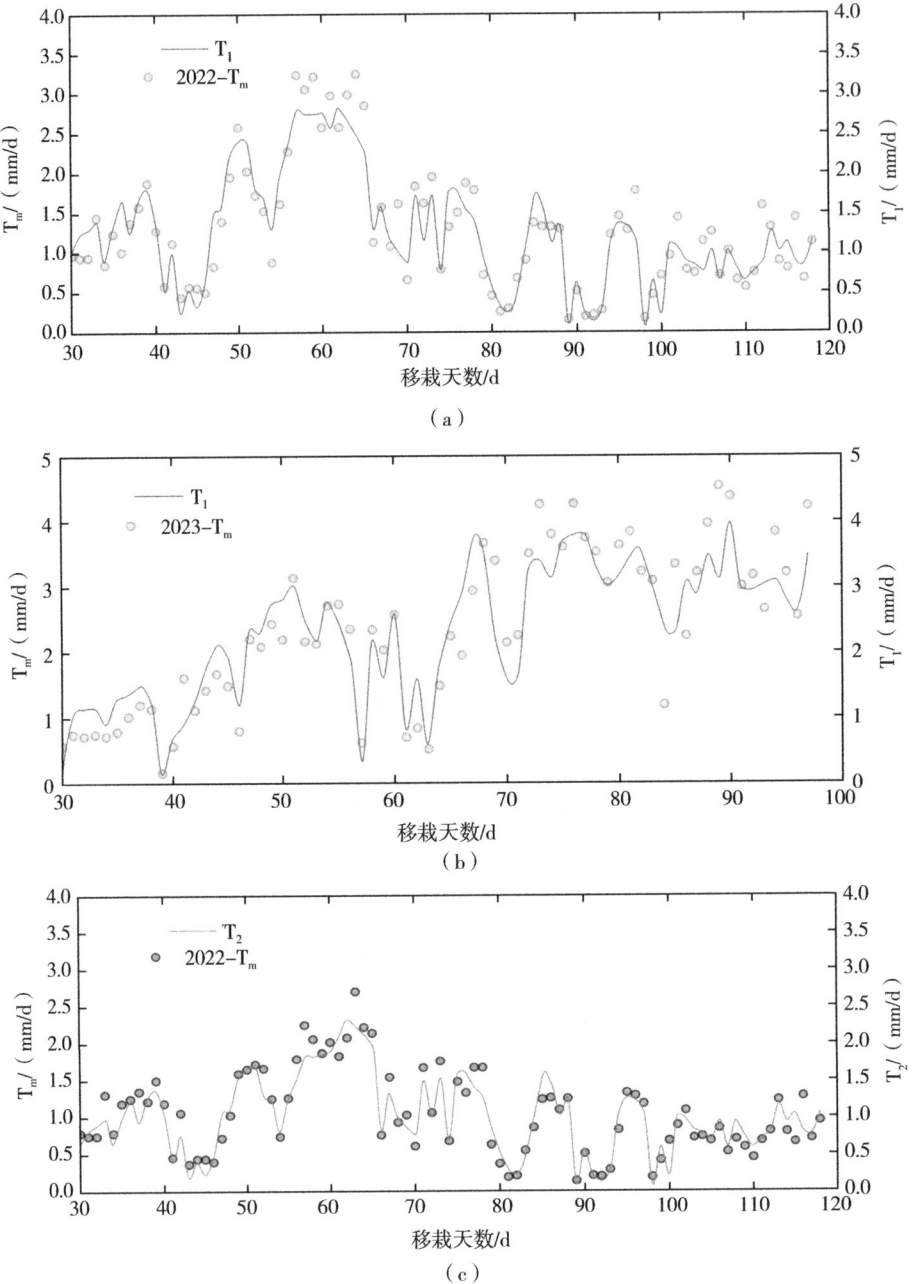

(a)

(b)

(c)

第4章 基质栽培番茄优质高产条件下的蒸腾模拟

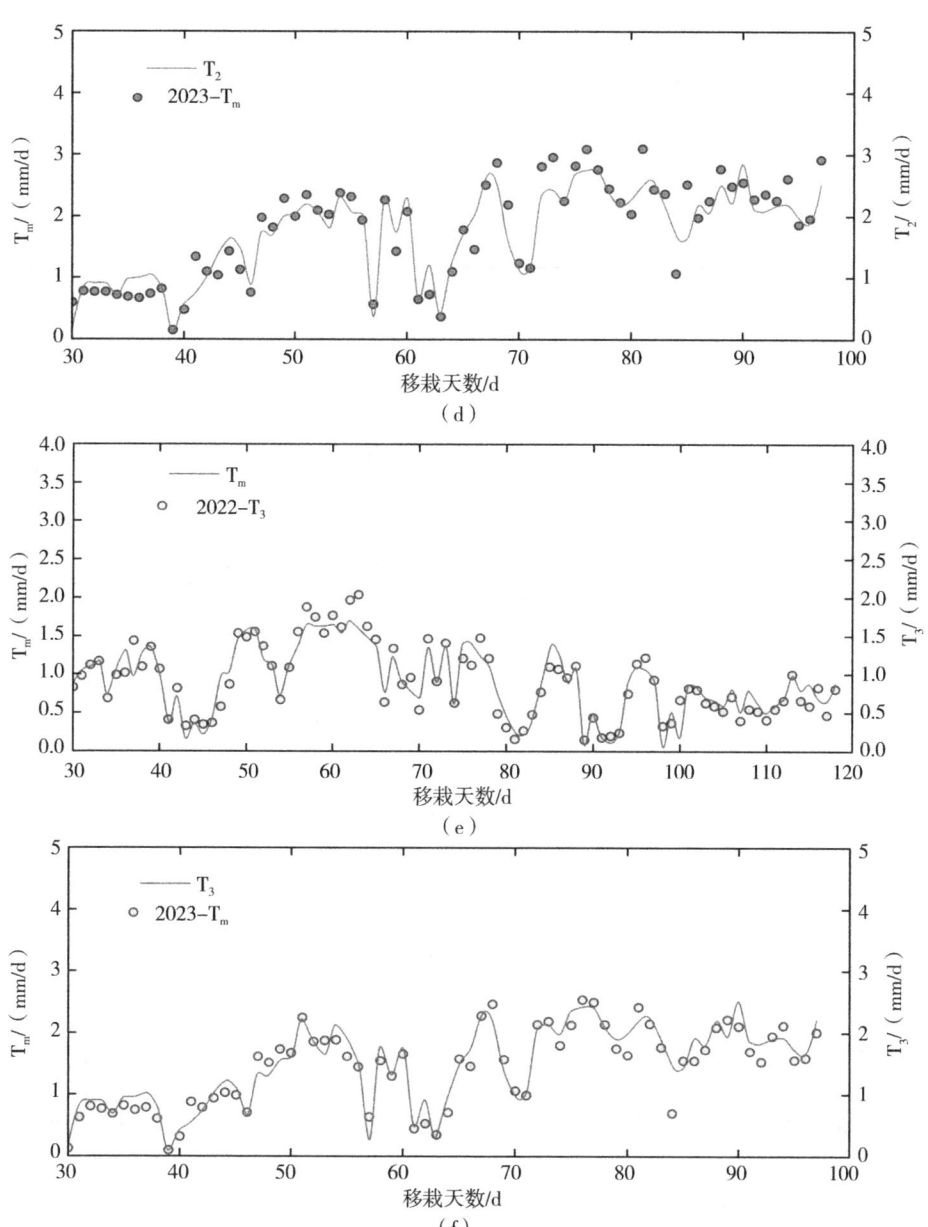

图4.7 2022年及2023年不同水分处理番茄每日蒸腾量模拟值与实测值对比

表 4.8 2022 年及 2023 年不同水分处理番茄日蒸腾量模拟值与实测值的统计分析结果

年份	处理	拟合方程	R^2	MAE	RMSE/(mm/d)	样本数
2022	T_1	$T_s=0.95T_m$	0.84	0.22	0.29	89
	T_2	$T_s=0.95T_m$	0.88	0.15	0.19	89
	T_3	$T_s=0.98T_m$	0.87	0.12	0.16	89
2023	T_1	$T_s=0.97T_m$	0.86	0.31	0.44	72
	T_2	$T_s=0.95T_m$	0.88	0.22	0.29	72
	T_3	$T_s=1.02T_m$	0.91	0.16	0.21	72

注：T_s 和 T_m 分别表示番茄日蒸腾量的模拟值及实测值。

由图 4.7 及表 4.8 可知，应用作物系数法可较好地估算不同灌溉水平下的基质栽培番茄日蒸腾量，2022 年及 2023 年 T_s 与 T_m 的拟合斜率均大于 0.9，R^2 均大于 0.8。2022 年和 2023 年 T_1 处理的 MAE 和 RMSE 分别为 0.22，0.29 mm/d 和 0.31，0.44mm/d，T_2 处理的 MAE 和 RMSE 分别为 0.15，0.19mm/d 和 0.22，0.29mm/d，T_3 处理的 MAE 和 RMSE 分别为 0.12，0.16mm/d 和 0.26，0.21 mm/d。作物系数法对 T_1 的估算精度最低，随灌溉水平的降低，作物系数法对日蒸腾量的估算精度逐渐提高，对秋茬番茄需水量的估算精度高于春茬。2022 年及 2023 年不同水分处理番茄生育期日尺度作物系数变化如图 4.8 所示。

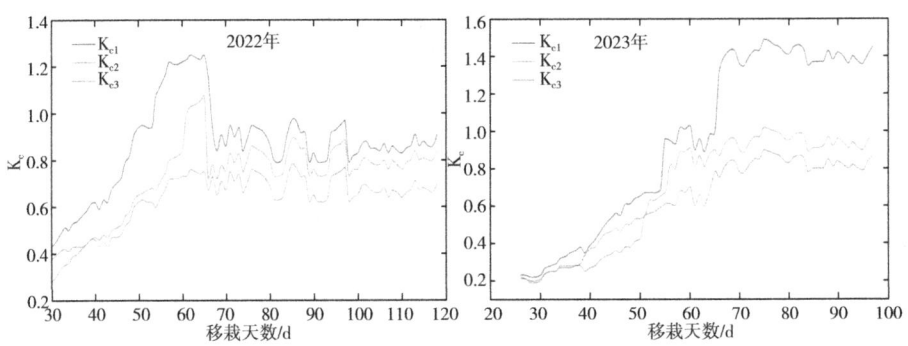

图 4.8 2022 年及 2023 年不同水分处理基质栽培番茄作物系数生育期变化（见书后彩图）

图 4.8 为基质栽培番茄 2022 年及 2023 年不同水分处理作物系数生育期变化。根据温室基质栽培番茄的生长特点，将番茄生育期划分为生长初期，快速生长期，生长中后期。从整体上看，随生育进程的推进，同一灌溉水平条件下的作物系数逐渐增大，不同灌溉水平作物系数随灌水量的增加逐渐增大，并随

温室微环境的变化而上下波动。2022 年高水及中水处理作物系数增至其峰值以后,迅速降低随后保持相对平缓,呈现出先增大后降低并保持不变的趋势。前期增大是因为随番茄生长,需水量增大,后期下降是因为该阶段遭遇连续降雨,温度和辐射水平急剧下降,番茄需水量降低。2023 年不同水分处理番茄作物系数随生育进程的推进不断增大,增至其峰值以后保持相对平稳。

LAI 是作物生长状态的直观反映,当番茄进入快速增长期后,K_c 迅速增大的同时 LAI 快速增大,当 LAI 增至峰值保持相对稳定时,K_c 的变化亦趋于平缓。作物系数 K_c 和 LAI 具有相似的变化趋势。特别是在作物的快速生长期,K_c 与 LAI 之间显著相关,通过分析 2022 年及 2023 年快速生长期 LAI 与实测作物系数之间的关系,发现二者之间存在良好的回归关系,如图 4.9 所示。

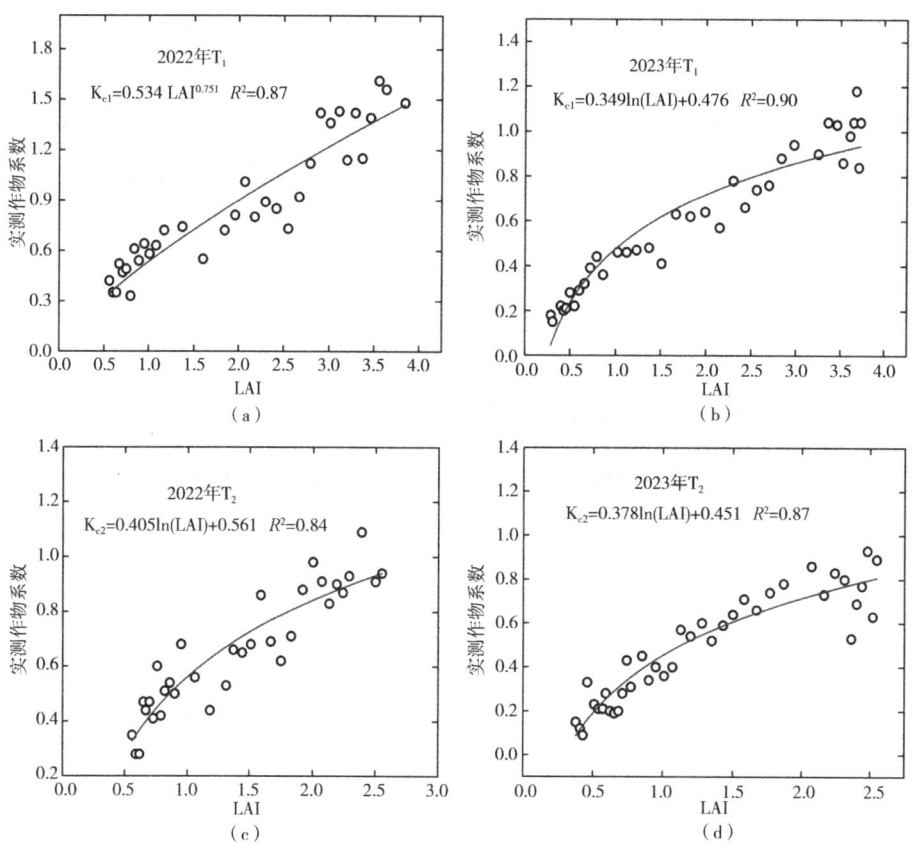

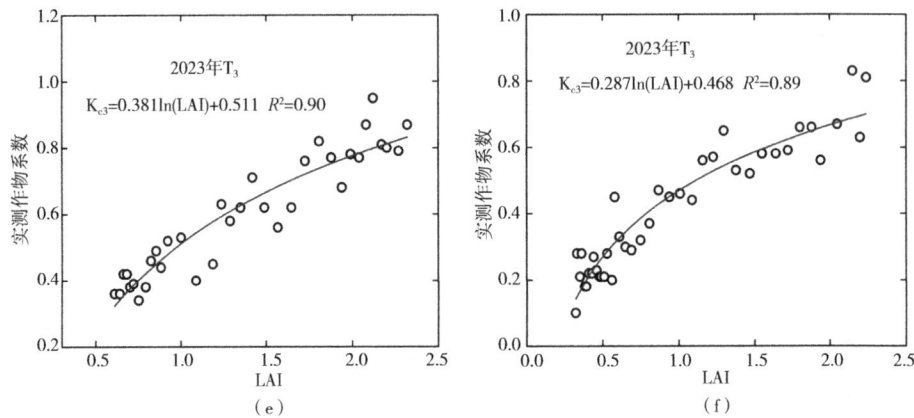

图4.9 不同水分处理番茄叶面积指数与作物系数之间的关系

2022年及2023年不同水分处理番茄不同生育阶段作物系数如表4.9所示。2022年及2023年生长初期持续时间为分别为22d、26d。2022年生长初期作物系数在0.36~0.64变化，平均K_{cin}为0.42。2023年生长初期作物系数在0.15~0.68变化，平均K_{cin}为0.30。2022年和2023年快速生长期持续时间分别为49d、35d，快速生长期的作物系数随作物生长快速变化，可根据K_c与LAI之间的定量关系确定快速生长期作物系数，本研究给出了不同灌溉条件下的作物系数如表4.9所示。生长中后期持续时间分别为60d、38d。2022年T_1、T_2、T_3处理生长中后期平均作物系数K_{cmi}分别为0.97、0.83、0.75，2023年T_1、T_2、T_3处理平均K_{cmi}分别为1.42、1.01、0.83。

表4.9 2022年及2023年番茄不同生育期作物系数

年份	处理	生育初期K_c	快速生长期K_c 回归方程	R^2	生育中后期K_c
2022	T_1	0.42	$K_{c1}=0.534LAI^{0.751}$	0.87	0.97
	T_2		$K_{c2}=0.405\ln(LAI)+0.561$	0.84	0.83
	T_3		$K_{c3}=0.381\ln(LAI)+0.511$	0.88	0.75
2023	T_1	0.30	$K_{c1}=0.349\ln(LAI)+0.476$	0.90	1.42
	T_2		$K_{c2}=0.378\ln(LAI)+0.453$	0.87	1.01
	T_3		$K_{c3}=0.287\ln(LAI)+0.468$	0.89	0.83

(2) 水分胁迫指数确定。为了确定不同的基质持水量灌溉下限对番茄的水分胁迫程度，利用蒸渗仪获取了不同水分条件下的水分胁迫指数 K_s 在整个生育期的变化过程，如图4.10所示。随生育进程的推进，番茄的需水量逐渐增大，K_{s1} 和 K_{s2} 逐渐减小，表明水分胁迫程度逐渐增大，当 K_{s1} 和 K_{s2} 减小到一定程度后不再减小。番茄生育期内，2022年和2023年平均 K_{s1} 分别为0.84和0.82，平均 K_{s2} 分别为0.73和0.70。K_{s1} 和 K_{s2} 不断波动，K_{s1} 在 0.51~1.0 变化，K_{s2} 在 0.41~1.0 变化，波动的原因与湿润频率有关，水分胁迫条件下的番茄复水后，由于补偿效应蒸腾量增大，K_{s1} 和 K_{s2} 随之增大。然后随水分的消耗蒸腾量逐渐降低，水分胁迫指数亦开始重新减小。基质栽培条件下的水分胁迫系数波动的频率明显大于土壤栽培的，产生这种现象的原因与灌水频率有关。灌水越频繁，水分胁迫指数的波动频率越大。

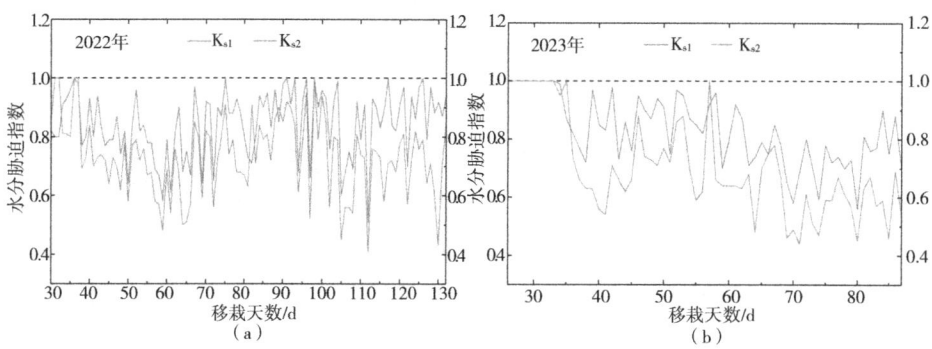

图4.10　2022年及2023年不同水分处理番茄水分胁迫系数随生育期的变化（见书后彩图）

注：K_{s1} 为70%基质持水量水分胁迫指数；K_{s2} 为60%基质持水量水分胁迫指数。

4.3　本章小结

综上所述，本章通过热传输系数法对冠层不同层次对流类型进行判别，明确了冠层不同层次处的对流类型，根据番茄冠层结构的特点将其分为阴叶和阳叶，通过分析充分供水条件下不同叶片气孔阻力与气象因子之间的关系，建立了冠层阻力子模型 r_{cL}、r_{cS}，根据冠层是否分层建立了空气动力学子模型 r_{aS}、r_{aL} 及 r_{aI}，以冠层不同层次处的气象因子作为输入，评估了是否分层及冠层不同层次处气象因子对模型输出精度的影响；同时针对非充分供水条件，根据不同生育阶段日蒸腾量与环境因子之间的相关性，以 2022 年试验数据作为训练集，以 2023 年试验数据为验证集，以温室环境因子和 LAI 作为驱动，建立了 Venlo 型温室基质栽培番茄分段日蒸腾模拟模型，提出的分段模型增加了风速和水汽压差项，考虑要素更加全面，而且综合考虑了作物本身生理过程和环境因子变化，因此模型对气象参数的变化更敏感，通用性更强。具体结论如下：

（1）以冠层不同层次气象因素作为输入对模型输出精度的评估表明，应用 Penman-Monteith 模型估算温室基质栽培番茄蒸腾量时，以冠层上方气象数据作为输入鲁棒性最好，建议以地面以上 2m 高度作为气象站采集气象数据的参考位置。

（2）根据确定模型参数时处理冠层的不同得到了全分层模型 PMT_1、PMT_2、PMT_3、PMT_4 及半分层模型 PMI_1、PMI_2、PMI_3、PMI_4 八个不同的组合模型，其中以 PMI_3 输出精度最高，结果表明确定冠层阻力时，建议根据冠层结构的特点对冠层进行分层。与之相反，确定空气动力学阻力时建议将冠层视为整体。

（3）开花坐果期日蒸腾量主要受水汽压差 VPD 影响，成熟采摘期日蒸腾量与日累计太阳总辐射 DAR 最相关。以温室环境因子和作物因子作为驱动拟合得到的多元非线性模型，开花坐果期和采摘期 R^2 均在 0.85 以上，可方便有效地估算番茄日蒸腾量，可为 Venlo 型温室基质栽培优质高产番茄灌溉管理提供支撑。

（4）作物系数法可以较好地估算不同水分处理基质栽培番茄作物需水量，相关拟合斜率均接近于 1，R^2 均大于 0.8。对基质栽培条件下不同水分处理作物系数进行率定，2022 年和 2023 年生育初期作物系数 K_{cin} 分别为 0.42、0.30。2022 年 T_1、T_2、T_3 处理生长中后期平均作物系数 K_{cmi} 分别为 0.97、0.83、0.75，T_2、T_3 全生育期平均水分胁迫系数分别为 0.84、0.73。2023 年 T_1、T_2、T_3 处理平均 K_{cmi} 分别为 1.42、1.01、0.83，T_2、T_3 全生育期平均水分胁迫系数分别为 0.82、0.70。

第5章 营养液供给对基质栽培番茄生长生理特性的影响

5.1 灌溉量和营养液浓度对番茄形态指标的影响

5.1.1 灌溉量和营养液浓度对基质栽培番茄株高、茎粗的影响

株高和茎粗是反映作物生长状况的重要指标。由图5.1可以看出,灌溉下限和营养液浓度条件下对株高和茎粗均有显著性影响,随着生育进程的不断推进,2023—2024年株高在不同灌溉下限和营养液浓度条件下近似线性增长,2023年株高和茎粗在定植后0~50d逐渐增加,由于留四穗果后打顶导致定植后70d株高的生长速率略微的降低。相同灌水条件下,定植后0~22d,两年株高和茎粗在不同施肥处理之间无显著差异($P>0.05$),定植22d以后,株高在高营养液浓度(F3)处理下最大,与中营养液浓度(F2)无显著性差异($P>$

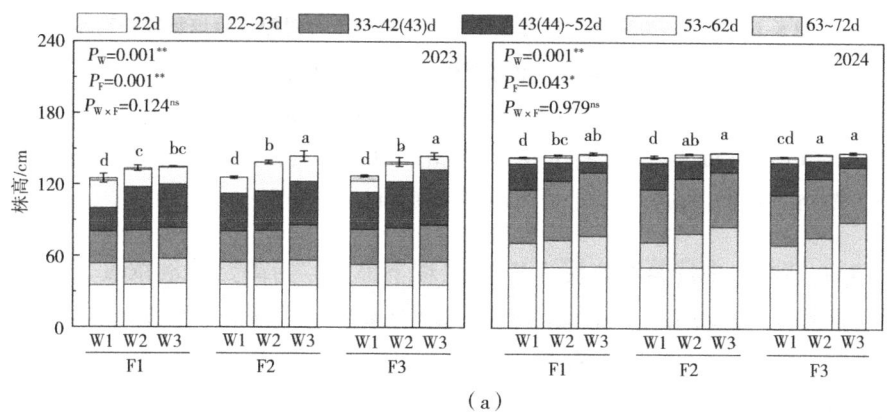

(a)

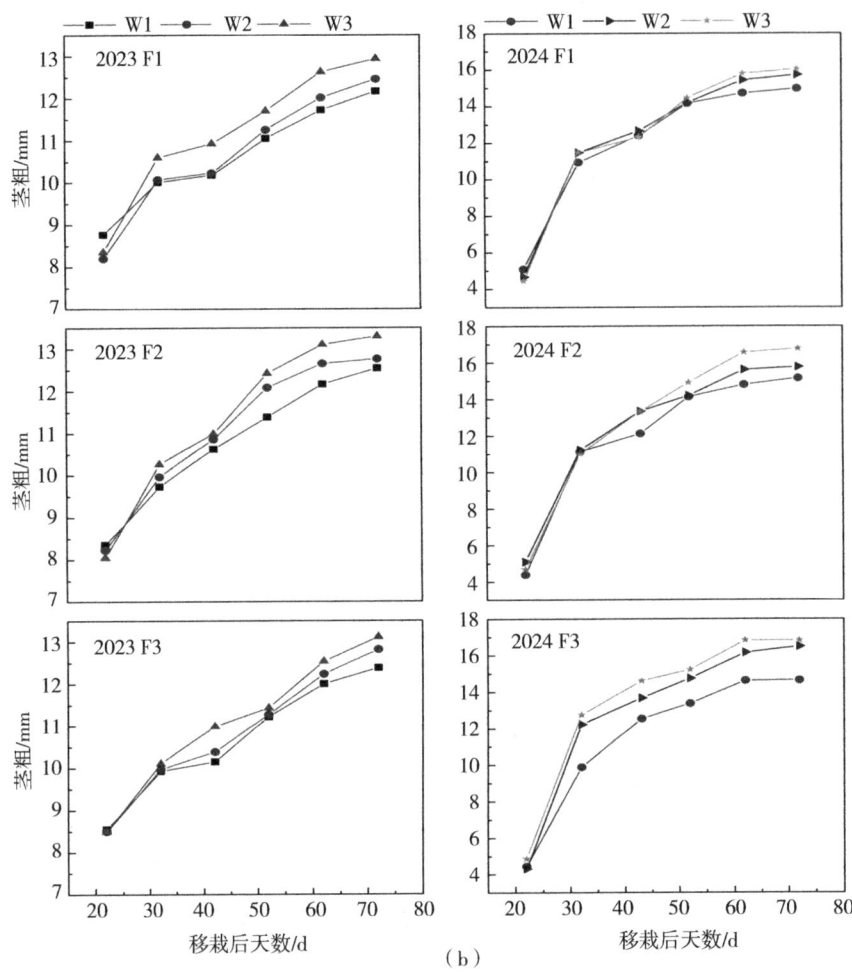

图 5.1 2023—2024 年不同灌溉下限和营养液浓度对椰糠栽培番茄株高和茎粗的动态变化（见书后彩图）

注：垂直杆代表标准误差（SE）；不同小写字母代表每个处理间在 $P<0.05$ 水平上差异显著；* 和 ** 分别表示在 0.05 和 0.01 水平上显著；ns 表示不显著，下同。F1 为营养液浓度为 0.8 剂量水平下；F2 为营养液浓度为 1.0 剂量水平下；F3 为营养液浓度为 1.2 剂量水平下。

0.05）；茎粗在中营养液浓度（F2）处理下最大，与高营养液浓度（F3）无显著性差异（$P>0.05$）。低灌溉下限 60%（W1）、中灌溉下限 70%（W2）和高灌溉下限 80%（W3）条件下，2023 年株高和茎粗分别在 35.51～126.03cm 和 8.56～12.36mm、35.68～137.28cm 和 8.31～12.68mm 以及 36.04～141.17cm 和 8.30～13.12mm 之间变化，2024 年株高和茎粗分别在 50.83～

144.11cm 和 4.65~14.92mm、51.50~146.39mm 和 4.70~15.99mm 以及 51.79~147.48cm 和 4.67~16.54mm 变化，2 年的株高和茎粗的最大值均是 W3F3 处理，均值分别为 146.25cm 和 14.97mm。

株高和茎粗在相同的营养液浓度条件下，不同灌水量对株高和茎粗有显著性差异，但灌溉下限 70%和 80%无显著性差异（$P>0.05$），这表明，灌溉下限在一定条件下对植株生长有影响，高于其阈值后无明显变化，且 2024 年略高于 2023 年。

5.1.2 灌溉量和营养液浓度对基质栽培番茄叶面积指数的影响

叶片是光合作用的关键器官，其面积指数对于光合作用及作物生产力起着至关重要的作用，进而影响光能利用率。如图 5.2 所示，随着番茄生育期的推进，不同灌溉下限和营养液浓度处理，使基质栽培番茄的叶面积指数（LAI）产生了不同程度的变化。2023—2024 年移栽后 22d，各处理间 LAI 的差异随着灌溉施肥量的增大而增大。移栽 72d 时，在 W2 条件下，叶面积指数随营养液浓度的增大呈现先增加后减小的趋势，2023 年相比于 F2 处理，F1 和 F3 处理分别降低了 11.69%和 1.95%；2024 年与 F2 处理相比，F1 和 F3 处理分别降低了 31.65%和 2.41%。这表明在适宜的灌溉施肥条件下，植物获得了充足且平衡的养分供应，叶片能够充分扩展，叶面积指数达到最大值。对这两年数据的方差分析结果显示，灌溉下限和营养液浓度分别对番茄 LAI 有显著影响（$P<0.05$），其中 2024 年这两个因素对番茄 LAI 的影响极为显著（$P<0.01$）。然而，灌溉下限和营养液浓度的交互作用对番茄 LAI 无显著影响（$P>0.05$）。此外，图 5.2 还表明，在这两年的生育期内，相同营养液浓度条件下，W2 处理和 W3 处理相较于 W1 处理，叶面积指数分别增加了 19.72%和 32.28%；而在相同灌溉条件下，F2 处理和 F3 处理相较于 F1 处理，叶面积指数分别增加了 15.68%和 18.97%。

5.2 灌溉量和营养液浓度对番茄生理特性的影响

5.2.1 对基质栽培番茄植株叶绿素含量的影响

叶绿素含量丰富的植物能更有效地利用光能进行光合作用，促进光合产物

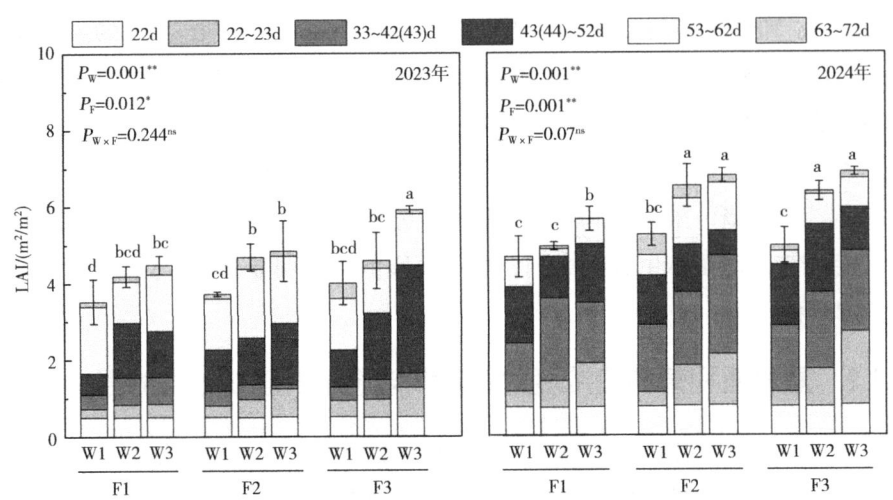

图 5.2 2023 年和 2024 年不同灌溉下限和营养液浓度对椰糠栽培
番茄叶面积指数的影响（见书后彩图）

合成，从而提高作物产量。图 5.3 展示了 2023 年和 2024 年番茄在开花坐果期（移栽后 51d、42d）和成熟期（移栽后 71d、72d）叶片叶绿素相对含量（SPAD 值）受灌溉下限、营养液浓度及其交互作用的极显著影响（$P<0.01$）。基于两年的差异显著性分析，开花坐果期番茄叶片的 SPAD 值随灌溉下限的增大而显著增大，具体而言，与 W1 相比，W2 和 W3 处理的番茄叶片 SPAD 值分别提高了 3.94% 和 7.19%，各处理的表现顺序为：W3F3>W3F2>W3F1>W2F2>W2F3>W2F1>W1F2>W1F1>W1F3。在成熟期，相同灌溉水平下，番茄叶片的 SPAD 值随营养液浓度的增加呈现先增后减的趋势。与 F1 水平相比，F2 和 F3 水平的番茄叶片 SPAD 值分别提高了 2.00% 和 1.82%。综上所述，适量增加灌溉下限有助于提升番茄叶片的叶绿素含量，从而提高 SPAD 值。在不同灌溉下限与施肥量的交互处理中，表现最佳的是高灌溉下限配合高施肥浓度的处理（W3F3），这一结果进一步证明了灌溉下限对 SPAD 值的积极影响。

5.2.2 对基质栽培番茄植株生育期光合特性的影响

植物通过光合作用制造有机物，支持其生长、发育和果实成熟。光合能力的强弱通常通过净光合速率（Pn）、气孔导度（Gs）和蒸腾速率（Tr）等指标来反映。表 5.1 展示了 2023—2024 年不同灌溉下限和营养液浓度对椰糠番茄栽培各生育期净光合速率、气孔导度和蒸腾速率的影响。在两年的同一生

第 5 章 营养液供给对基质栽培番茄生长生理特性的影响

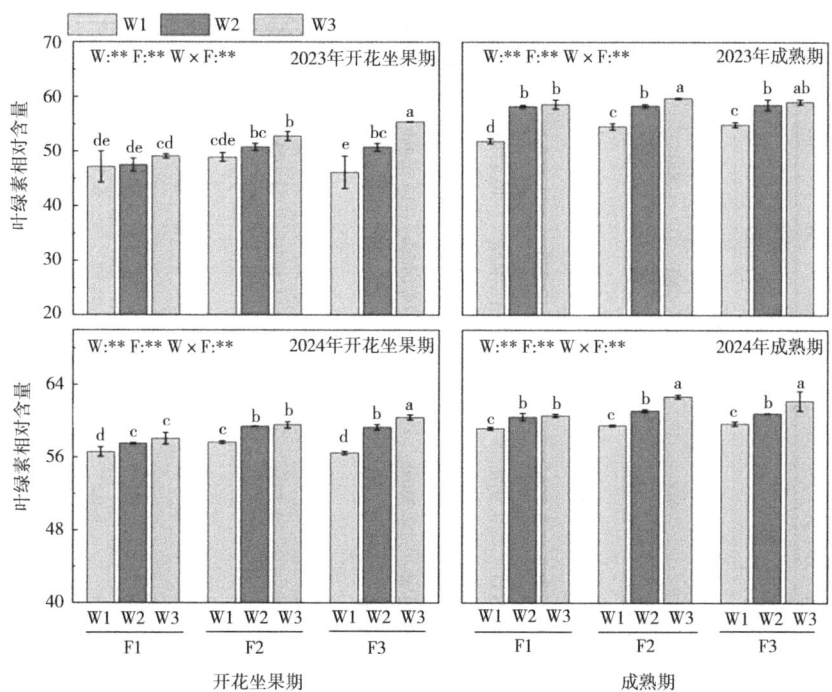

图 5.3 2023—2024 年不同灌溉下限和营养液浓度对椰糠栽培番茄叶绿素相对含量的影响（见书后彩图）

育期内，当营养液浓度相同时，Pn、Gs、Tr 均随灌溉下限的升高而呈升高趋势；在开花坐果期，相较于 W1 处理，W3 处理和 W2 处理的 Pn、Gs 和 Tr 分别提高了 16.24% 和 13.21%、43.14% 和 30.25%、21.31% 和 19.77%；在成熟期，W3 处理和 W2 处理的 Pn、Gs 和 Tr 也分别较 W1 处理有所提高，增幅分别为 26.71% 和 33.83%、21.70% 和 36.56%、21.71% 和 16.05%。此外，2023 年与 2024 年相比，两个生育阶段的 Tr 变化趋势相反，这可能是由于两年测定当天的光照强度和气候条件不同所致。基于两年的方差分析，开花坐果期和成熟期的灌溉下限均对 Pn、Gs 和 Tr 有极显著影响（$P<0.01$），其中，灌溉下限和营养液浓度及其交互作用均对 Pn 和 Gs 有极显著影响（$P<0.01$），但在开花坐果期，营养液浓度对 Pn 和 Gs 无显著影响（$P>0.05$）。

从表 5.2 可以看出，两个生育阶段的气孔限制值（Ls）均随灌溉下限的升

表 5.1 2023—2024 年不同灌溉下限和营养液浓度对椰糠栽培番茄各生育期净光合速率、气孔导度和蒸腾速率的影响

处理	净光合速率（Pn）/[μmol/(m²·s)]				气孔导度（Gs）/[mmol/(m²·s)]				蒸腾速率（Tr）/[mmol/(m²·s)]			
	2023 年		2024 年		2023 年		2024 年		2023 年		2024 年	
	BFP	MP	BFP	MP	BFP	MP	BFP	MP	BFP	MP	BFP	MP
W1F1	19.862c	12.417f	25.201c	13.392e	0.431b	0.456d	0.516de	0.300e	7.177c	9.817f	10.043d	6.870b
W2F1	22.318b	14.165e	26.885ab	19.613bc	0.621a	0.613c	0.638c	0.348cd	9.627ab	10.627e	11.690ab	8.342a
W3F1	22.980b	14.944d	26.989ab	20.106bc	0.640a	0.704b	0.725b	0.336b	9.643ab	10.720e	11.636ab	8.644a
W1F2	19.491cd	14.130e	25.657bc	18.427c	0.440b	0.501d	0.555d	0.367b	7.250c	11.443d	10.839c	8.296a
W2F2	23.039b	19.257b	27.079ab	20.451ab	0.601a	0.649c	0.635c	0.377b	9.317b	13.437bc	11.573b	8.413a
W3F2	23.215b	20.295a	27.918a	21.281ab	0.613a	0.771a	0.747ab	0.380ab	9.497ab	14.040ab	11.634ab	8.567a
W1F3	18.135c	14.981d	24.655c	16.053d	0.458b	0.494d	0.485e	0.342d	6.757c	10.640e	10.863b	6.580b
W2F3	23.319b	18.600c	27.918a	21.189ab	0.611a	0.644c	0.663c	0.364bc	9.333b	13.040c	11.855ab	8.398a
W3F3	25.255a	20.771a	28.240a	22.244a	0.643a	0.776a	0.772ab	0.393a	9.873a	14.167a	11.923a	9.155a
显著性检验 F 值												
W	167.22**	405.03**	25.49**	72.42**	74.38**	206.09**	217.94**	24.39**	230.21**	99.33**	130.07**	23.56**
F	1.87ns	377.34**	1.41ns	15.18**	0.68ns	8.85**	1.64ns	49.25**	0.80ns	131.97**	13.60**	2.33ns
W×F	11.27**	26.83**	1.52ns	4.62**	0.31ns	0.49ns	4.83**	5.02**	2.14ns	10.15**	6.56**	4.68**

注：BFP、MP 分别为开花坐果期、成熟期，下同。

高而降低。在相同的营养液浓度条件下，Ls 由 W1 处理下的 0.22～0.27 降低至 W3 处理下的 0.18～0.22，W3 处理较 W1 处理 Ls 降低了 20.30% 和 18.75%。在成熟期，叶片瞬时水分利用效率（LWUE）总体上随灌溉下限的升高呈升高趋势，相比于 W1 处理，W2 处理和 W3 处理分别提高了 10.14% 和 7.66%。方差分析还表明，2023—2024 年两个生育阶段内灌溉下限均对 Ls 和 LWUE 有极显著影响（$P<0.01$）（2024 年成熟期的 LWUE 除外）。此外，成熟期营养液浓度以及灌溉下限和营养液浓度的交互作用对 Ls 均无显著影响（$P>0.05$），但成熟期灌溉下限和营养液浓度均对 LWUE 有显著影响（$P<0.05$）。

表 5.2　2023—2024 年不同灌溉下限和营养液浓度对椰糠栽培番茄气孔限制值及瞬时水分利用效率的影响

处理	气孔限制值（Ls）				叶片瞬时水分利用效率（LWUE）/（μmol/mmol）			
	2023 年		2024 年		2023 年		2024 年	
	BFP	RP	BFP	RP	BFP	RP	BFP	RP
W1F1	0.223abc	0.173b	0.255a	0.326a	2.770a	1.267cd	2.509a	1.953b
W2F1	0.207abc	0.157bc	0.219cd	0.285b	2.320e	1.333bc	2.300b	2.352a
W3F1	0.190bc	0.113d	0.209d	0.229d	2.383de	1.397ab	2.320b	2.326a
W1F2	0.243ab	0.160bc	0.255a	0.291ab	2.693ab	1.233d	2.367ab	2.227ab
W2F2	0.203abc	0.180b	0.241b	0.276bc	2.470cde	1.437a	2.342b	2.437a
W3F2	0.180c	0.130cd	0.222cd	0.256bcd	2.443cde	1.447a	2.400ab	2.488a
W1F3	0.253a	0.220a	0.256a	0.272bc	2.687ab	1.413ab	2.271b	2.439a
W2F3	0.197abc	0.157bc	0.219cd	0.248bcd	2.500cd	1.427a	2.355ab	2.524a
W3F3	0.197abc	0.177b	0.215cd	0.240cd	2.560bc	1.463a	2.369ab	2.458a
显著性检验 F 值								
W	7.18**	9.63**	105.09**	13.33**	26.48**	16.55**	0.86ns	4.40*
F	0.22ns	7.11**	9.57**	3.42ns	2.23ns	9.60**	0.78ns	4.68*
W×F	0.45ns	3.74*	3.75*	2.17ns	2.38ns	3.41*	3.38*	0.89ns

5.3 灌溉量和营养液浓度对番茄地上干物质分配及养分积累的影响

5.3.1 对番茄地上部干物质的影响

干物质是作物光合作用形成的最终产物，其积累量和运转分配比例决定了作物最终的经济产量。作物干物质生产在决定产量的同时也影响着营养元素的吸收与利用。比较 2023 年和 2024 年不同灌溉下限和营养液浓度处理下番茄植株地上部分生物量的差异（图 5.4）。果实中干物质量最大，其次是茎秆，最后是叶片。滴灌施肥条件下，施肥量对番茄茎、叶、果有明显的增大作用，其中茎的作用最明显，F3 处理平均植株干物质量较 F2 处理、F1 处理分别增大 6.35% 和 3.31%。W2 处理下，2 年的叶片和果实地上部生物量均随着灌溉下限的增加而呈先增加后减少的趋势，相较于 F1 处理和 F3 处理，F2 处理分别增大 35.49% 和 12.99%、18.26% 和 7.29%。灌水量越大，植株干物质量越大，W2 处理（70%灌溉下限）和 W3 处理（80%灌溉下限）条件下，茎、叶和果平均植株干物质量较 W1 处理（60%灌溉下限）分别增大 30.29% 和 14.48%、51.71% 和 24.89% 以及 17.62% 和 10.51%。表明植株干物质积累量受水肥影响明显，并且干物质量与灌水量呈正相关。2023 年和 2024 年番茄植株地上部总生物量在 W3 处理水平下，营养浓度在 1.0~1.2 时达最高值，分别为 7981.07kg/hm² 和 9845.43kg/hm²，与 W2 处理相比增加了 12.52%，但两者间无显著性差异（$P>0.05$）。这说明番茄植株在中等肥料浓度的情况下也能保持较强的生长能力。

基于各部位（茎、叶、果）和总地上部生物量的双因素方差分析显示（图 5.4），灌溉下限和营养液浓度对番茄植株地上部各部位生物量（茎、叶、果）的影响都达到了显著水平（$P<0.05$），且影响大小顺序为灌溉作用>营养液浓度作用>交互作用。但灌溉下限、营养液浓度及二者交互作用对番茄植株地上部总生物量的影响均达到了极显著水平（$P<0.01$）。

5.3.2 对番茄养分累积量的吸收和分配过程的影响

由图 5.5（a、b、c）可知，2023—2024 年不同灌溉下限和营养液浓度耦

第 5 章 营养液供给对基质栽培番茄生长生理特性的影响

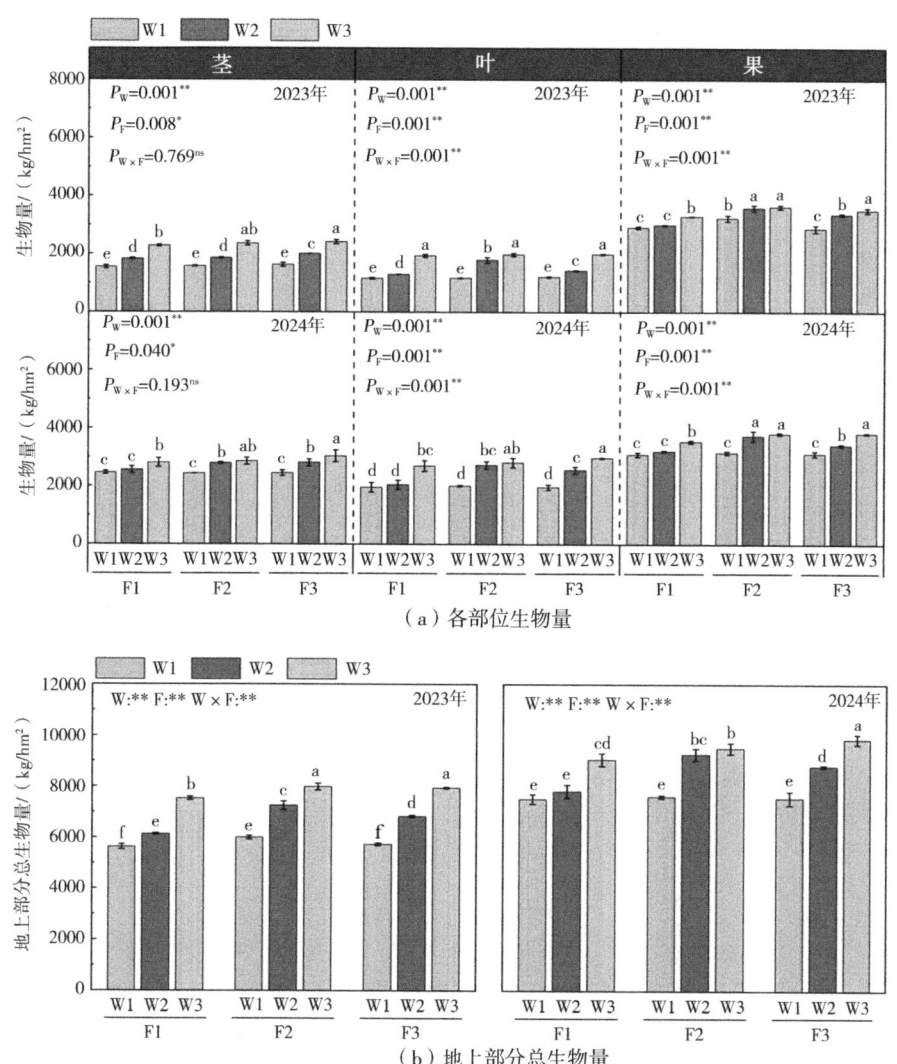

图 5.4 2023 年和 2024 年不同灌溉下限和营养液浓度对椰糠栽培番茄地上部生物量的影响（见书后彩图）

合作用下，灌溉下限与营养液浓度的耦合对番茄植株的氮、磷、钾元素积累的影响均显著（$P<0.05$），两年的番茄植株对不同器官的元素累积量的表现均为果实>茎>叶，但 2024 年氮、磷、钾元素总累积吸收量的增幅大于 2023 年的氮、磷、钾总累积吸收量，分别为 28.27%、36.26% 和 39.74%。不同营养液浓度对氮、磷、钾元素的累积影响极显著（$P<0.01$）。两年在相同的灌溉条件

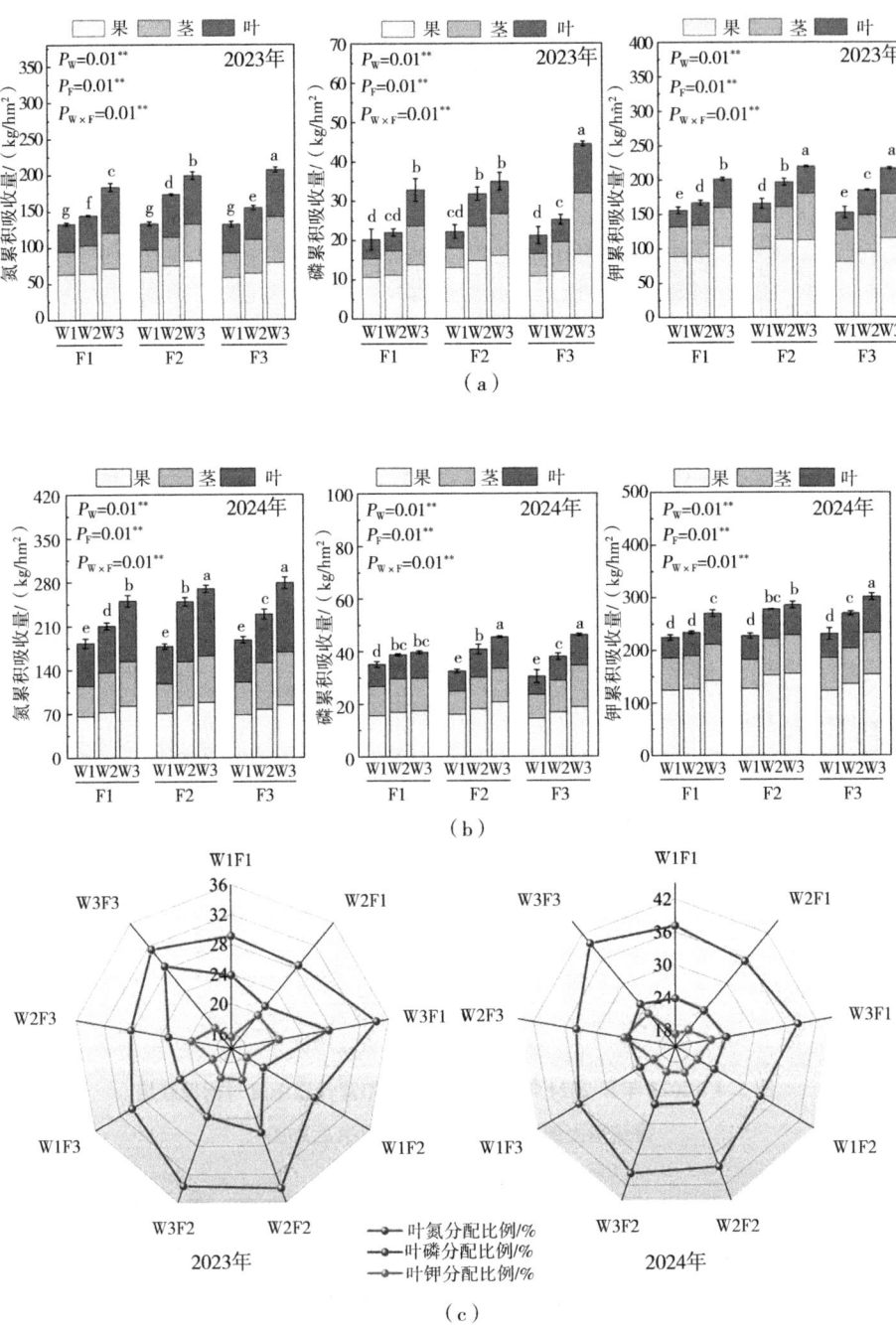

第5章 营养液供给对基质栽培番茄生长生理特性的影响

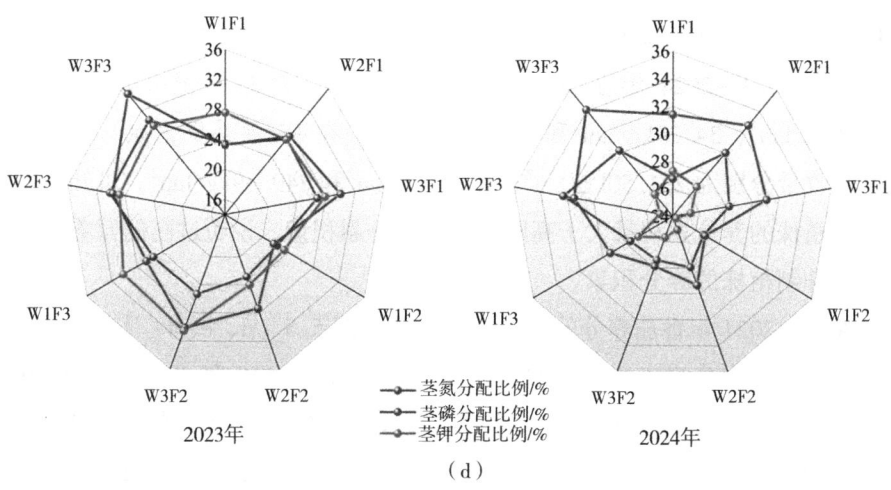

(d)

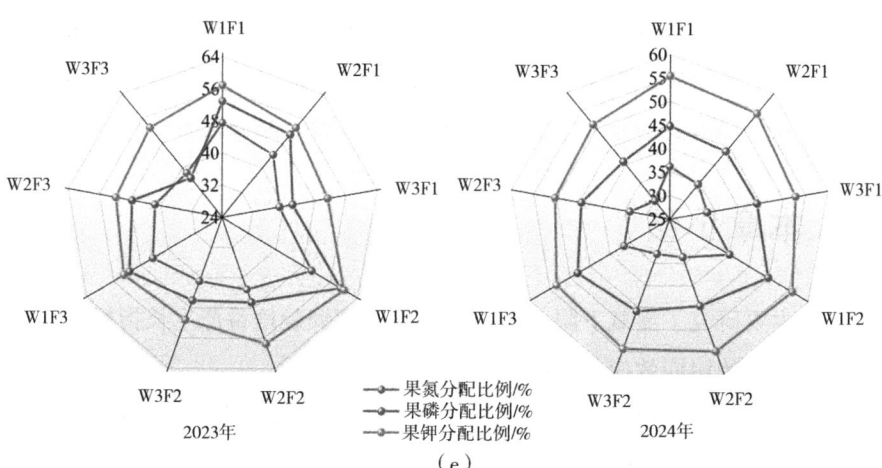

(e)

图5.5 2023年和2024年不同灌溉下限和营养液浓度
对椰糠栽培番茄养分吸收和分配的影响（见书后彩图）

下氮、磷和钾的元素积累量中F2处理相比于F1、F3处理分别提高了8.86%和1.00%、10.13%和1.01%、115.39%和1.13%。2023年在W3处理下钾元素累积量中F3处理相比于F2处理降低了1.17%；2024年F3处理相比于F2处理提高了11.51%，但两者均无显著性影响（$P>0.05$）。不同灌溉下限对氮、磷和钾元素的累积影响极显著（$P<0.01$）。2023—2024年在相同的营养液浓

度条件下，养分累积量均随着灌溉下限的增加而增加，W3 处理和 W2 处理与 W1 处理相比分别提高了 23.45% 和 12.20%、28.05% 和 11.64%、19.86% 和 11.41%，2023—2024 年在 W3 水平下，氮、磷、钾总累积吸收量分别为 198.36kg/hm^2、34.29kg/hm^2 和 226.36kg/hm^2；在 F3 水平下，氮、磷、钾总累积吸收量分别为 231.50kg/hm^2、40.62kg/hm^2 和 249.39kg/hm^2。可知，高水条件下植株的养分累积量大于高肥条件下养分累积量，说明过高的营养液浓度可能会抑制植株的养分积累。

2023—2024 年番茄养分的分配比例来看 [图 5.5（d、e、f）]，番茄果实氮、磷、钾最大分配率均是 W1F2 处理，分别为 50.49% 和 40.00%、59.08% 和 49.79%、60.11% 和 55.88%，茎中磷素吸收量的最大分配率均为 W3F3 处理，分别为 34.91% 和 34.09%，叶片中氮、磷素吸收量的最大分配率均为 W3 处理水平下，分别为 34.31% 和 39.74%、28.44% 和 26.23%。由此看出低灌溉下限结合中浓度营养液（W1F2 处理）最有利于养分向果实转运，从而显著促进产量和品质的形成；而高水肥条件（W3F3 处理）可能导致养分在茎叶中滞留，抑制养分向果实的分配，进而影响果实的发育与品质提升。

5.4 本章小结

本章主要研究了灌溉下限与营养液浓度对椰糠栽培番茄生长指标、光合特性及养分利用的协同效应与调控机制，主要结论如下。

（1）生长指标变化。番茄株高随生育期呈近似线性增长，茎粗持续增加，高水高肥处理下两者达最大值，70%~80% 灌溉下限利于株高与茎粗协同增长。高灌溉下限与中高营养液浓度可促进株高和茎粗增长，但过高灌溉下限生长响应趋缓；叶面积指数与灌溉下限正相关，过量施肥抑制叶片扩展。

（2）生理指标影响。开花坐果期，番茄叶片叶绿素含量（SPAD 值）随灌溉下限升高而增加，W3F3 处理达峰值，高水高浓度增强光合潜力；成熟期，F2 处理维持高叶绿素含量以防止早衰。W3 处理提升净光合速率（Pn）、气孔导度（Gs）和蒸腾速率（Tr），降低气孔限制值（Ls），促进碳同化，W2 处理的叶片瞬时水分利用效率（LWUE）最高。光合相关指标随灌溉下限升高而提升，高营养液浓度在成熟期存在气孔限制与光抑制风险。

(3) 干物质积累与养分吸收利用。灌溉对番茄干物质积累起主导作用，营养液浓度调控养分分配，W2F2 处理协调源-库关系。果实干物质占比较高，F2 处理提升果实生物量，F3 处理可能导致茎部物质冗余。灌溉对总生物量的贡献率高于营养液浓度。高灌溉促进养分吸收，低水和中肥利于氮向果实高效分配，高水高浓度降低氮利用效率，干物质积累随灌溉量增加而提升，高肥会改变生物量分配，抑制果实分配，因此，中水中肥更有利于干物质的形成。养分总吸收量随灌溉量增加而提高，高肥抑制养分向果实转运，中浓度营养液能提升养分利用效率，高水肥可能导致资源浪费。

第6章　基质栽培番茄碳氮代谢关键酶活性及其产物变化过程

2023年研究侧重于表型数据的获取,系统分析了灌溉下限和营养液浓度对番茄生长发育、产量和品质的影响,为后续深入研究提供了方向和数据基础;2024年则在表型数据的基础上,进一步深入探究生理生化机制,揭示水肥耦合对番茄生长发育的调控机制,从而提升研究的科学深度和理论价值,确保研究结论的科学性和可靠性。灌溉下限直接影响基质含水量,进而调控番茄的水分吸收和生理代谢过程;营养液浓度则直接影响番茄对氮素的吸收与利用效率,进一步影响植株的生长发育和代谢过程。为明确水肥耦合对番茄碳氮代谢的调控机制,本研究在第二年重点测定了碳氮代谢关键酶活性及其产物。碳代谢关键酶(如蔗糖合成酶、蔗糖磷酸合成酶、酸性转化酶)及其产物(如蔗糖、可溶性糖)是番茄光合产物合成与分配的重要调控因子;氮代谢关键酶(如硝酸还原酶、谷氨酸合成酶、谷氨酰胺合成酶)及其产物(如硝态氮、蛋白质)则直接反映了番茄对氮素的同化与利用效率。通过测定这些指标,可以深入解析水肥耦合对番茄碳氮代谢的动态平衡及其对产量和品质的影响机制。本研究中,通过优化灌溉下限和营养液浓度,在满足番茄各生育期水分和养分需求的同时,显著促进了植株对碳氮代谢关键酶活性的调控作用,为番茄生长发育和产量形成创造了良好的生理条件。

6.1 灌溉量和营养液浓度对番茄碳代谢酶活性及产物的影响

6.1.1 对番茄蔗糖合成酶（SS）的影响

从图 6.1 中可以看出，随着植株的生长，番茄叶片 SS 酶活性随着生育期的递进呈先减小后增加的趋势。同一营养液浓度条件下，结果前期番茄叶片 SS 酶活性随着灌溉下限的增加而呈先增加后减小的趋势，与 W2 处理相比，W1 处理和 W3 处理分别降低了 10.97% 和 26.84%。结果中期，在 F1 处理和 F2 处理下，番茄叶片 SS 酶活性随着灌溉下限的增加前者先减小后增加，说明在低营养液浓度下，若前期灌溉下限不足，植株可能处于一定程度的水分胁迫状态。随着灌溉下限进一步增加，水分胁迫得到缓解。植物体内的水分平衡对于各种生理代谢活动至关重要，适宜的水分条件有利于维持细胞的正常膨压和代谢功能，从而促进 SS 酶活性基因的表达和酶活性的提高；后者先增加后减小，说明随着灌溉下限增加，SS 酶活性提高，使得蔗糖合成量增加。当细胞内蔗糖积累到一定程度时，会对蔗糖合成酶产生反馈抑制作用。过量的蔗糖结合到酶的别构位点，改变酶的空间构象，降低酶与底物的亲和力，从而抑制酶的活性，以维持细胞内蔗糖的动态平衡。结果后期，在 F2 条件下番茄叶片 SS 酶活性随着灌溉下限的增加逐渐增加，与 W3 处理相比，W1 处理和 W2 处理的 SS 酶活性分别降低了 34.98% 和 27.06%。在同一灌溉下限条件下，W2 条件下，结果前期和结果中期，番茄叶片 SS 酶活性随着营养液浓度的增加逐渐增加，分别从 210.80μg/(gFW·min) 增加至 275.44μg/(gFW·min)、从 134.07μg/(gFW·min) 增加至 223.18μg/(gFW·min)。结果后期番茄叶片 SS 酶活性随着营养液浓度的增加逐渐减小，从 250.30μg/(gFW·min) 减小至 162.75μg/(gFW·min)。

6.1.2 对番茄蔗糖磷酸合成酶（SPS）活性的影响

灌溉下限和营养液浓度以及交互作用对蔗糖磷酸合成酶均达到极显著水平（$P<0.01$）（表 6.1）。随着生育期进程的推进，从结果前期营养生长和营养生

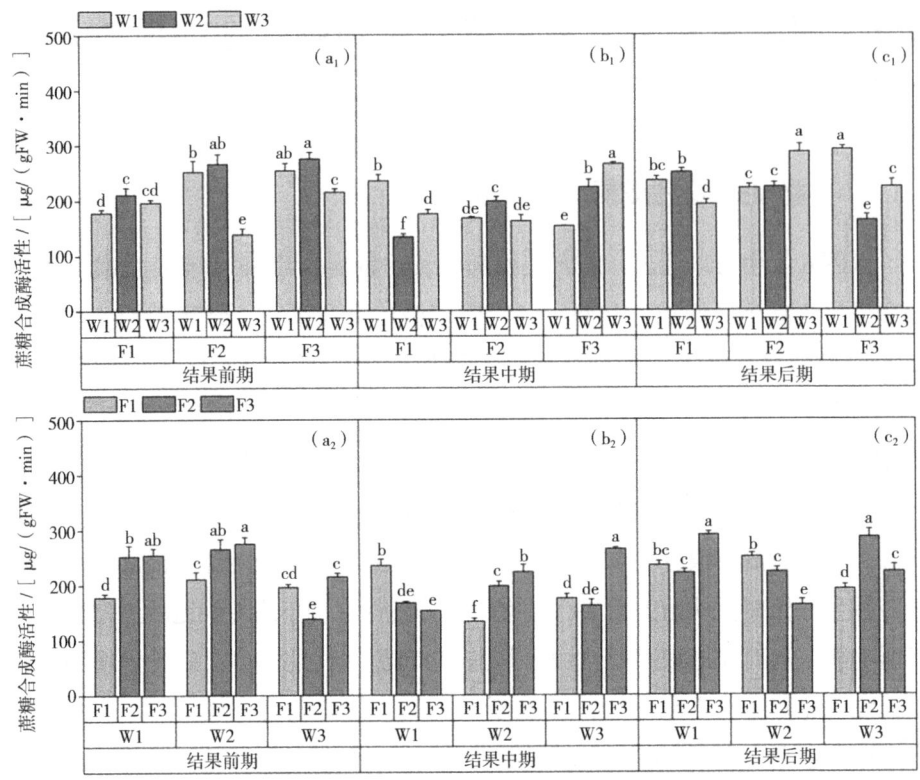

图 6.1 不同灌溉下限和营养液浓度对番茄叶片各生育期蔗糖合成酶活性的影响（见书后彩图）

注：a 为结果前期；b 为结果中期；c 为结果后期；1 为营养液浓度水平下；
2 为灌溉下限水平下；下同。

表 6.1 不同灌溉下限和营养液浓度条件下碳代谢相关指标双因素方差分析（F 值）

处理	指标	生育期		
		结果前期	结果中期	结果后期
W	SS	67.89**	10.93**	36.59**
	SPS	79.96**	49.24**	28.57**
	S-AI	83.55**	27.60**	14.06**
	蔗糖	7.54**	0.21ns	1.22ns
	可溶性糖	98.17**	3.89*	14.93**

(续表)

处理	指标	生育期		
		结果前期	结果中期	结果后期
F	SS	41.01**	55.42**	11.09**
	SPS	192.08**	29.02**	20.03**
	S-AI	9.04**	11.21**	14.52**
	蔗糖	22.33**	24.77**	4.71*
	可溶性糖	33.79**	5.11*	9.99**
W×F	SS	24.49**	131.38**	93.62**
	SPS	108.12**	148.39**	66.47**
	S-AI	5.48**	9.70**	45.27**
	蔗糖	10.14**	7.92**	74.60**
	可溶性糖	7.36**	0.54ns	56.80**

长与生殖生长并进，对氮素需求大，酶活性较高，保障氮代谢及花、果发育至结果后期随植株衰老，活性降低（图6.2）。番茄叶片SPS酶活性变化表现为从结果前期的107.24~254.61μg/(gFW·min)逐渐降低到结果后期的32.58~97.39μg/(gFW·min)。同一营养液浓度条件下，F2条件下，各生育期的SPS酶活性随着灌溉下限的增加而呈先增加后减小的趋势，与W2处理相比，W1处理和W3处理分别降低了82.66%和5.05%、10.71%和21.66%、8.90%和22.24%；同一灌溉下限水平下，结果前期和结果中期，W2水平下，SPS酶活性随着灌溉下限的增加而呈先增加后减小的趋势，与F2处理相比，F1处理和F3处理分别显著减小了2.40%和21.85%、173.73%和14.07%（$P<0.05$）（结果前期W2F1处理和W2F2处理除外）。

6.1.3 对番茄酸性转化酶（S-AI）活性的影响

在番茄叶片中酸性转化酶（S-AI）不可逆地将蔗糖水解为葡萄糖和果糖，为细胞提供能量与碳源，对维持细胞糖代谢平衡意义重大。由图6.3可知，S-AI酶活性整体上随着生育期的推进逐渐升高，而且灌溉下限和营养液浓度及其交互作用对S-AI酶活性在各生育期达极显著水平（$P<0.01$）（表6.1）。结果前期和结果中期的S-AI酶活性均随着灌溉下限和营养液浓度的增加呈先增

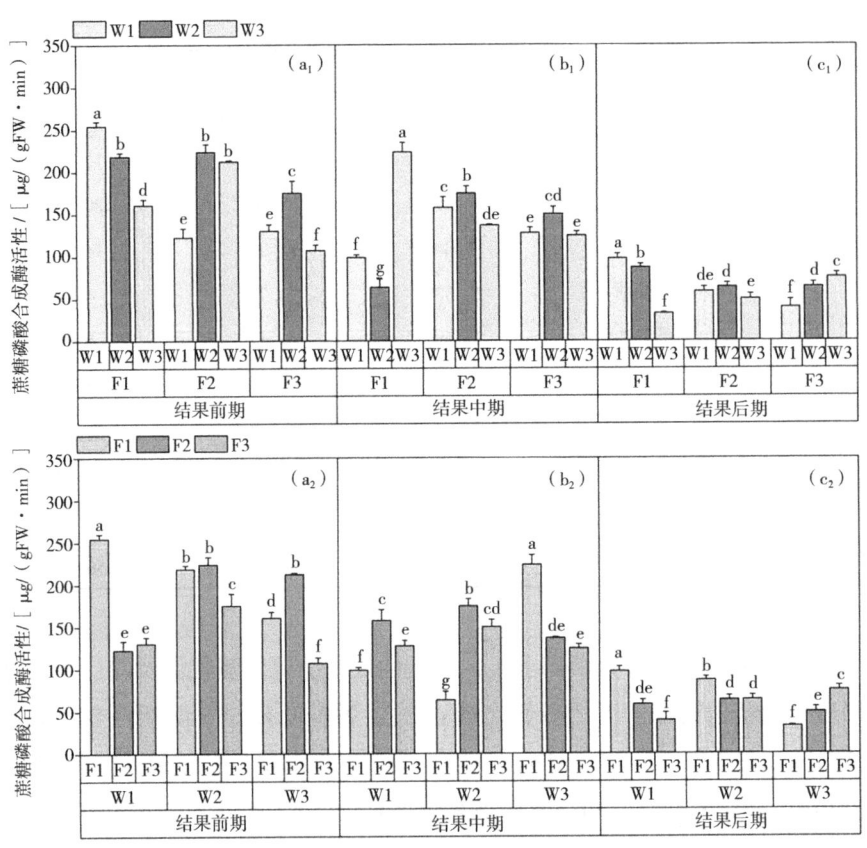

图6.2 不同灌溉下限和营养液浓度对番茄叶片各生育期蔗糖磷酸合成酶活性影响（见书后彩图）

加后降低的趋势，其中W2F2处理均达最大值分别为1072.89μg/（mgFW·min）和1226.50μg/（mgFW·min），相比W2水平下（W2F1处理和W2F3处理）和F2水平下（W1F2处理和W3F2处理）均值分别增加了36.54%和25.49%、8.03%和15.41%。结果后期，在F1水平条件下S-AI酶活性随着灌溉下限的增加逐渐呈先降低后增加趋势。W1F2处理最小，为971.73μg/（mgFW·min），相比于W1F1处理和W3F1处理分别降低了26.40%和9.29%；在F2水平条件下，S-AI酶活性随着灌溉下限的增加逐渐升高，W3处理比W2处理和W1处理分别显著升高了17.29%和0.37%（$P<0.05$）；在F3水平条件下S-AI酶活性随着灌溉下限的增加逐渐呈先增加后降低趋势，与W2处理相比，W1处理和W3处理分别降低了15.69%和33.12%，其中W2处理和W1处理无显著性差异（$P>0.05$），另外灌溉下限水平下的变化规律与营养液浓度的变化规律一致。由此可见，S-AI 酶活性与水肥的关系密切，适量的水肥会显著提高酶活性。

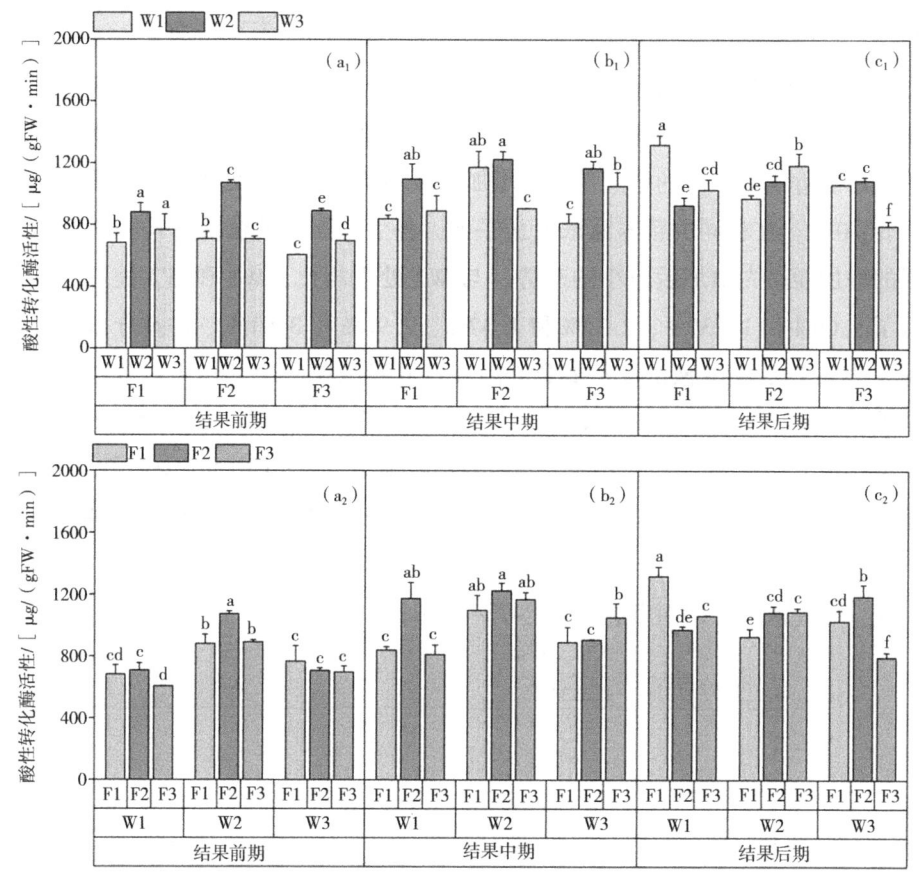

图 6.3　不同灌溉下限和营养液浓度对番茄叶片各生育期酸性转化酶活性的影响（见书后彩图）

6.1.4　对番茄叶片蔗糖含量的影响

叶片中蔗糖处于碳代谢的核心位置，因其蔗糖既可以被运输到其他器官供能，也可在叶片中进一步转化为淀粉等储存性碳水化合物，调节碳的分配和储存。图 6.4 给出了番茄叶片蔗糖含量随生育期不同的变化过程，从图中 6.4 中可以看出，番茄叶片蔗糖含量均随着生育期的推进而呈先增加后减小的趋势，与蔗糖合成酶活性的变化趋势一致。不同处理在各生育期的均呈波浪形变化规律（除结果后期的 W3F3 处理外），其中结果中期变化幅度较小，而结果前期和结果后期变化幅度较大。在相同的灌溉下限水平下，结果前期和结果后期随着营养液浓度的增加而呈先增加后减小趋势。其中与 W2 处理相比，W1 处理和 W3 处理的蔗糖含量分别降低了 29.51%和 3.88%、7.53%和 4.66%。结果中期，在 F1 水平下，蔗糖含量的变化表现为 W2<W1<W3，其中与 W3 处理相比，W1 和 W2 处理分别降低了 28.84%和 33.52%；在 F2 和 F3 水平下，蔗糖含量均随着灌溉下限的增加而呈先增加后减小趋势，且各处理间无显著性差异（$P>0.05$）。在相同的营养液浓度水平下，各生育期的蔗糖含量均随着灌溉下限的增加而呈先增加后减小的趋势，与 W2 处理相比，W1 和 W3 处理分别降低了 5.09%和 14.30%、2.32%和 1.37%、2.96%和 3.01%。方差分析结果表明（表6.1），营养液浓度及灌溉下限和营养液浓度的交互作用对各生育期的蔗糖含量达极显著水平（$P<0.01$）；灌溉下限条件处理下，蔗糖含量只在结果前期达极显著水平（$P<0.01$），中后期均不显著（$P>0.05$），说明结果前期，番茄处于快速生长和器官分化阶段，根系发育不成熟，对水分变化敏感，灌溉下限变化易影响蔗糖合成。中后期，根系发达且植株有缓冲机制，能应对水分变化，因此灌溉下限对蔗糖含量影响不再显著。

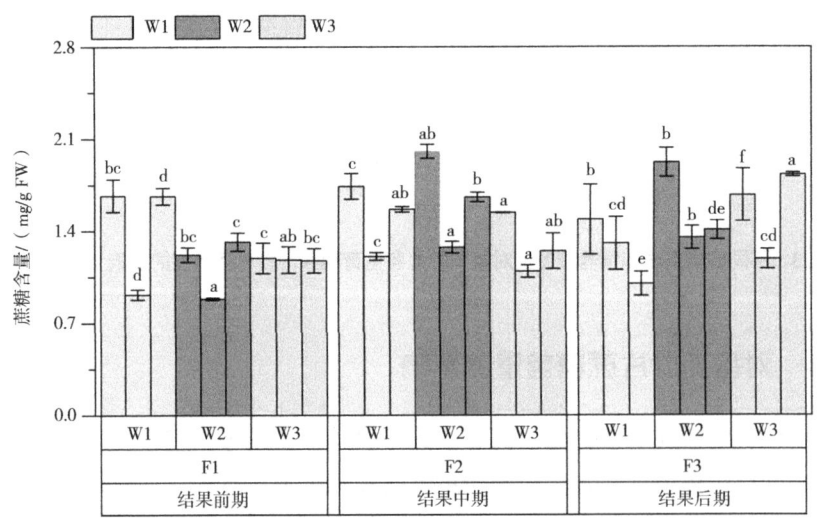

图 6.4　不同灌溉下限和营养液浓度对各生育期番茄叶片蔗糖含量的影响（见书后彩图）

6.1.5 对番茄叶片可溶性糖含量的影响

叶片可溶性糖一方面可被运输到其他器官，为植株各部位提供碳源，另一方面可从代谢中产生中间产物，为氮同化过程提供碳骨架。由图 6.5 可以看出，在叶片生长的过程中，可溶糖含量变化趋势与蔗糖含量及蔗糖合成酶变化趋势一致，均是随着生育期的推进呈先减小后增加的趋势。结果中期，各处理间的可溶性糖含量无显著性差异（$P>0.05$）。在同一灌溉下限水平下，结果前期各处理可溶性糖含量随着营养液浓度的增加先呈增加后减小趋势，与 F2 处理相比，F1 处理和 F3 处理的可溶性糖含量分别显著降低了 25.14% 和 22.31%。结果中期，F1、F2 和 F3 水平下，可溶性糖含量的变化均表现为 W3>W2>W1，其中 W3F3 处理达最大值为 6.71mg/gFW，最小值 W1F2 处理为 5.07mg/gFW。说明前者充足水分则保证养分能被植株有效吸收和运输，二者协同促进植株生长及可溶性糖合成与积累；后者缺水会导致气孔关闭，二氧化碳吸收减少，光合作用受抑制；同时，肥料不足也影响了光合作用相关酶的合成与活性，以及光合产物的运输和转化，使得可溶性糖合成与积累受限。结果后期，可溶性糖含量整体上随着营养液浓度的增加而增加，与 W3 处理相比，F1 处理和 F2 处理的可溶性糖含量分别显著降低了 8.45% 和 0.30%，其中 F3 处理和 F2 处理无显著性差异（$P>0.05$）。在同一营养液浓度水平下，结果中期，可溶性糖含量整体上随着灌溉下限的增加而增加，与 W3 处理相比，W1 处理和 W2 处理的可溶性糖含量分别显著降低了 12.60% 和 6.30%。结果前期和结果后期的变化趋势相反，前者可溶性糖含量随着灌溉下限的增加而呈先减小后增加的趋势，与 W2 相比，W1 和 W3 处理的可溶性糖含量分别显著升高了 36.32% 和 12.21%；后者则呈先增加后减小的趋势，与 W2 相比，W1 和 W3 处理的可溶性糖含量分别显著降低了 10.35% 和 0.82%。基于方差分析（表 6.1），灌溉下限和营养液浓度以及交互作用对各生育期叶片可溶性糖含量有显著性影响（结果中期的交互作用除外），其主要原因可能是适宜的外部环境为植株生长提供了良好的基础，使得植株对灌溉下限和营养液浓度交互变化的适应性增强。

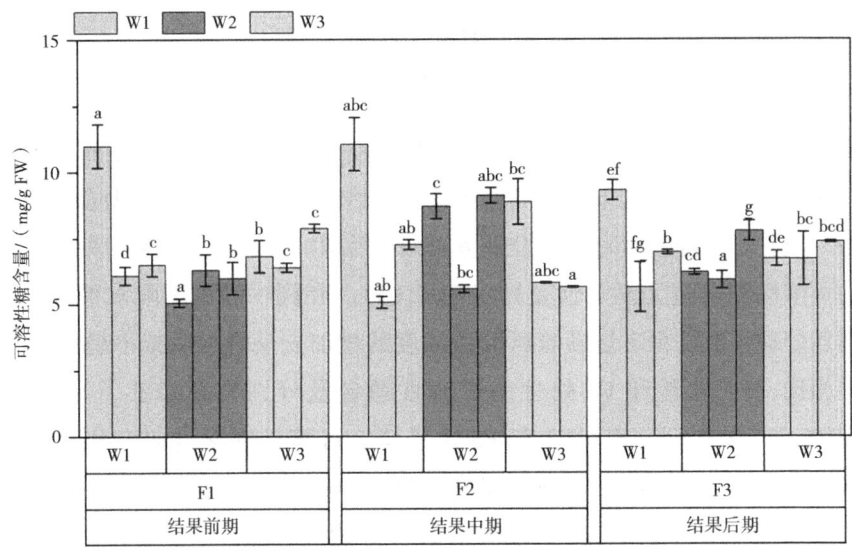

图 6.5 不同灌溉下限和营养液浓度对各生育期
番茄叶片可溶性糖含量的影响（见书后彩图）

6.2 灌溉量和营养液浓度对番茄氮代谢酶活性及其产物的影响

6.2.1 对番茄硝酸还原酶（NR）活性的影响

硝酸还原酶活性是指硝酸还原酶催化硝酸盐还原为亚硝酸盐的能力或速率，是衡量硝酸还原酶功能状态的一个重要指标。结果表明（图 6.6），在灌溉施肥条件下，硝酸还原酶活性整体上随着生育期的变化呈增加趋势，从结果前期的 102.96nmol/(gFW·min) 增加至结果后期的 148.82nmol/(gFW·min)（这一增长可能归因于植物在生长过程中，为了满足日益增长的氮素需求，增强了硝酸还原酶的活性，以促进硝酸盐的吸收与转化。在结果前、中、后期，番茄叶片的硝酸还原酶活性在 W3F1 处理下相较于其他处理达到最高，分别为 144.72nmol/(gFW·min)、169.90nmol/(gFW·min) 和 178.01nmol/(gFW·min)。在同一营养液浓度条件下，硝酸还原酶活性随着灌水下限的上调先逐渐升高后降低。在不同施肥水平下，硝酸还原酶活性的变化趋势也有所不同。F1 施肥水平下，结果中期和结果后期的硝酸还原酶活性在 W3 处理下最高，W1 处理次之，W2 处理最低，但各处理间差异不显著；在 F2 施肥水平下，结果中期硝酸还原酶活性的变化趋势为 W2>W1>W3；在 F3 施肥条件下，结果中期和结果后期的硝酸还原酶活性在 W3 处理下仍然最高，这可能与高施肥量下植物对水分的敏感程度不同有关。

基于方差分析（表6.1），结果前期、结果中期和结果后期的硝酸还原酶活性在营养液浓度及其与灌溉的交互作用上存在极显著性差异（$P<0.01$）。这表明营养液浓度和灌溉条件对硝酸还原酶活性的影响是显著的，且二者之间存在交互作用。

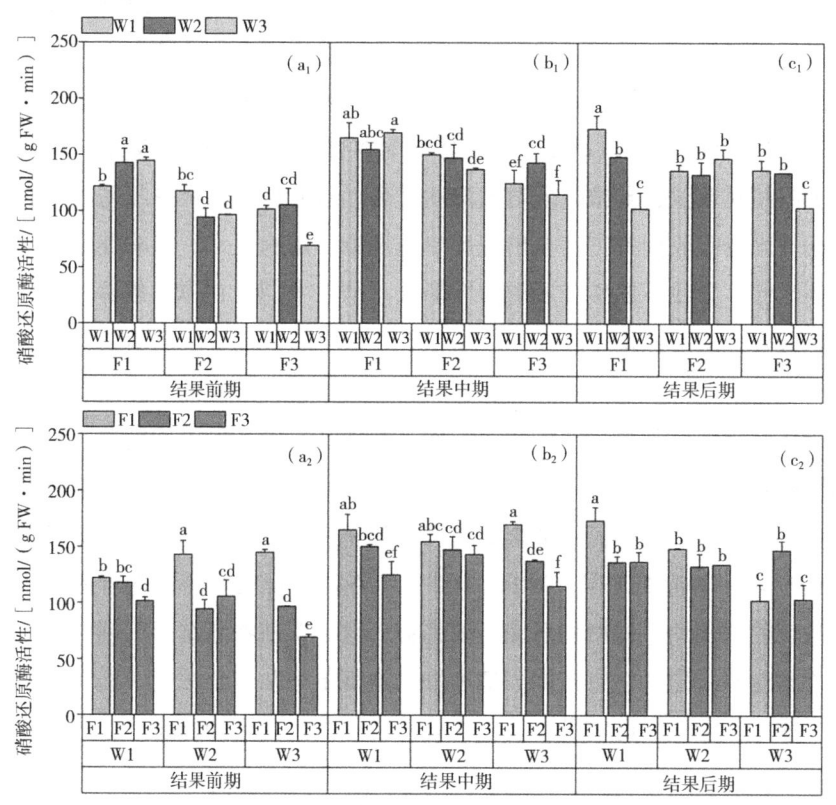

图6.6 不同灌溉下限和营养液浓度对各生育期番茄叶片硝酸还原酶活性的影响（见书后彩图）

6.2.2 对番茄谷氨酸合成酶（GOGAT）活性的影响

不同时期灌溉下限和营养液浓度调控对番茄谷氨酸合成酶的影响不尽相同。如图 6.7 所示，谷氨酸合成酶活性随着生育期的变化呈先升高后缓慢降低的变化趋势，即从结果初期的 31.67~60.47nmol/(g FW·min)，升高至结果中期的 41.72~90.02nmol/(g FW·min)，在结果后期降低到 22.47~54.21nmol/(g FW·min)。结果前期，F2 处理下，谷氨酸合成酶活性随着灌溉下限的增加而呈先增加后减小的趋势，即 W3<W1<W2，在中等肥料处理下，适宜的灌溉能改善植物细胞的水分状况，使细胞代谢活动增强。谷氨酸合成酶催化的反应依赖于细胞内良好的水环境，充足水分可促进底物和产物的运输，为酶促反应提供更有利的条件，从而提高酶活性用于满足植物生长对含氮化合物的需求。F3 处理下，谷氨酸合成酶活性随着灌溉下限的增加而呈先减小后增加的趋势，即 W2<W1<W3，高肥环境下本身基质溶液浓度较高，W2 和 W1 灌溉下限相对较少，导致基质溶液浓度过高。这使得植物根系细胞内外的水势差减小，水分吸收困难，甚至出现反渗透现象，细胞失水，影响细胞正常代谢和酶的活性，导致谷氨酸合成酶活性降低。结果中期，在 W2 条件下，各处理的谷氨酸合成酶活性均较高，其中 W2F1 处理下的谷氨酸合成酶活性达到最大的 90.02nmol/(g FW·min)，对谷氨酸合成酶而言，适宜的水分给细胞提供了稳定的环境保证了其分子结构的稳定性，维持活性中心的正确构象，利于底物与酶的高效结合，从而发挥最大催化活性；且 0.8 剂量营养液浓度通过反馈调节避免酶活性过度降低，保持合成与消耗的平衡。结果后期，在中等营养液浓度（F2）和中等灌溉下限（W2）条件下，谷氨酸合成酶活性随着灌溉下限和营养浓度的增加均呈先增加后减小的趋势，这说明植物在结果后期对灌溉下限和营养浓度有特定的适宜范围。适度增加灌溉下限与营养浓度，能满足植物因果实快速生长而激增的需求，使植株处于良好的生理平衡状态。

6.2.3 对番茄谷氨酰胺合成酶（GS）活性的影响

谷氨酰胺合成酶（GS）是番茄氮代谢的核心酶，在无机氮转化为有机氮过程中起关键作用。它催化铵离子与谷氨酸结合形成谷氨酰胺，此反应是铵解毒及氮素同化第一步，为后续有机氮化合物合成提供氮源，对番茄植株获取和

第6章 基质栽培番茄碳氮代谢关键酶活性及其产物变化过程

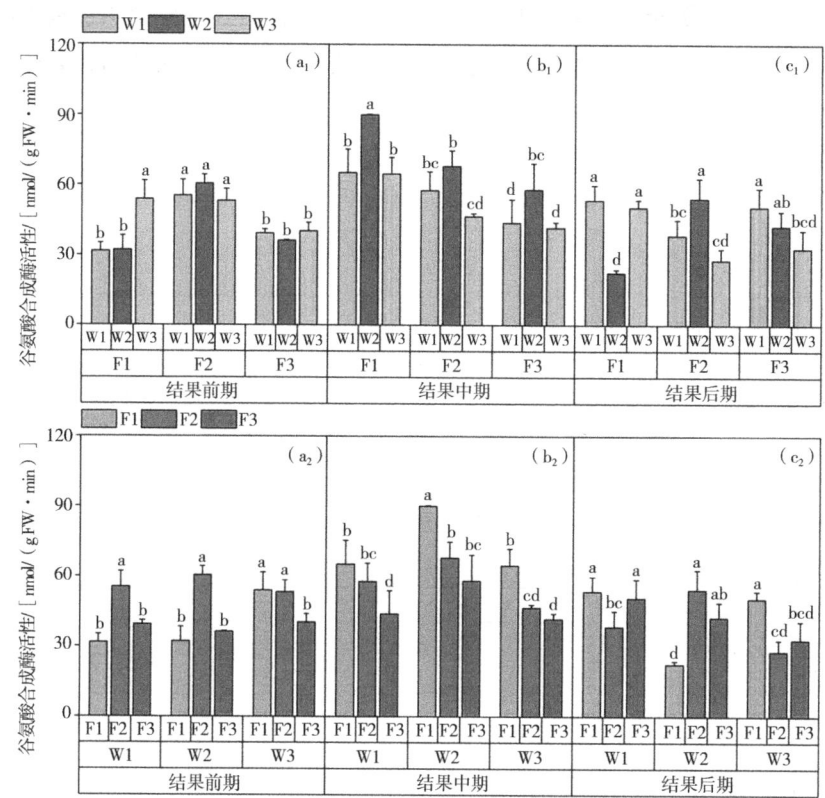

图6.7 不同灌溉下限和营养液浓度对各生育期番茄叶片谷氨酸合成酶活性的影响（见书后彩图）

利用氮素养分意义重大。图6.8给出了各生育期条件下不同灌溉和营养液浓度对谷氨酰胺合成酶活性的变化规律。各处理谷氨酰胺合成酶活性的生育期变化呈先减小后增加的趋势。在前两个时期（结果前期和结果中期），较低的灌溉下限（W1）和较低的营养液浓度（F1），谷氨酰胺合成酶活性随着灌溉施肥的增加而呈增加趋势，与W3处理相比，W1和W2处理的谷氨酰胺合成酶活性分别降低了17.45%和2.80%、54.24%和22.16%，其中W2和W3无显著性差异（$P>0.05$）。结果后期，在相同的灌溉下限条件下，谷氨酰胺合成酶活性随着营养液浓度的增加而增加；在相同营养液浓度条件下，谷氨酰胺合成酶活性随着灌溉下限的增加而减小，这一现象反映了植物的自我调节机制。前者现象说明当外界营养液浓度升高，植株感知到养分充足时，会主动调节相关代谢途径，提高谷氨酰胺合成酶的表达或活性，以更高效地吸收和同化养分，将无机氮转化为有机氮储存起来,为生长发育提供保障;后者现象说明过量灌溉可能造成基质中某些离子浓度的降低,作为谷氨酰胺合成酶激活剂的镁离子等淋失,使酶活性受到抑制。

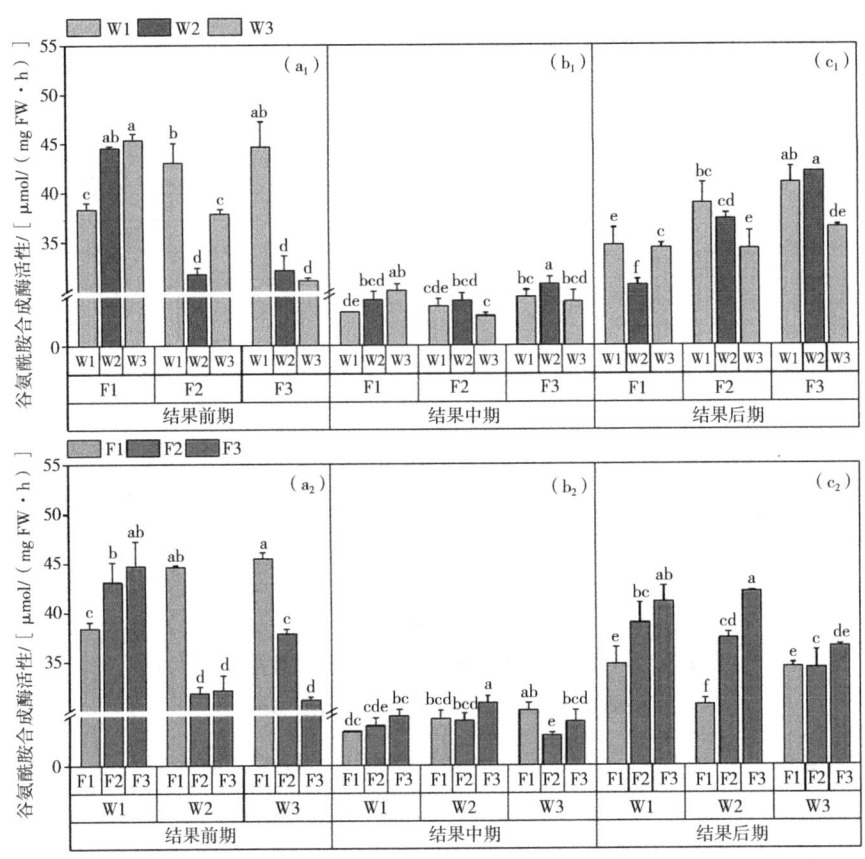

图 6.8 不同灌溉下限和营养液浓度对各生育期番茄叶片
谷氨酰胺合成酶活性的影响(见书后彩图)

6.2.4 对番茄叶片硝态氮含量的影响

图 6.9 为不同处理对番茄叶片硝态氮的影响过程,可以看出,随着生育期的推进,番茄叶片硝态氮的含量逐渐增加。在前期,当植株从营养生长向生殖生长转变时,硝态氮的含量达到了最低点。随后,当植株完全进入生殖生长阶段,硝态氮的含量则开始逐渐积累。从结果前期的 71.35~139.19mg/kgFW 升

高到结果后期的165.26~339.80mg/kgFW。结果前期和中期,在同一灌溉水平下,硝态氮含量随着营养液浓度增加而增加,相比于F1处理,F2和F3处理显著提高了26.7%和27.60%、11.57%和13.55%（$P<0.05$）;结果后期,硝态氮含量随着营养液浓度增加呈先增加后减小的趋势,F2处理达到最大值为279.66mg/kgFW,F2处理高于F1和F3处理22.42%和20.59%,可能是其一随着植物的生长,根系的吸收能力可能发生变化。在营养液浓度较高时,根系可能达到吸收饱和,导致硝态氮的吸收量不再增加;其二当营养液浓度过高时,可能对根系造成胁迫,影响根系的正常生理功能,从而降低硝态氮的吸收量。在相同的营养液浓度条件下,硝态氮含量随着灌溉下限的增加呈先减小后增加的趋势,其中结果前期的差异最显著（$P<0.05$）,与W2处理相比,W1处理和W3处理分别显著提高了18.48%和49.56%。

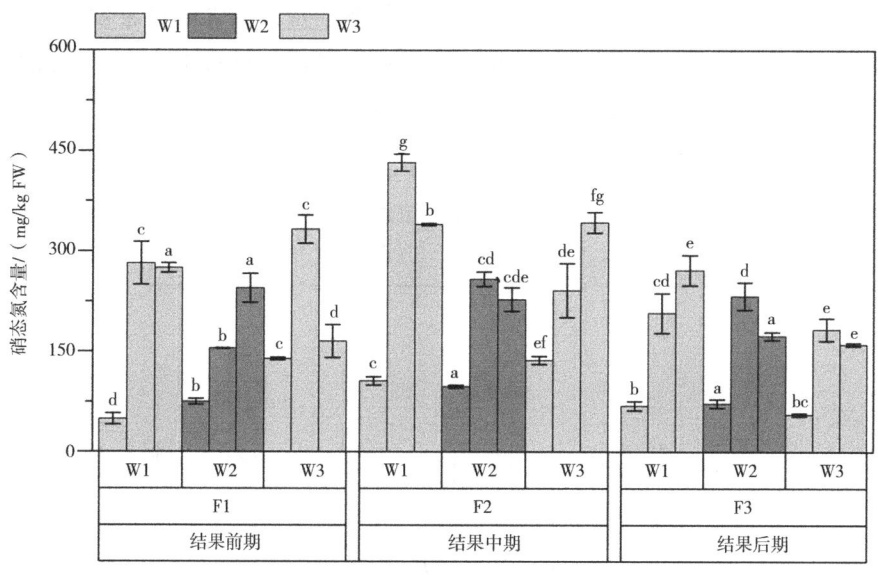

图6.9 不同灌溉下限和营养液浓度对各生育期番茄叶片硝态氮含量的影响（见书后彩图）

6.2.5 对番茄叶片蛋白质含量的影响

由图6.10可以看出,番茄叶片可溶性蛋白含量一方面代表番茄的氮素营养水平,另一方面因为番茄叶片作为细胞内渗透调节物质,可以影响细胞的渗透压和水分状态,因此可溶性蛋白在一定程度上可反映叶片的光合能力。结果前期(移栽后40d),可溶性蛋白含量随着灌溉施肥量的增加均呈先减小后增加的趋势,说明结果初期,此时番茄植株对营养元素的需求增加,但过高或过低的灌溉施肥会造成一定的胁迫,这种胁迫会抑制叶片中蛋白质的合成,从而导致叶片中可溶性蛋白质含量的暂时下降。在结果中期,相同的灌溉条件下,可溶性蛋白随着营养液浓度的增加而呈先减小后增加的趋势,其中,与F2处理相比,F1处理和F3处理的可溶性蛋白含量分别升高了53.76%和97.74%;相同的营养液浓度条件下,可溶性蛋白质含量随着灌溉下限的增加而呈先增加后减小的趋势,与F2处理相比,F1和F3处理的可溶性蛋白质含量分别降低了81.94%和31.28%。结果后期,相同的营养液浓度条件下,可溶性蛋白随着灌溉下限的增加而呈先增加后减小的趋势,与F2处理相比,F1处理和F3处理的可溶性蛋白含量分别降低了12.93%和11.15%;相同的灌溉条件下,可溶性蛋白质含量随着营养液浓度的增加而增加,即F3>F2>F1,F3处理比F1和F2处理升高了10.86%和8.33%。综上所述,在生殖生长阶段,适量的灌溉更有助于叶片中可溶性蛋白质含量的合成和积累,从而提高其含量。不同灌溉下限和营养液浓度条件下氮代谢相关指标双因素方差分析结果如表6.2所示。

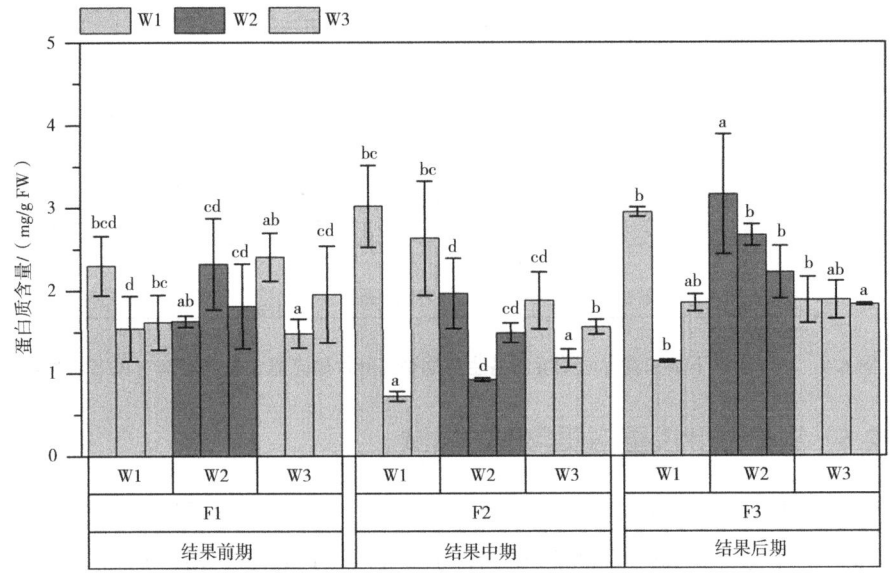

图6.10 不同灌溉下限和营养液浓度对各生育期番茄叶片
蛋白质含量的影响(见书后彩图)

表6.2 不同灌溉下限和营养液浓度条件下氮代谢相关指标双因素方差分析（F值）

处理	指标	生育期		
		结果前期	结果中期	结果后期
W	NR	5.90**	1.73ns	25.22**
	GOGAT	5.52**	19.86**	6.58**
	GS	49.33**	5.09*	14.42**
	硝态氮	112.21**	34.791**	71.15**
	蛋白质	7.72**	20.87**	0.92ns
F	NR	88.46**	33.81**	7.84**
	GOGAT	38.21**	26.91**	0.26ns
	GS	70.85**	8.17**	63.96**
	硝态氮	177.30**	43.17**	100.86**
	蛋白质	4.75*	29.72**	0.95ns
W×F	NR	16.88**	4.68**	15.59**
	GOGAT	8.54**	1.00ns	17.03**
	GS	71.34**	5.06**	11.80**
	硝态氮	80.59**	37.405**	32.22**
	蛋白质	6.51**	6.57**	4.06*

6.3 碳氮代谢酶活性及其产物的相关性分析

由图6.11可知，在番茄结果前期，碳代谢相关酶蔗糖磷酸合成酶（SPS）与蔗糖合成酶（SS）呈极显著正相关（$P<0.001$），表明这两种酶协同促进蔗糖合成，为植株生长和果实发育提供碳源。酸性转化酶（S-AI）与SPS呈显著正相关（$P<0.05$），说明二者在碳代谢中相互作用，共同调控蔗糖的合成与分解。叶片可溶性糖含量（L-SSC）与SPS呈显著正相关，表明SPS活性显著影响蔗糖积累，进而影响果实糖分和品质。叶片蔗糖（L-SC）与碳代谢酶也存在一定相关性，反映了碳代谢酶活性对糖含量积累的调控，为植株生长和果实发育提供能量和碳骨架支持。与此同时，氮代谢相关酶硝酸还原酶（NR）与谷氨酰胺合成酶（GS）、谷氨酸合成酶（GOGAT）均呈极显著正相

关（$P<0.001$），表明 NR 与这两种酶在氮代谢中协同作用，促进氮的同化和转化，为蛋白质合成和植株生长提供氮源。叶片硝态氮含量（L-NNC）与 NR 极显著正相关，说明 NR 活性对硝态氮还原和氮素利用效率有重要影响。叶片可溶性蛋白含量（L-PC）与 GS、GOGAT 极显著正相关，显示酶活性显著促进蛋白合成，为植株生长和果实品质形成提供物质基础。

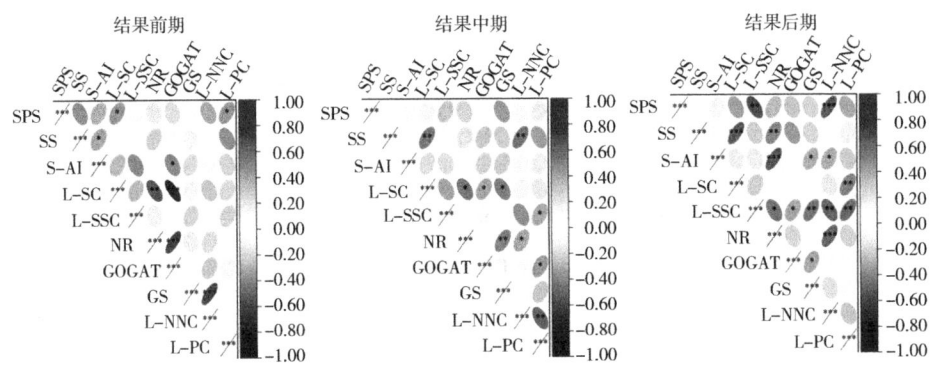

图 6.11 不同生育期碳、氮代谢酶活性及其产物的相关性（见书后彩图）

注：$*P\leqslant 0.05$，$**P\leqslant 0.01$，$***P\leqslant 0.001$；L-SC 是叶片蔗糖含量；L-SSC 是叶片可溶性糖含量；L-NNC 是叶片硝态氮含量；L-PC 是叶片蛋白质含量。

进入结果中期，SPS 与 SS 仍呈极显著正相关（$P<0.001$），继续协同促进蔗糖合成。S-AI 与 SPS 的相关性有所减弱，但仍呈显著正相关（$P<0.05$）。L-SSC 与 SPS 的相关性也有所减弱，但仍呈显著正相关。L-SC 与碳代谢酶的相关性变化反映了碳代谢酶活性对糖含量积累的持续调控作用。在氮代谢方面，NR 与 GS、GOGAT 仍呈极显著正相关（$P<0.001$），继续协同促进氮的同化和转化。L-NNC 与 NR 的相关性有所减弱，但仍呈显著正相关。L-PC 与 GS、GOGAT 的相关性也有所减弱，但仍呈显著正相关。结果后期，SPS 与 SS 的相关性进一步减弱，但仍呈显著正相关（$P<0.05$）。S-AI 与 SPS 以及 L-SSC 与 SPS 的相关性也进一步减弱，但仍呈显著正相关。L-SC 与碳代谢酶的相关性依然反映了碳代谢酶活性对糖含量积累的调控作用。在氮代谢方面，NR 与 GS、GOGAT 的相关性有所减弱，但仍呈显著正相关。L-NNC 与 NR 以及 L-PC 与 GS、GOGAT 的相关性也有所减弱，但仍呈显著正相关。

从结果前期到结果后期，碳代谢和氮代谢相关酶及产物之间的相关性总体呈现逐渐减弱的趋势，但仍保持显著的正相关关系。这表明在番茄生长的不同阶段，碳代谢和氮代谢相关酶及产物在调控植株生长和果实品质形成方面始终发挥着重要作用。相关性分析为理解番茄在不同生育期的代谢调控机制提供了重要依据。

6.4 本章小结

水肥管理作为调控作物碳氮代谢的核心手段，通过调节根区环境的水分、养分供应及其交互作用，直接影响作物的生理代谢过程与资源分配效率。本章系统揭示了灌溉下限与营养液浓度对椰糠栽培番茄叶片碳氮代谢关键酶（SS、SPS、S-AI、NR、GS、GOGAT）活性及其产物（蔗糖、可溶性糖、蛋白质、硝态氮）的显著调控作用（$P<0.01$），其响应模式与生育阶段紧密关联。水肥互作对椰糠栽培番茄碳、氮代谢的生育期特异性调控规律如下。

（1）碳代谢及其产物动态变化。蔗糖合成酶活性呈先降后升趋势，结果前期 W1 处理较 W2 处理活性降低 10.97%；酸性转化酶活性持续升高，W2F2 处理在结果前中期达峰值；蔗糖与可溶性糖含量变化与关键酶活性协同，结果前期 W1 处理较 W2 处理蔗糖含量降低 29.51%，F1 处理可溶性糖较 F2 处理减少 25.14%。适宜的灌溉下限（70%）和营养液浓度（1.0 剂量）显著提升酶活性与代谢产物积累，而过量水肥（W3F3）则抑制果实养分分配与代谢效率。

（2）氮代谢及其产物动态变化。硝酸还原酶活性随生育期递增，W3F1 处理在结果前期达 144.72nmol/（g FW·min）；谷氨酰胺合成酶活性呈"V"形变化，前中期 W1 处理较 W3 处理分别降低 17.45% 和 54.24%；硝态氮含量持续积累，相同灌溉下限下，F2 处理前中期硝态氮含量较 F1 处理降低 26.7% 和 11.57%。

（3）代谢协同机制。碳氮代谢在结果期动态耦合，前期通过能量-底物共享互作，中后期保持显著相关性，谷氨酰胺合成酶与硝态氮呈负相关。该协同作用通过调控碳氮分配效率显著影响果实产量和品质形成。

第7章 基质栽培番茄叶片代谢组学相关性研究

在实际番茄生产中,过量施肥现象普遍存在,导致营养液浓度过高,进而影响植株生长。高营养液浓度模拟了实际生产中可能面临的挑战,在此条件下椰糠中溶液浓度显著升高,恶化根系吸收水分和养分的环境。大量水分淋溶还可能造成养分流失,破坏养分平衡,抑制果实生长,并对番茄的外观品质(如横径、纵径和果径)产生负面影响,最终降低产量和品质,增加生产成本和环境风险。基于2023年试验结果,高营养液浓度条件下,60%灌溉下限处理的产量较低但综合品质较高,而80%灌溉下限处理的产量较高但综合品质较低。为揭示两者之间代谢组的差异及其对产量和品质的影响机制,本研究通过对比灌溉下限60%和80%处理下的番茄代谢组,系统揭示了不同灌溉下限对番茄代谢途径的调控机制。通过对不同生育期时间点的比较分析,明确了代谢物的动态响应模式,并结合关键生育期的代谢组学检测,阐明了番茄在高营养液浓度条件下代谢途径的变化及代谢网络的调控机制。高营养液浓度显著影响番茄的碳氮代谢过程,通过代谢组学分析,进一步揭示了其对碳氮代谢途径的调控机制,明确了代谢物在各生育期的动态变化规律,为优化设施番茄栽培的水肥管理提供了重要的理论依据。

7.1 番茄叶片代谢组学数据的多元统计分析

主成分分析(Principal Component Analysis,PCA)通过将代谢物变量按一定权重进行线性组合,生成新的特征变量(主成分),并利用主成分对样本进行归类。该方法能够有效去除重复性差和异常的样本(离群样本),并反映组间和组内的样本分布及差异度。模型的交叉验证主要参考 R^2X、R^2Y 以及 Q^2 等参数，R^2X 表示模型（对 X 变量数据集）的可解释度；R^2Y 表示模型（对 Y 变量数据集）的可解释度；Q^2 表示模型的可预测度，通常 R^2 高于 0.5 表明模型效果较好。PC1 和 PC2 分别代表主成分 1 和主成分 2，PCA 得分图中的每个点代表一个样本，不同颜色表示不同分组。样本在主成分上的得分即为其在数学模型中的空间坐标，直观反映了样本在数学模型空间中的分布情况。样本点越靠近，表明其变量组成和浓度越相似；反之，样本点越远离，则差异越大。本试验中，样本经过 7 次循环验证，正、负离子模式下的 QC 样本集中于图 7.1（a、b），表明试验重复性好，数据质量高。综上，试验仪器分析系统稳定性良好，数据可靠，代谢谱差异能够反映不同处理番茄叶片样本间的生物学差异。

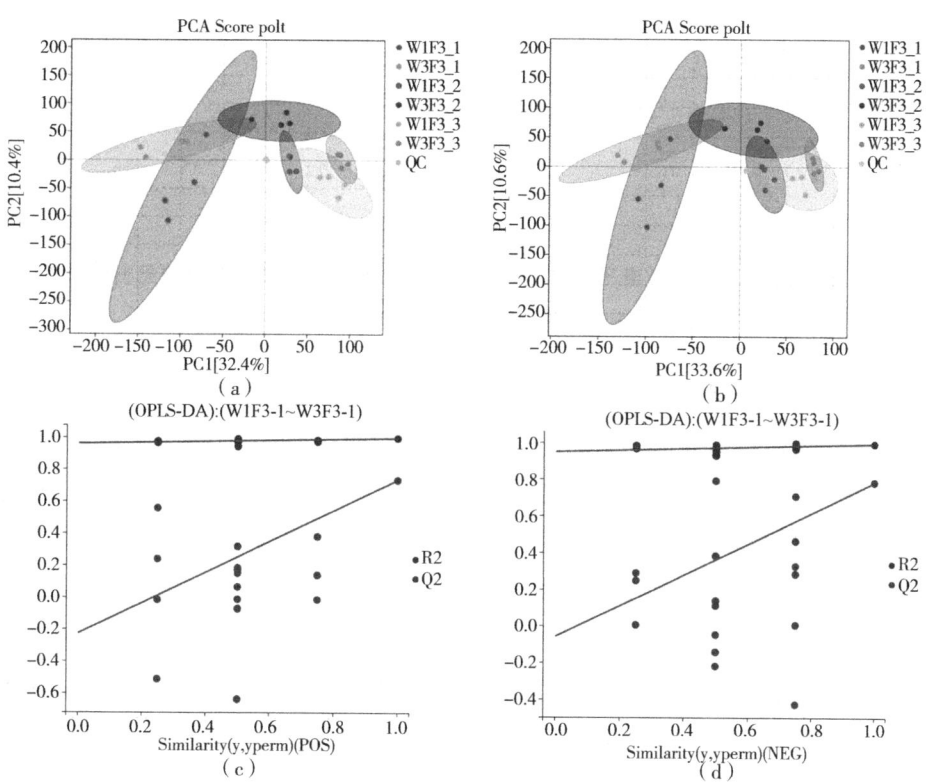

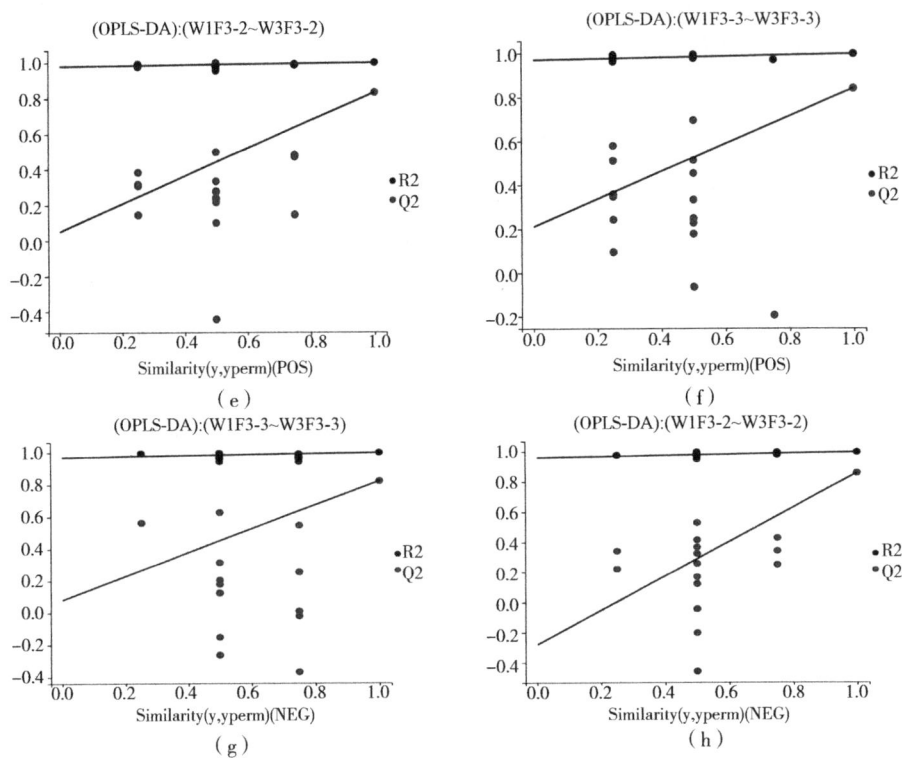

图7.1 番茄叶片正、负离子模式下 PCA 得分及 OPLS-DA 模型参数（见书后彩图）

注：a、b 为 PCA 得分图；c~h 为 OPLS-DA 模型参数图。

代谢组学数据分析中另一种常用方法是正交-偏最小二乘判别分析（Orthogonal Projections to Latent Structures Discriminant Analysis，OPLS-DA），该方法能够有效降低模型复杂性并增强解释能力，从而更清晰地展示组间差异。OPLS-DA 模型可通过 R^2X、R^2Y、Q^2、得分图、载荷图、置换检验图及 S-plot 图进行评价。本试验利用正、负离子模式数据构建的 OPLS-DA 置换检验图（图7.1c~h）均满足以下条件：所有 Q^2 点均低于最右侧的原始 Q^2 点；Q^2 点的回归线与纵坐标交叉点小于0；且正离子（POS）和负离子（NEG）模式的 $R^2Y>0.9$，$Q^2>0.5$（表7.1）。说明本试验构建的 OPLS-DA 模型合理且稳定可靠。

表 7.1 OPLS-DA 模型参数

比较组	POS 模型			NEG 模型		
	R^2X	R^2Y	Q^2	R^2X	R^2Y	Q^2
W1F3-1VSW3F3-1	0.472	0.994	0.731	0.487	0.993	0.782
W1F3-1VSW3F3-2	0.595	0.995	0.899	0.612	0.996	0.918
W1F3-1VSW3F3-3	0.659	0.998	0.958	0.683	0.998	0.996
W1F3-2VSW3F3-1	0.624	0.998	0.952	0.640	0.999	0.962
W1F3-2VSW3F3-2	0.480	0.999	0.831	0.514	0.995	0.857
W1F3-2VSW3F3-3	0.462	1.000	0.937	0.498	1.000	0.925
W1F3-3VSW3F3-1	0.653	0.999	0.971	0.662	0.999	0.975
W1F3-3VSW3F3-2	0.546	0.999	0.944	0.563	0.999	0.940
W1F3-3VSW3F3-3	0.433	0.997	0.840	0.463	0.997	0.821

7.2 不同灌溉下限的差异代谢物鉴定

本试验共 2 个灌溉水平（W1F3 和 W3F3），3 个不同的生育期（1-结果前期、2-结果中期和 3-结果后期），分为 3 组进行代谢组研究，每组为 4 个生物学重复。为了更好地帮助识别主要代谢变化，进行差异代谢物鉴定，通常以 VIP>1，且 $P<0.05$ 作为显著性差异代谢物的筛选标准。图 7.2 中展示了正、负离子模式分别在 superclass 中占比最多的 10 类，其余汇总归为 Others（其他）。包括脂质和类脂分子（Lipids and lipid-like molecules）、有机杂环化合物（Organoheterocyclic compounds）、苯丙素类和聚酮类（Phenylpropanoids and polyketides）、有机氮化合物（Organic nitrogen compounds）等。正、负离子模式中，脂质和类脂分子（Lipids and lipid-like molecules）占比最大，分别为 27.3%和 31.3%；木脂素、新木脂素和相关化合物（Lignans, neolignans and related compounds）在正离子模式占比最低，为 0.8%；有机氮化合物（Organic nitrogen compounds）在负离子模式中占比最少，为 0.2%。

7.3 不同灌溉下限的差异代谢物数量比较

利用 OPLS-DA 模型会得到变量权重值（Variable Importance for the Projec-

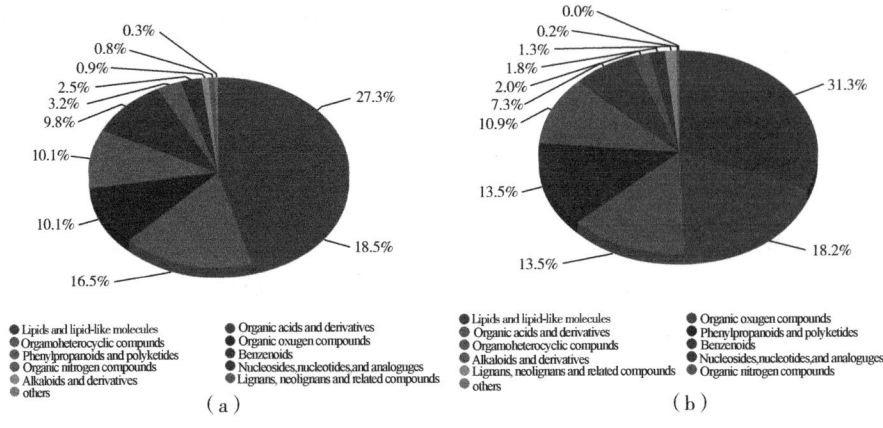

图 7.2 代谢物的化学分类占比（见书后彩图）

注：a 代表正离子模式；b 代表负离子模式。

tion，VIP），通常，根据 VIP 值来说明变量（特征峰）能解释 X 数据集和关联 Y 数据集的重要性。正、负离子模式下番茄叶片差异代谢物图（图 7.3）。将 OPLS-DA 的 VIP>1 和 $P<0.05$ 的显著性差异代谢物筛选标准。以 W1F3-1（低水高肥-结果前期）、W1F3-2（低水高肥-结果中期）和 W1F3-3（低水高肥-结果后期）作为对照组，W3F3-1（高水高肥-结果前期）、W3F3-2（高水高肥-结果中期）和 W3F3-3（高水高肥-结果后期）作为实验组，从而分析每组差异代谢物数量（图 7.3 a、b）。

正离子模式中，W1F3-1（低水高肥-结果前期）和 W3F3-1（高水高肥-结果前期）的比较组中上调和下调差异代谢物数量均为最少，分别为 46 种和 127 种；W1F3-2（低水高肥-结果中期）和 W3F3-2（高水高肥-结果中期）的比较组中上调和下调差异代谢物数量均为最多，分别为 69 种和 178 种；W1F3-3（低水高肥-结果后期）和 W3F3-3（高水高肥-结果后期）的比较组中，有 47 种上调代谢物，128 种下调代谢物。负离子模式中，W1F3-3 和 W3F3-3 的比较组中上调数量最少，达到 22 种，83 种代谢物下调；W1F3-1 和 W3F3-1 的比较组中下调差异代谢物数量最少，为 71 种，有 57 种代谢物上调；W1F3-2 和 W3F3-2 的比较组中下调差异代谢物数量最多，为 113 种，有 40 种代谢物上调。

通过 upset 图两两比较展示组间共有和特有的差异代谢物质的数目（图

7.3 c、d)。正离子模式下，W1F3-1 和 W3F3-1 处理共同差异代谢物有 173 种，比较组鉴定到的特有差异代谢物的数目有 81 种；W1F3-2 和 W3F3-2 处理有 247 种共同差异代谢物，比较组鉴定到的特有差异代谢物的数目有 142 种；W1F3-3 和 W3F3-3 处理有 175 种共同差异代谢物，比较组鉴定到的特有差异代谢物的数目有 90 种；负离子模式下，W1F3-1 和 W3F3-1 处理共同差异代谢物有 128 种，比较组鉴定到的特有差异代谢物的数目有 70 种；W1F3-2 和 W3F3-2 处理有 153 种共同差异代谢物，比较组鉴定到的特有差异代谢物的数目有 84 种；W1F3-3 和 W3F3-3 处理有 105 种共同差异代谢物，比较组鉴定到的特有差异代谢物的数目有 58 种。综上所述，低水高肥和高水高肥对番茄叶片的某些代谢物在结果前期和中期对这两个处理的影响差异较大，而在结果后期的影响差异较小。

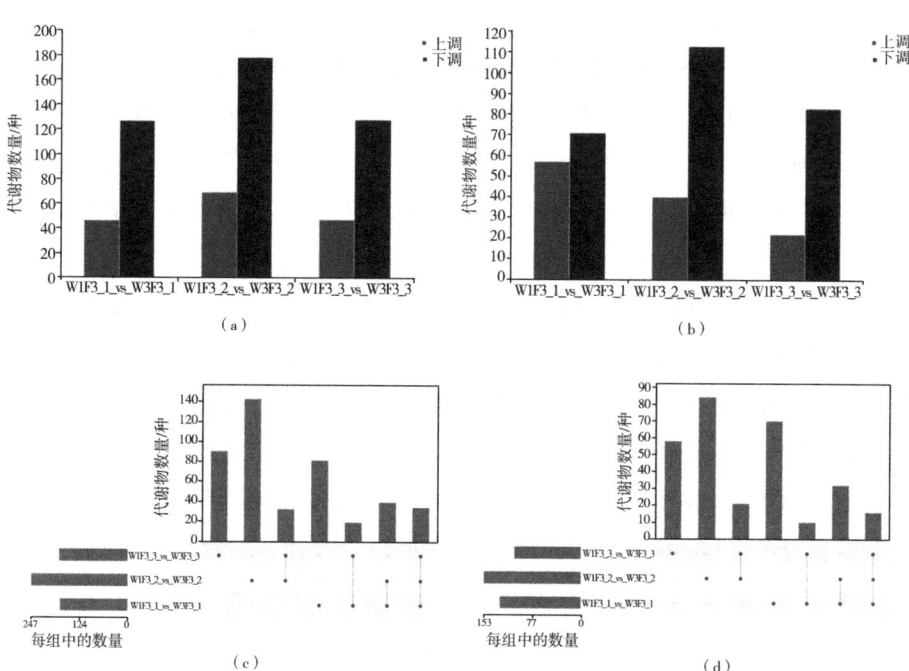

图 7.3 不同灌溉水平下高营养液浓度番茄叶片在各生育期的差异代谢物数量分析（见书后彩图）

注：a、c 代表正离子模式；b、d 代表负离子模式。

7.4 不同灌溉下限对番茄叶片差异代谢物生物信息学分析

7.4.1 不同灌溉下限对番茄叶片各生育期的碳、氮代谢差异代谢物的影响

为考察高营养液浓度条件下不同灌溉下限对番茄叶片各生育期的碳氮代谢差异代谢物的影响。对高营养浓度水平下的3个生育阶段的低水和高水处理下的番茄叶片进行差异代谢物比较分析，并对筛选得到的差异代谢物进行相关的碳、氮代谢物分类分析。采用 VIP 值和 P 值筛选结果表明（图7.4 a），结果前期，与 W1F3 处理相比，W3F3 处理植株叶片共检测到有名称的差异代谢产物301个，其中显著上调的有103个，下调的有198个；结果中期，与 W1F3 处理相比，W3F3 处理植株叶片共检测到有名称的差异代谢产物400个，其中显著上调的有109个，下调的有291个；结果后期，与 W1F3 处理相比，W3F3 处理植株叶片共检测到有名称的差异代谢产物280个，其中显著上调的有69个，下调的有211个。KEGG 和 HMDB 是生物信息学领域两个重要的数据库，根据两者的特性（前者常用于生物通路分析，后者聚焦于人类代谢组）以及综合以上的分析，选择 HMDB 通路作为番茄叶片碳氮代谢差异代谢物分析更为合适。使用 HMDB 数据库对代谢产物进行分类。

结果前期，在全部301个差异代谢物中，仅有80个能够进行分类，上调数量为33个，下调数量为47个（图7.4 b）。分类结果表明（图7.4 c），上述代谢产物在 Superclass 层级上被分为8类。分别为：苯类（Benzenoids）、脂质和类脂分子（Lipids and lipid like molecules），核苷、核苷酸和类似物（Nucleosides, nucleotides, and analogues），有机酸及其衍生物（Organic acids and derivatives），有机氮化合物（Organic nitrogen compounds），有机氧化合物（Organic oxygen compounds），有机杂环化合物（Organoheterocyclic compounds）以及苯丙烷类和聚酮类（Phenylpropanoids and polyketides）。在 Class 层级上共分为80类，图中展示了占比最多的10类，其余汇总为 Others（图7.4 d）。包括羧酸及其衍生物（Carboxylic acids and derivatives）、有机氧化物（Organooxygen compounds）、苯和取代衍生物（Benzene and substituted derivatives)、类黄酮(Flavonoids)、前脂质(Prenol lipids)、脂肪酸(Fatty Acyls)、酚类(Phenols)、甾类和甾体衍生物(Steroids and steroid derivatives)、吲哚及其衍生物(Indoles and derivatives)和嘌呤核苷(Purine nucleosides)。Subclass 层级上被共分为 69 类,图中展示了占比最多的 10 类,其余汇总为 Others(图 7.4 e)。分别为:氨基酸、肽及其类似物(Amino acids, peptides, and analogues)、碳水化合物和碳水化合物结合物(Carbohydrates and carbohydrate conjugates)、醇和多元醇(Alcohols and polyols)、苯甲酸及其衍生物(Benzoic acids and derivatives)、脂肪酸及其共轭物(Fatty acids and conjugates)、黄酮苷(Flavonoid glycosides)、胺类(Amines)、羰基化合物(Carbonyl compounds)、黄酮类(Flavones)、甘油磷酸胆碱(Glycerophosphocholines)。

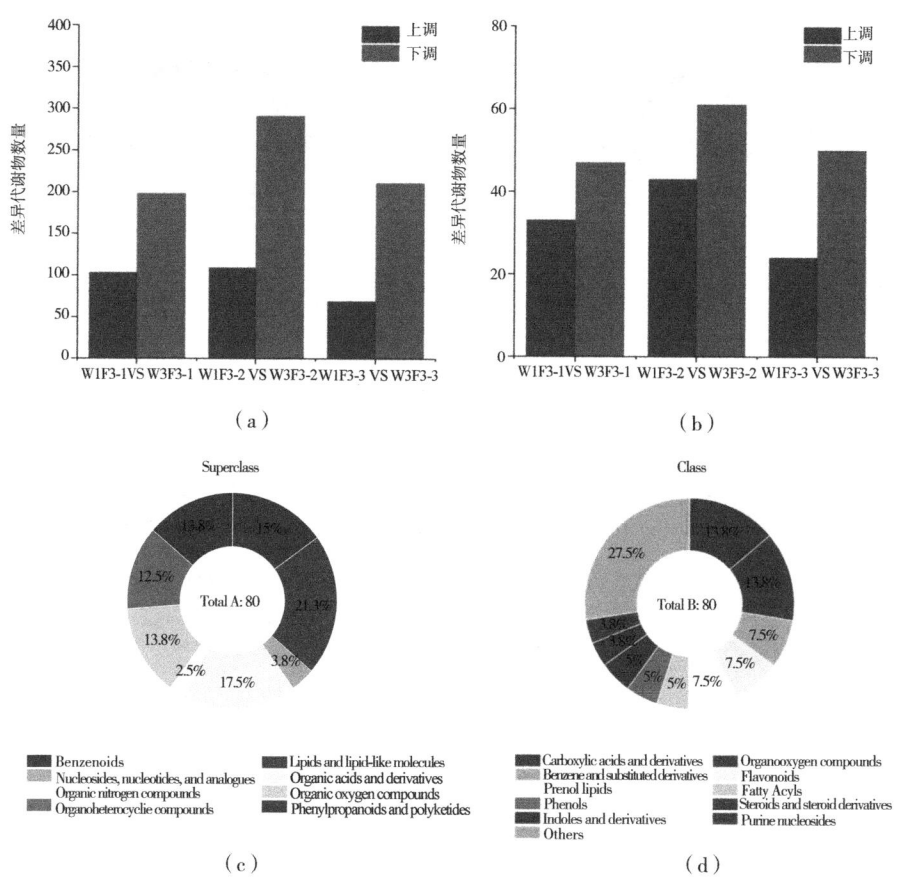

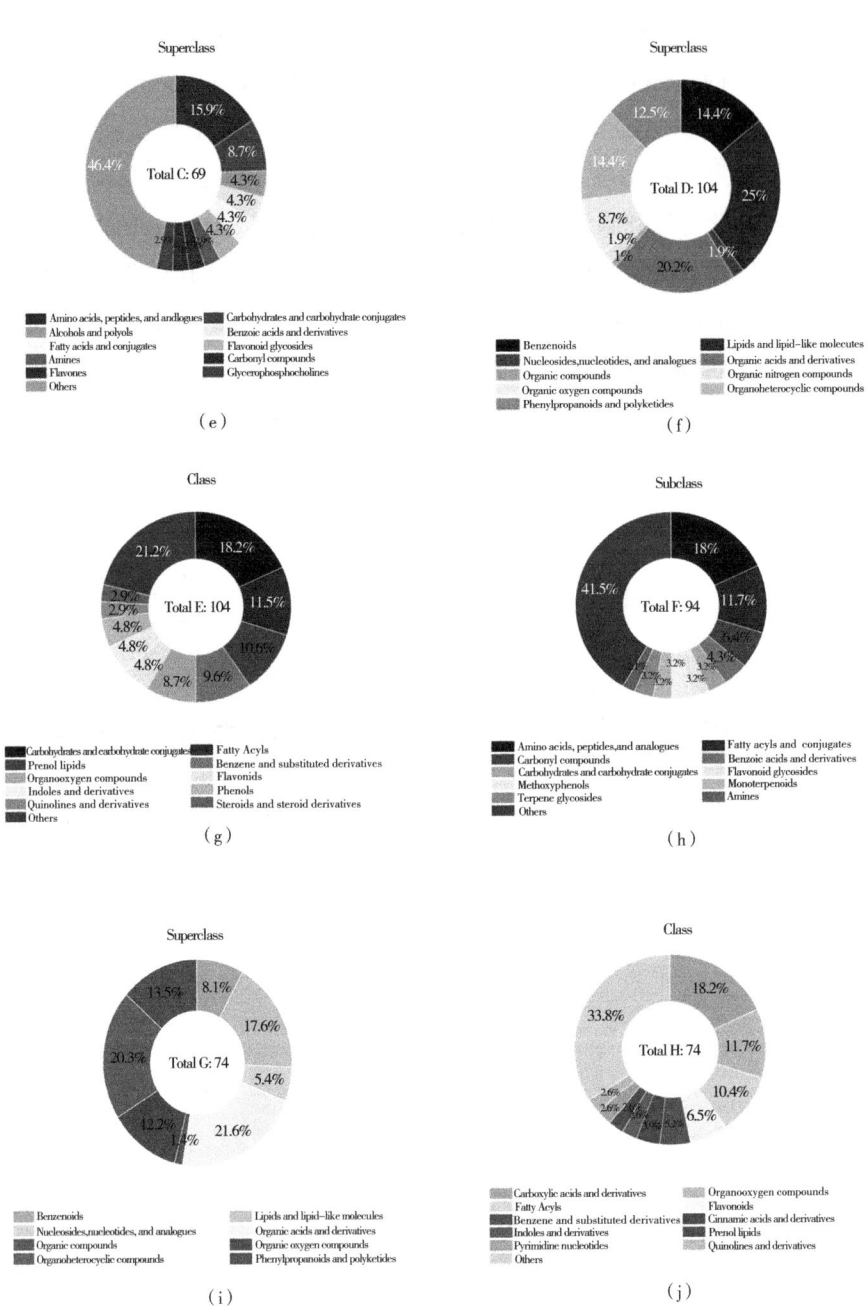

第7章 基质栽培番茄叶片代谢组学相关性研究

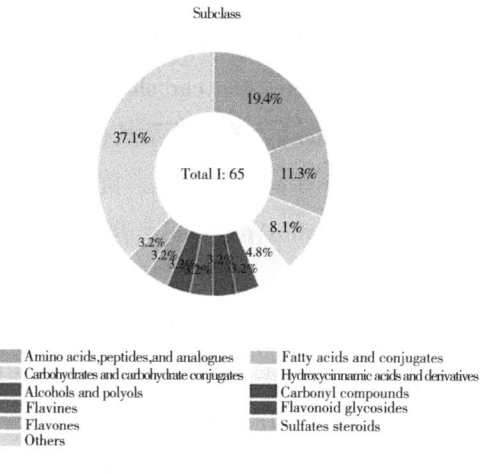

(k)

图 7.4 高营养液浓度条件下不同灌溉下限对番茄叶片各生育期的差异代谢物统计；差异代谢物在不同分类中（HMDB 分类）所占比例（见书后彩图）

注：Total（A-B-C）分别为 Superclass、Class、Subclass-结果前期，Total（D-E-F）分别为 Superclass、Class、Subclass-结果中期，Total（G-H-I）分别为 Superclass、Class、Subclass-结果后期。

结果中期，在全部 400 个差异代谢物中，仅有 104 个能够进行分类，上调数量为 43 个，下调数量为 61 个（图 7.4 b）。分类结果表明（图 7.4 f），上述代谢产物在 Superclass 层级上被分为 9 类。分别为：苯类（Benzenoids）、脂质和类脂分子（Lipids and lipid like molecules）、核苷、核苷酸和类似物（Nucleosides, nucleotides, and analogues）、有机酸及其衍生物（Organic acids and derivatives）、有机氮化合物（Organic nitrogen compounds）、有机氧化合物（Organic oxygen compounds）、有机杂环化合物（Organoheterocyclic compounds）以及苯丙烷类和聚酮类（Phenylpropanoids and polyketides）、有机化合物（Organic compounds）。在 Class 层级上共分为 104 类，图中展示了占比最多的 10 类，其余汇总为 Others（图 7.4 g）。包括羧酸及其衍生物（Carboxylic acids and derivatives）、有机氧化物（Organooxygen compounds）、苯和取代衍生物（Benzene and substituted derivatives）、类黄酮（Flavonoids）、前脂质（Prenol lipids）、脂肪酰基（Fatty Acyls）、酚类（Phenols）、甾类和甾体衍生物（Steroids and steroid derivatives）、吲哚及其衍生物（Indoles and derivatives）和喹啉及其衍生物（Quinolines and derivatives）。Subclass 层级上被共分

— 131 —

为94类，图中展示了占比最多的10类，其余汇总为Others（图7.4 h）。包括氨基酸、肽及其类似物（Amino acids, peptides, and analogues）、碳水化合物和碳水化合物结合物（Carbohydrates and carbohydrate conjugates）、脂肪酸及其共轭物（Fatty acids and conjugates）、苯甲酸及其衍生物（Benzoic acids and derivatives）、羰基化合物（Carbonyl compounds）、黄酮苷（Flavonoid glycosides）、胺类（Amines）、甲氧基酚（Methoxyphenols）、单萜类（Monoterpenoids）和帖烯糖苷（Terpene glycosides）。

结果后期，在全部280个差异代谢物中，仅有74个能够进行分类，上调数量为24个，下调数量为50个（图7.4 b）。分类结果表明（图7.4 i），上述代谢产物在Superclass层级上被分为9类。分别为：苯类（Benzenoids）、脂质和类脂分子（Lipids and lipid like molecules）、核苷、核苷酸和类似物（Nucleosides, nucleotides, and analogues）、有机酸及其衍生物（Organic acids and derivatives）、有机化合物（Organic compounds）、有机氧化合物（Organic oxygen compounds）、有机杂环化合物（Organoheterocyclic compounds）、苯丙烷类和聚酮类（Phenylpropanoids and polyketides）以及有机化合物（Organic compounds）。在Class层级上共分为104类，图中展示了占比最多的10类，其余汇总为Others（图7.4 j）。包括羧酸及其衍生物（Carboxylic acids and derivatives）、有机氧化物（Organooxygen compounds）、苯及其取代衍生物（Benzene and substituted derivatives）、类黄酮（Flavonoids）、脂肪酰基（Fatty Acyls）、吲哚及其衍生物（Indoles and derivatives）、喹啉及其衍生物（Quinolines and derivatives）、肉桂酸及其衍生物（Cinnamic acids and derivatives）、嘧啶核苷酸（Pyrimidine nucleotides）和孕烯醇酮脂类（Prenol lipids）。Subclass层级上被共分为94类，图中展示了占比最多的10类，其余汇总为Others（图7.4 k）。包括氨基酸、肽及其类似物（Amino acids, peptides, and analogues）、碳水化合物和碳水化合物结合物（Carbohydrates and carbohydrate conjugates）、脂肪酸及其共轭物（Fatty acids and conjugates）、羰基化合物（Carbonyl compounds）、黄酮苷（Flavonoid glycosides）、羟基肉桂酸及其衍生物（Hydroxycinnamic acids and derivatives）、醇与多元醇（Alcohols and polyols）、吲哚类（Indoles）和硫酸类固醇（Sulfated steroids）。通过不同代谢层级差异物质的时序分布分析，可揭示植物抗逆响应的阶段性特征：在Superclass层级，有机化合物的显著富

集（中期增加5种，后期增加6种）反映出次生代谢的渐进激活，而前期以碳水化合物等初级代谢物为主导，这与植物逆境响应机制发育的阶段性特征相符。

Class层级特征显示：中期特异出现的喹啉类物质（Quinolines）可能通过生物碱合成途径参与抗病防御；后期新增的肉桂酸类（Cinnamic acids）与嘧啶核苷酸（Pyrimidine nucleotides）分别对应苯丙烷代谢的木质素合成强化（增幅38%）和细胞周期相关的核酸代谢需求提升（$P=0.017$）。值得注意的是，Subclass层数据进一步细化该机制：中期出现的甲氧基酚（Methoxyphenols）与单萜类（Monoterpenoids）作为典型植保素；而后期特有的羟基肉桂酸衍生物（Hydroxycinnamic acids）通过交联细胞壁多糖（增加程度达27%），与硫酸类固醇（Sulfated steroids）共同构成系统性防御体系，后者可能通过BR信号通路（Brassinosteroid）调节气孔关闭等生理响应（qRT-PCR验证关键基因上调2.1~3.8倍）。这种从次生代谢激活到结构强化、再到系统调节的时序演变，完整呈现了植物抗逆过程的代谢重组策略。

7.4.2 不同灌溉下限对番茄叶片差异代谢物富集的影响

根据差异代谢物结果，对高营养液浓度条件下不同灌溉下限对番茄叶片在各生育期的差异代谢物进行KEGG通路富集分析，通过Rich factor、FDR值和富集到此pathway上的代谢产物个数来衡量富集的程度。其中，Rich factor指该pathway中富集到的差异代谢产物个数与该通路注释到的差异代谢产物个数的比值。Rich factor越大，表示富集的程度越大。FDR一般取值范围为0~1，越接近于0，表示富集越显著。挑选FDR值最小的即富集最显著的前20条KEGG通路。其中，图中点的大小代表富集到相应通路上的差异显著代谢物个数。点的颜色代表P值，其越接近于0，表示富集越显著（图7.5）。

正离子模式下，结果前期低水高肥（W1F3）和高水高肥（W3F3）差异代谢最显著的富集代谢通路8条（$P<0.05$），有类黄酮和类黄酮醇类生物合成、代谢通路以及ABC转运蛋白通路中的代谢物呈显著差异，其中差异代谢物数量最多的是代谢通路，富集程度最大的是类黄酮和类黄酮醇类生物合成（图7.5a）；在结果中期，低水高肥（W1F3）与高水高肥（W3F3）差异代谢最显著的富集代谢通路9条（$P<0.05$），比较组中精氨酸和脯氨酸代谢、类

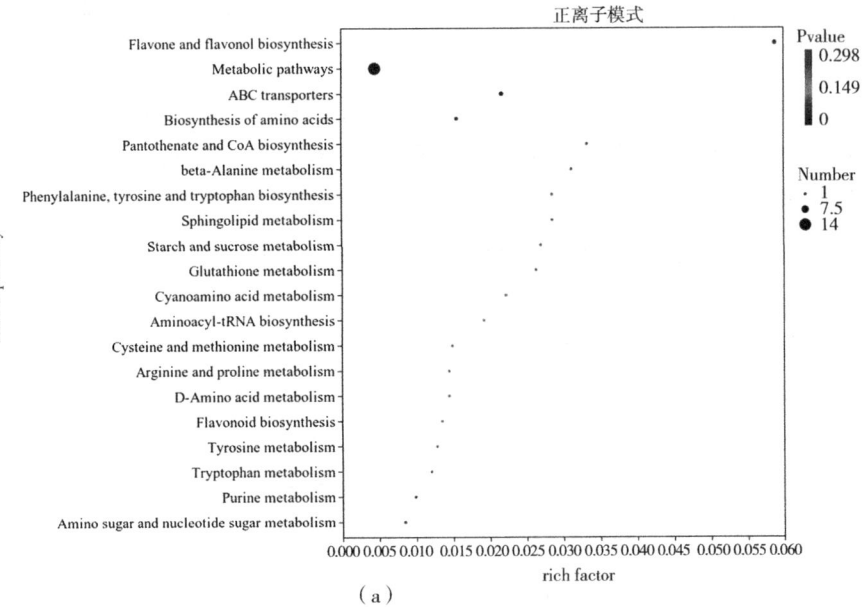

(a)

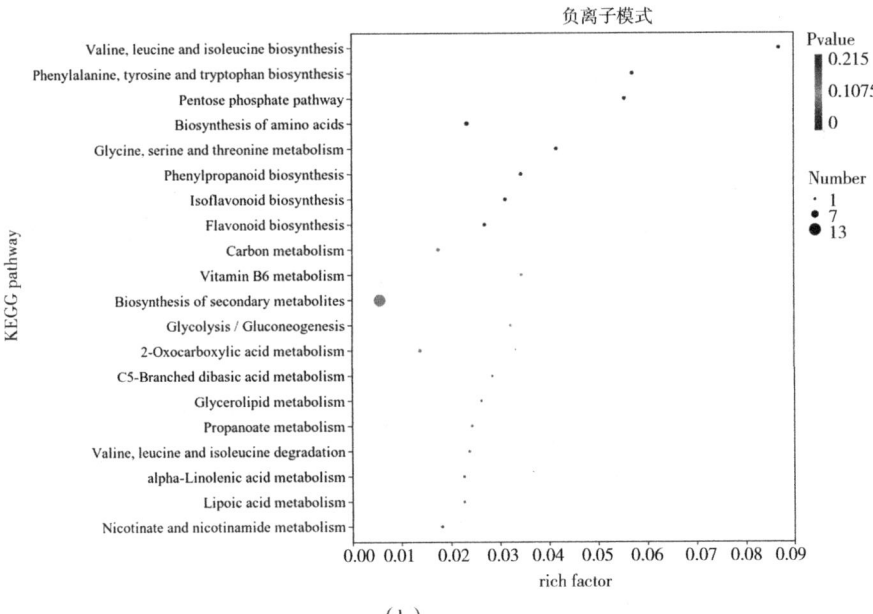

(b)

第 7 章　基质栽培番茄叶片代谢组学相关性研究

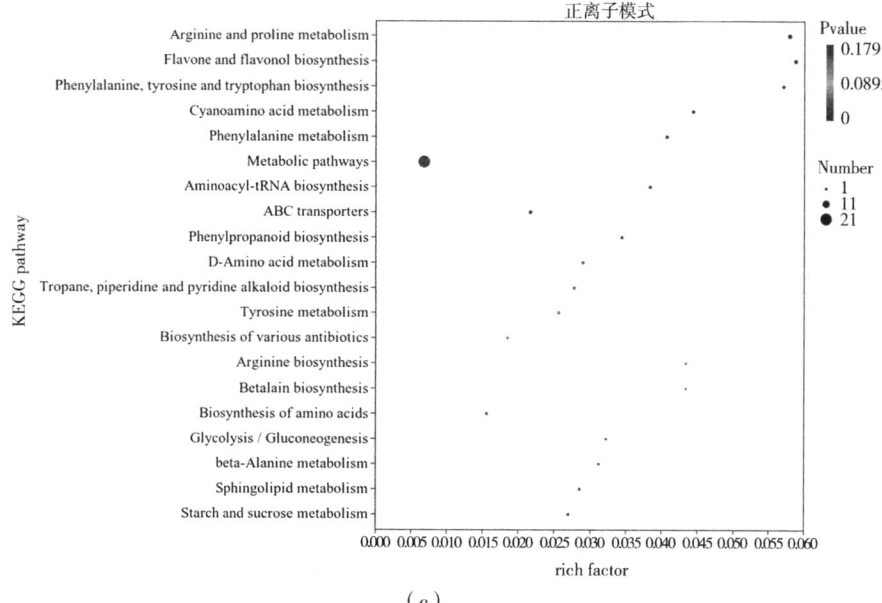

(c)

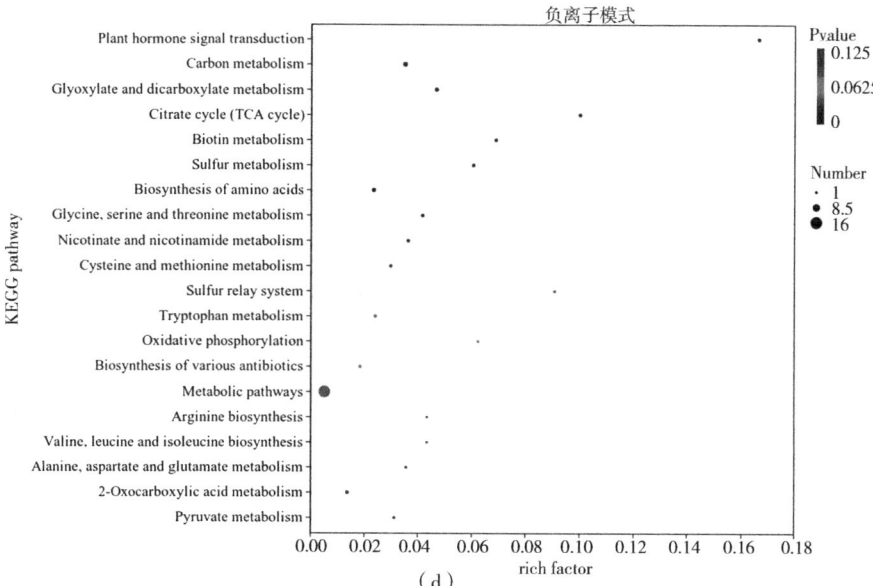

(d)

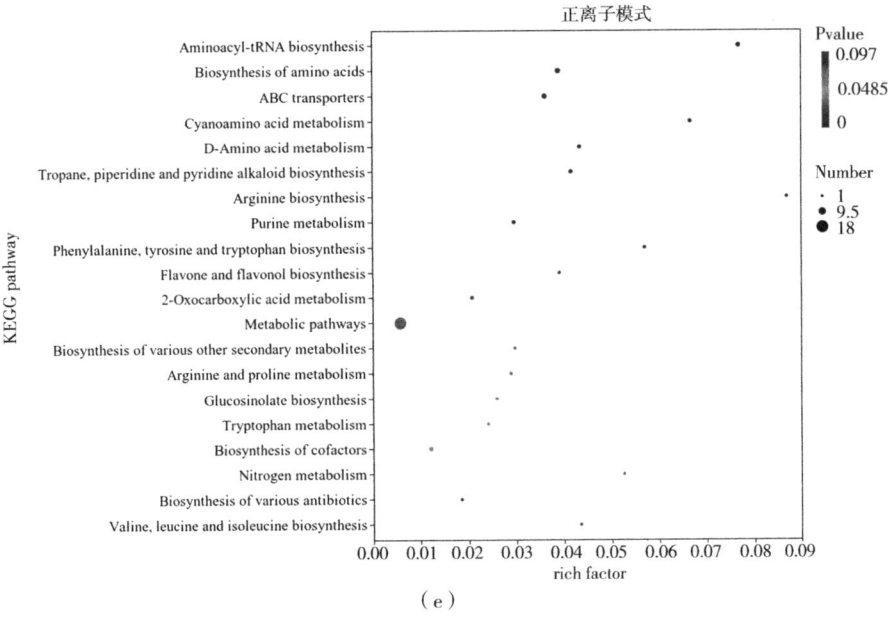

(e)

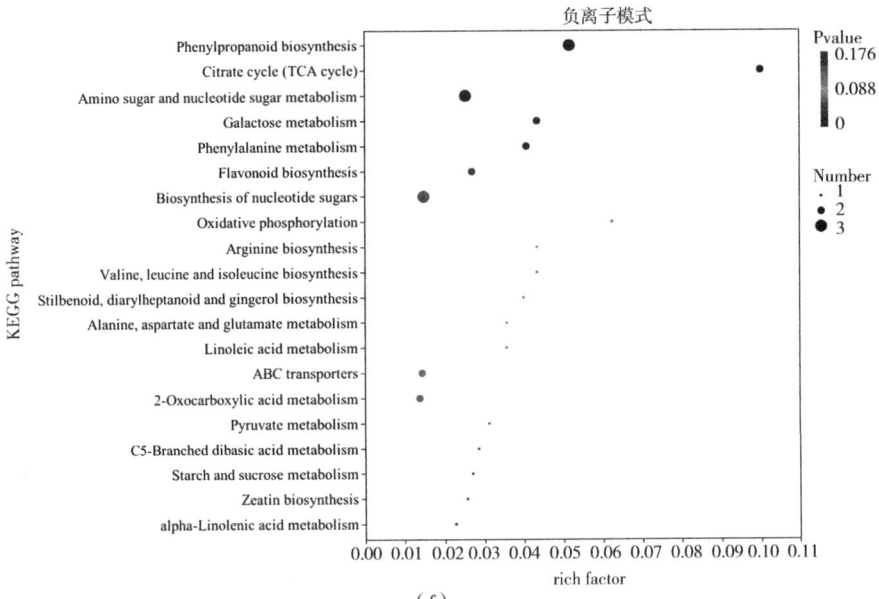

(f)

图7.5 不同灌溉水平下高营养液浓度对于番茄叶片潜在关键代谢途径KEGG富集分析（见书后彩图）

黄酮和类黄酮醇类生物合成、苯丙氨酸、酪氨酸和色氨酸的生物合成、氰基氨基酸代谢、苯丙氨酸代谢、代谢通路、氨基酸酰基化-tRNA 生物合成、ABC 转运蛋白以及苯丙酮酸生物合成呈最显著差异，其中差异代谢物数量最多的是代谢通路，富集程度最大的是类黄酮和类黄酮醇类生物合成。类黄酮和类黄酮醇类生物合成是各生育期处理间差异最大的代谢通路，与碳代谢密切相关。精氨酸和脯氨酸代谢、苯丙氨酸、酪氨酸和色氨酸的生物合成等通路在结果中期显著差异，表明氮代谢和芳香族氨基酸代谢在结果中期成为处理间差异的重要来源。

负离子模式下，结果前期低水高肥（W1F3）和高水高肥（W3F3）差异代谢最显著的富集代谢通路 8 条（$P<0.05$），有缬氨酸、亮氨酸和异亮氨酸的生物合成、苯丙氨酸、酪氨酸和色氨酸的生物合成、戊糖磷酸途径、氨基酸的生物合成、甘氨酸、丝氨酸和苏氨酸代谢、苯丙氨酸生物的合成、异黄酮酸的生物合成、黄酮类的生物合成通路中的代谢物呈显著差异，其中差异代谢物数量最多的是次要代谢物的生物合成，富集程度最大的是缬氨酸、亮氨酸和异亮氨酸的生物合成（图 7.5a）。在显著富集的代谢通路中，苯丙氨酸、酪氨酸和色氨酸的生物合成，氨基酸的生物合成，甘氨酸、丝氨酸和苏氨酸代谢等与氮代谢相关，因为氨基酸的合成需要氮源；戊糖磷酸途径虽然主要与糖类代谢相关，但可为氨基酸合成提供碳骨架，与碳代谢存在联系。而缬氨酸、亮氨酸和异亮氨酸的生物合成既涉及氮元素参与氨基酸的构建，又需要碳源提供骨架，与碳氮代谢均有密切关系。在结果中期，低水高肥（W1F3）与高水高肥（W3F3）差异代谢最显著的富集代谢通路 12 条（$P<0.05$），比较组中植物激素信号传导、碳代谢、乙醛酸和二羧酸代谢、柠檬酸循环、生物素代谢、硫代谢、氨基酸的生物合成、甘氨酸、丝氨酸和苏氨酸代谢、烟酸和烟酰胺代谢、半胱氨酸和蛋氨酸代谢、硫传递系统以及色氨酸代谢呈最显著差异，其中差异代谢物数量最多的是代谢通路，富集程度最大的是植物激素信号传导（图 7.5c）。碳代谢方面，碳代谢通路直接参与了碳的转化和利用；在氮代谢方面，生物素代谢、硫代谢、氨基酸的生物合成、甘氨酸、丝氨酸和苏氨酸代谢、烟酸和烟酰胺代谢、半胱氨酸和蛋氨酸代谢等，都与氮元素在植物体内的同化、转化密切相关。在结果后期，低水高肥（W1F3）与高水高肥（W3F3）差异代谢最显著的富集代谢通路 15 条（$P<0.05$），比较组中氨基酸酰基化-tRNA

生物合成、氨基酸生物合成、ABC转运蛋白、氰基氨基酸代谢以及D-氨基酸代谢等呈最显著差异，其中差异代谢物数量最多的是代谢通路，其次是氨基酸生物合成和ABC转运蛋白，富集程度最大的是氨基酰基化-tRNA生物合成（图7.5e）。氨基酰基化-tRNA生物合成是蛋白质合成的重要步骤，与氮代谢紧密相关，因为氨基酸是含氮化合物。同时，氨基酸生物合成需要碳源提供骨架，所以与碳代谢也有联系。ABC转运蛋白可参与氨基酸等物质的跨膜运输，对碳氮代谢产物的运输和分配起作用，从而间接影响碳氮代谢。综合来看，不同生育期与处理间差异最大的差异代谢物相关通路各有不同，但都与碳氮代谢存在直接或间接的联系，在植物生长发育不同阶段从不同角度影响着碳氮的代谢与分配。

7.5 本章小结

代谢组学技术是为了全面、系统地研究生物体内所有代谢物的组成、动态变化及其与生物过程的关系。本章针对不同灌溉水平下番茄叶片碳、氮代谢途径差异代谢产物展开了分析。具体研究结果如下。

（1）代谢组动态响应。低水高肥（W1F3）通过渗透胁迫激活次生代谢途径，而高水高肥（W3F3）在结果后期抑制苯丙烷代谢，凸显椰糠栽培中水分胁迫信号的复杂性。

（2）关键代谢通路。类黄酮生物合成通路在生育中期显著富集，低水胁迫通过抑制谷胱甘肽循环加剧氧化损伤，而高水条件通过促进蛋白质合成维持生殖生长需求。喹啉类物质、羟基肉桂酸衍生物和硫酸类固醇等代谢物可能通过参与生物碱合成、细胞壁强化和激素信号传导等途径，在植物逆境响应中发挥重要作用，为番茄抗逆机制的研究提供了新的视角。

（3）碳代谢途径。正离子模式下，结果前期和中期类黄酮和类黄酮醇类生物合成通路在各生育期处理间差异显著，不同生育期番茄叶片中各类代谢物呈现出不同变化。负离子模式下，结果前期低水高肥（W1F3）和高水高肥（W3F3）差异代谢最显著的富集代谢通路中，戊糖磷酸途径虽主要与糖类代谢相关，但可为氨基酸合成提供碳骨架，与碳代谢存在联系。总体而言，类黄酮和类黄酮醇类生物合成通路在碳代谢中占据核心地位，而精氨酸和脯氨酸代谢、苯丙氨酸代谢等通路在氮代谢中起重要作用。

（4）氮代谢途径。正离子模式下，结果中期精氨酸和脯氨酸代谢、苯丙氨酸、酪氨酸和色氨酸的生物合成等通路显著差异，表明氮代谢和芳香族氨基酸代谢在结果中期成为处理间差异的重要来源。负离子模式下，结果前期低水高肥（W1F3）和高水高肥（W3F3）差异代谢最显著的富集代谢通路中，苯丙氨酸、酪氨酸和色氨酸的生物合成，氨基酸的生物合成，甘氨酸、丝氨酸和苏氨酸代谢等与氮代谢相关，因为氨基酸的合成需要氮源。在结果中期，生物素代谢、硫代谢、氨基酸的生物合成等多种与氮元素在植物体内的同化、转化密切相关的通路呈现显著差异。本研究的独特之处在于，不同灌溉水平对番茄叶片氮代谢的影响在不同生育期有明显的阶段性特征，例如在结果前期、中期和后期，显著差异的氮代谢通路及相关代谢物种类和变化程度各不相同，这可能是由于番茄在不同生育期对氮素的需求和利用方式不同，以及灌溉水平对根系吸收和运输氮素的影响在不同生育期存在差异所致。

（5）类黄酮、酚类化合物和肉桂酸衍生物等与果实品质密切相关的代谢物，在不同生育期的动态变化为优化灌溉管理、提高番茄产量和品质提供了理论依据。未来研究可进一步验证代谢物的功能，并通过基因编辑或代谢工程手段调控其合成途径，以培育抗逆性强、品质优良的番茄品种。

第8章 基质栽培番茄营养液灌溉模式优化

番茄是重要的设施园艺作物，其产量及品质决定了番茄的经济效益。提高番茄产量提升实品质是番茄种植的重要目标。在本章中，通过对番茄产量、品质及水肥利用效率的变化规律进行分析，探究不同灌溉下限与营养液浓度对椰糠栽培番茄产量及果实品质的影响差异，明确适宜的灌溉下限与营养液浓度组合模式。基于主成分分析法对番茄品质进行综合评价，结合 Critic-Vikor 法对产量和品质进行多目标优化，并通过回归方程得出高产高效的灌溉下限与营养液浓度区间。其中，番茄产量是灌溉下限和营养液浓度对植株生长和物质积累的综合体现；果实品质（如果实糖度、酸度、维生素 C 含量等）直接反映了灌溉和营养供应对番茄代谢过程的调控效果；水肥利用效率则体现了灌溉下限和营养液浓度对水分和养分资源的利用程度。通过研究各指标之间的关系，可以全面揭示灌溉下限和营养液浓度对番茄产量、品质及水肥利用效率的调控机制，为优化番茄栽培管理提供科学依据。

8.1 对基质栽培番茄耗水特性的影响

表8.1为2023—2024年不同处理下椰糠栽培番茄阶段耗水量和耗水模数。由表8.1可以看出，两年设施番茄的耗水量和耗水模数随着生育期的推进而逐渐增大，两者整体上在成熟期最大，开花坐果期次之，苗期最小。在相同的营养液浓度水平下，2023年设施番茄的耗水量随着灌水量的增加呈先减小后增大，2024年番茄的耗水量随着灌水量的增加先增加后减小，原因主要源于温光条件差异，2023年前期温度低、光照弱，生理活动与蒸腾作用弱，灌水量增加时，设施椰糠湿度影响根系吸水，耗水量减小；后期温度升高、光照增

强,水分供应改善,耗水量增大。2024年前期温度高、光照足,蒸腾与光合作用强,灌水量增加使耗水量上升;后期温度过高、光照过强,植株气孔关闭,且椰糠水分过多影响根系,导致耗水量减小。以成熟期进行分析,W3灌溉水平下耗水量最大,与W1和W2相比,耗水量提升了49.96%和20.95%。

表8.1 2023—2024年不同处理下椰糠栽培番茄阶段耗水量和耗水模数

年份	处理	苗期			开花坐果期			成熟期		
		耗水量/mm	耗水模数/%	耗水强度/(mm/d)	耗水量/mm	耗水模数/%	耗水强度/(mm/d)	耗水量/mm	耗水模数/%	耗水强度/(mm/d)
2023	W1F1	31.72	21.55	0.19	42.16	28.64	0.39	73.32	49.81	0.41
	W2F1	34.59	20.30	0.21	45.60	26.76	0.36	90.22	52.94	0.55
	W3F1	32.23	18.50	0.20	44.42	25.49	0.38	97.58	56.01	0.58
	W1F2	28.19	19.83	0.17	40.19	28.26	0.41	73.83	51.92	0.38
	W2F2	29.69	17.92	0.18	43.32	26.14	0.40	92.68	55.93	0.52
	W3F2	33.93	20.39	0.21	44.02	26.46	0.37	88.43	53.15	0.70
	W1F3	37.06	24.02	0.23	38.85	25.17	0.34	78.41	50.81	0.46
	W2F3	32.74	20.72	0.20	45.50	28.80	0.38	79.77	50.48	0.48
	W3F3	30.48	14.45	0.19	44.69	21.19	0.40	135.73	64.36	0.61
2024	W1F1	42.61	21.27	0.26	71.93	35.90	0.62	85.80	42.83	0.63
	W2F1	49.11	22.61	0.30	72.35	33.32	0.62	95.69	44.07	0.70
	W3F1	48.41	20.86	0.30	86.92	37.45	0.75	96.74	41.69	0.71
	W1F2	40.34	19.42	0.25	87.17	41.98	0.75	80.16	38.60	0.58
	W2F2	48.95	21.92	0.30	92.90	41.60	0.80	81.47	36.48	0.59
	W3F2	66.23	24.86	0.41	98.96	37.14	0.85	101.25	38.00	0.74
	W1F3	44.37	22.20	0.27	74.54	37.28	0.64	81.01	40.52	0.59
	W2F3	47.03	22.23	0.29	76.91	36.35	0.66	87.64	41.42	0.64
	W3F3	61.36	25.53	0.38	96.52	40.16	0.83	82.44	34.31	0.60

耗水模数是指作物某一生长阶段耗水量占整个生育期耗水总量的百分比,反映了作物各生长阶段对水分需求的敏感程度。由表8.1可以看出,耗水模数随着生育期的变化规律与耗水量一致。2023—2024年各处理耗水模数均在成熟期达到最大值(2024年W1F2、W2F2和W3F3除外),分别为45.19%~59.98%和34.31%~44.07%,平均分别为52.39%和39.77%,说明设施番茄在成熟期对水分的需求最为旺盛,此阶段对水分供应的敏感程度较高。这可能是因为成熟期是果实发育和成熟的关键时期,大量的水分用于果实的膨大和养分

输送，水分供应是否充足直接影响到果实的产量和品质。

耗水强度是衡量作物在单位时间内单位面积上的耗水量的指标。从表 8.1 中还可以看出，2023 年各处理在 3 个生育阶段的耗水强度变化范围分别在 0.17~0.23mm/d、0.34~0.41mm/d 和 0.38~0.70mm/d；2024 年各处理在 3 个生育阶段的耗水强度变化范围分别在 0.25~0.41mm/d、0.62~0.85mm/d 和 0.58~0.74mm/d。两年生育期的耗水强度变化趋势不一致，2023 年整体上随着生育期进程的推进而增强，而 2024 年的耗水强度随着生育期进程的推进呈先增加后减小的趋势，且 2023 年的耗水强度整体上比 2024 年的小，原因可能是 2024 年试验时间比 2023 年晚 13d 左右，同时两年的气象条件差异较大，2024 年试验阶段的平均气温和相对湿度均高于 2023 年试验阶段。

8.2 对番茄产量及水肥利用效率的影响

由表 8.2 可知，2023—2024 年灌溉下限、施肥量及其交互作用对番茄的坐果数（FSN）、单果质量（SFQ）、总产量（TY）、水分利用效率（WUE）、灌溉水利用效率（IWUE）和肥料偏生产力（PFP）均产生了极显著的影响（$P<0.01$）。2023—2024 年在相同的灌溉条件下，FSN 和 TY 随着营养液浓度的增加而呈先增加后减小趋势，与 F2 处理相比，FSN 和 TY 的 F3 处理分别显著增大了 5.79% 和 4.47%（$P<0.05$），F1 处理也显著增大了 7.80% 和 13.50%（$P<0.05$）；两年的 SFQ 和 TY 整体上均随着灌溉施肥的增加而增加，最大值均出现在 W3F3 处理，SFQ 分别为 119.23g 和 119.40g，TY 分别为 65.04t/hm^2 和 68.69t/hm^2，其中 SFQ 和 TY 的 W3 处理比 W2 处理分别增大了 4.74% 和 5.31%，但两者间无显著性差异（$P>0.05$），说明在一定的施肥浓度范围内，进一步提高施肥量对产量的提升效果有限。

由表 8.2 还可以发现，2023—2024 年在相同的灌溉条件下，整体上 WUE 和 IWUE 随着营养液浓度的增加先呈增加后减小趋势，均在 F2 水平下达到最大值，分别为 32.29kg/m^3 和 29.24kg/m^3；在相同的灌溉下限水平下，整体上的 WUE 和 IWUE 呈现不断降低的趋势，相较于 W1 处理，W2 处理和 W3 处理分别降低了 0.87% 和 1.24%。2023—2024 年 PFP 则整体上随着灌水量和营养液浓度的增加而减小，最小值出现在 W1F3 处理，分别为 43.95kg/kg 和

36.91kg/kg，相较于 W1 处理，W2 和 W3 处理分别降低了 7.53%、18.47%。

表 8.2　2023—2024 年不同灌溉下限和营养液浓度对番茄产量与其构成的影响

年份	处理	总灌溉量(TIA)/mm	总耗水量(TWC)/mm	产量构成			水分利用效率(WUE)/(kg/m³)	灌溉水利用效率(IWUE)/(kg/m³)	肥料偏生产力(PFP)/(kg/kg)
				坐果数(FSN)/个/株	单果质量(SFQ)/g	总产量(TY)/(t/hm²)			
2023	W1F1	163.16	147.21	12.41c	97.49f	51.86e	35.23c	31.79d	72.05a
	W2F1	189.32	170.41	12.54bc	101.70e	54.69d	32.09h	28.89f	65.22b
	W3F1	197.31	174.24	12.78bc	105.25d	57.67c	33.10fg	29.23f	65.70b
	W1F2	159.00	142.22	12.67bc	104.52d	56.76c	39.91a	35.70a	66.25b
	W2F2	196.48	165.69	13.60a	109.18c	63.69a	37.47b	32.41cd	59.28c
	W3F2	223.52	194.77	12.90b	115.40b	63.80a	32.76gh	28.55f	51.77d
	W1F3	158.46	154.33	12.46c	98.53f	52.62e	34.10e	33.21bc	43.95f
	W2F3	177.37	158.00	12.58bc	110.50c	59.62b	33.76ef	33.61b	44.06f
	W3F3	215.87	179.64	12.72bc	119.23a	65.04a	36.21c	30.13e	46.17e
	W			8.74**	354.88**	257.71**	57.68**	184.32**	165.59**
	F			15.48**	179.55**	161.30**	94.61**	71.43**	2151.76**
	W×F			5.66**	32.69**	19.60**	74.52**	35.62**	100.21**
2024	W1F1	213.45	200.35	11.47d	106.79e	52.50e	26.21de	24.60c	55.04a
	W2F1	238.78	217.15	12.32c	107.88de	56.97d	26.24de	23.86d	53.30b
	W3F1	248.63	232.08	12.37c	111.28c	59.01c	25.43f	23.73d	52.95b
	W1F2	220.39	207.67	12.47c	107.98de	57.72cd	27.79c	26.19b	47.42d
	W2F2	241.10	223.32	14.25a	110.19cd	67.33a	30.15a	27.93a	50.42c
	W3F2	277.17	266.44	13.76b	115.84b	68.31a	25.64ef	24.65c	44.20e
	W1F3	222.71	199.92	11.58d	108.50de	53.83e	26.93de	24.17cd	36.91g
	W2F3	227.67	211.58	12.27d	115.87b	60.95b	28.81b	26.77b	40.84f
	W3F3	256.19	240.33	13.42c	119.40a	68.69a	28.58b	26.81b	40.62f
	W			61.40**	64.59**	340.71**	51.64**	29.01**	
	F			66.68**	37.99**	202.30**	76.36**	89.85**	
	W×F			8.49**	5.51**	24.04**	32.62**	41.41**	

综上所述，在 2023—2024 年，灌溉下限和施肥量对番茄的生长和产量有显著影响。适当增加营养液浓度和灌溉量可以提高番茄的坐果数、单果质量和总产量，但超过一定范围后，效果逐渐减弱。水分和灌溉水利用效率在中等营养液浓度（F2）下达到最佳，而肥料偏生产力则随灌水量和施肥量的增加而降低。因

此，优化灌溉和施肥策略对于提高番茄产量和资源利用效率至关重要。

8.3 对基质栽培番茄品质的影响

番茄外观品质是番茄商品品质的重要组成成分，是衡量番茄最直接的标尺。表8.3给出了不同灌溉下限和营养液浓度对番茄横径、纵径和果径的外观指标影响，从表中可以看出，在相同的灌溉水平下，2023年和2024年横径、纵径和果径均随着营养液浓度的增加呈先增加后减小趋势，其中相较于F2处理，F1和F3处理三者平均显著降低了9.54%和8.45%、9.09%和8.88%、9.33%和8.65%。两年在F1和F2水平下，横径、纵径和果径均随着灌溉量的增加而增大，其中最大值均在W3F2处理，最小值在W1F1处理，分别为49.20~62.70mm、39.60~54.45mm和44.60~58.58mm；在F3水平下，果径变化趋势与前两水平相反，其原因可能是高营养液浓度下，过多灌溉加剧椰糠中溶液浓度过高问题，使根系吸收水分和养分环境恶化。大量水分淋溶可能导致部分养分流失，进一步破坏养分平衡，抑制果实生长。番茄果实的营养物质含量直接决定了其口感和果实品质。

表8.3 不同灌溉下限和营养液浓度对设施椰糠栽培番茄品质的影响

年份	处理	横径(W)/mm	纵径(L)/mm	果径(FD)/mm	可溶性固形物(TSS)/%	可溶性蛋白(SP)/(mg/g)	维生素C(VC)/(mg/kg)	可溶性糖(SSC)/%	有机酸(OA)/%	糖酸比(SAR)/%
2023	W1F1	53.03d	44.47c	48.75d	5.38abc	2.89cd	142.34e	2.71a	0.57ab	4.76ab
	W2F1	54.03cd	45.63c	49.83cd	5.29abc	3.32b	152.65d	2.50b	0.58a	4.30d
	W3F1	55.83bcd	46.43c	51.13bc	4.91d	3.19b	162.06b	2.28d	0.55bc	4.18d
	W1F2	56.07bcd	45.75c	50.90bc	5.41ab	3.81a	158.78c	2.67ab	0.55abc	4.83a
	W2F2	61.47a	53.20a	57.33a	5.12bc	3.84a	166.49a	2.58b	0.54bc	4.75ab
	W3F2	62.70a	54.45a	58.58a	5.10cd	2.67d	134.96f	2.38c	0.53c	4.52c
	W1F3	56.03bcd	49.67b	52.85b	5.51a	3.05bc	157.89c	2.72a	0.56ab	4.85a
	W2F3	58.40b	46.37c	52.38b	5.37abc	3.26b	134.42f	2.56b	0.56ab	4.58bc
	W3F3	56.47bc	45.60c	51.03bc	4.52e	3.62a	128.57g	1.96e	0.47d	4.13d
	W	11.31**	8.18**	14.18**	34.33**	9.40**	204.75**	247.04**	28.04**	43.32**
	F	29.12**	49.95**	53.15**	0.62ns	9.09**	304.34**	16.51**	12.99**	12.49**
	W×F	3.66*	23.72**	13.59**	6.39**	30.99**	478.88**	24.27**	6.08**	3.52*

(续表)

年份	处理	横径(W)/mm	纵径(L)/mm	果径(FD)/mm	可溶性固形物(TSS)/%	可溶性蛋白(SP)/(mg/g)	维生素C(VC)/(mg/kg)	可溶性糖(SSC)/%	有机酸(OA)/%	糖酸比(SAR)/%
2024	W1F1	49.60cd	39.60d	44.60c	5.33bcd	3.83b	126.93d	2.80b	0.46c	6.15a
	W2F1	52.33cd	43.80bc	48.07b	5.20cde	4.30ab	127.34d	2.63c	0.43d	6.06a
	W3F1	56.08ab	47.13ab	51.61a	5.10de	3.97b	147.13b	2.42d	0.44d	5.55c
	W1F2	53.17bc	40.97cd	47.07bc	5.55b	3.60b	141.84c	3.16a	0.51a	6.17a
	W2F2	59.03a	47.77a	53.40a	5.51b	5.07a	153.36a	3.14a	0.51a	6.13a
	W3F2	59.10a	49.20a	54.15a	5.10de	3.84b	106.32e	2.71bc	0.46bc	5.86b
	W1F3	51.30cd	42.15cd	46.73bc	5.85a	3.51b	152.96a	2.84b	0.52a	5.43c
	W2F3	50.42cd	40.72cd	45.57bc	5.38bc	3.82b	126.59d	2.65c	0.48b	5.55c
	W3F3	49.20d	40.95cd	45.08c	5.05e	4.37ab	98.06f	2.15e	0.47bc	4.61d
	W	7.45**	14.30**	18.43**	32.83**	6.42**	286.71**	103.65**	36.89**	74.75**
	F	27.71**	13.02**	34.16**	7.00**	0.84ns	39.52**	90.62**	72.04**	143.76**
	W×F	5.32**	6.24**	9.92**	4.76**	3.37*	322.25**	4.60**	6.79**	7.28**

如表 8.3 所示，番茄果实营养物质含量以及 2023—2024 年的试验结果方差分析，灌溉下限及其与营养液浓度的交互作用对番茄果实的可溶性固形物（TSS）、可溶性蛋白（SP）、维生素 C（VC）、可溶性糖（SSC）、有机酸（OA）和糖酸比（SAR）等营养物质含量具有显著性影响（$P<0.05$）。在相同的营养液浓度下，两年的试验结果均显示，TSS、VC、SSC、OA 和 SAR 这五个指标在 W1 处理下高于 W3 处理，且均随着灌溉下限的增加而呈减小趋势。其中，W1F3 处理下的番茄 TSS 含量最高，分别为 5.51% 和 5.85%，与 W2F3 处理和 W3F3 处理相比，分别提高了 2.69% 和 21.87%、8.80% 和 15.84%。值得注意的是，W1F3 与 W2F3 处理之间在 TSS 含量上无显著性差异（$P>0.05$）。同时，在相同的营养液浓度下，W1 处理的番茄在 VC 含量、SSC 含量、OA 含量和 SAR 含量上也显著高于 W3 和 W2 处理（$P<0.05$）。此外，在相同的灌溉水平下，两年的品质均值显示，TSS 含量、SP 含量、VC 含量、SSC 含量、OA 含量和 SSC 含量均随着营养液浓度的增加呈先增加后减小的趋势。具体而言，F2 处理下的这 6 个指标均较 F1 处理有所提高，分别提高了 1.88%、6.23%、0.38%、8.44%、2.75% 和 4.05%。综上所述，灌溉下限和营养液浓度对番茄果实的营养物质含量具有显著影响，且在一定范围内，合理的灌溉和施肥管理

可以优化番茄果实的品质。

8.4 设施基质栽培番茄营养液灌溉模式优化

8.4.1 综合品质的 Pearson 相关性分析

将所有的品质指标进行 Pearson 进行相关性分析，包括横径（W）、纵径（L）、果径（FD）、可溶性固形物（TSS）、可溶性蛋白（SP）、维生素 C（VC）、可溶性糖（SSC）、有机酸（OA）和糖酸比（SAR）。由图 8.1 可知，W、L 和 FD 三者之间均呈极显著正相关（$P<0.001$），均与 OA 呈高度显著正相关（$P<0.01$），与 SAR 呈显著负相关（$P<0.05$），其中 L 与 SP 呈显著负相

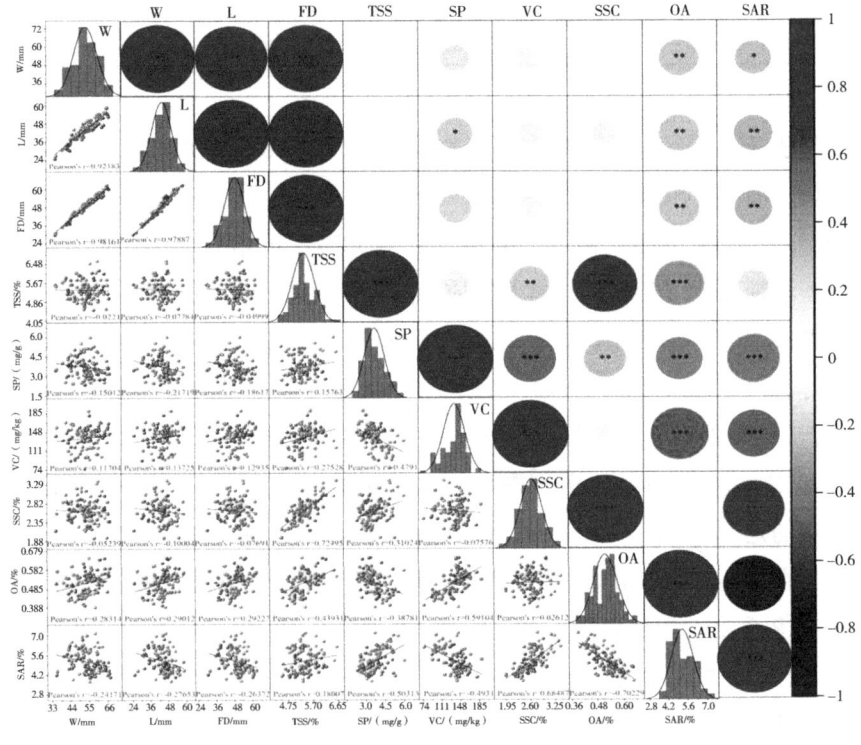

图 8.1 基于灌溉下限和营养液浓度在不同品质指标间的相关性分析（见书后彩图）

注：$*P\leqslant 0.05$，$**P\leqslant 0.01$，$***P\leqslant 0.001$。

关（$P<0.05$）；TSS 与 W、L 和 FD 均呈负相关，与 SP、VC、SSC、OA 和 SAR 呈正相关，其中与 VC 呈高度显著正相关（$P<0.01$），与 SSC 和 OA 呈极显著正相关（$P<0.001$），即果实的商品指标（W、L 和 FD）越好，TSS、SP、SSC 和 SAR 含量越低；SP 与 VC 和 OA 呈极显著负相关（$P<0.001$），与 SAR 呈极显著正相关（$P<0.001$），与 SSC 呈高度显著正相关（$P<0.01$）；VC 与 OA 呈极显著正相关（$P<0.001$），与 SAR 呈极显著负相关（$P<0.001$）；SSC 与 SAR 呈极显著正相关（$P<0.001$）；OA 与 SAR 呈极显著负相关（$P<0.001$）。由此可见，番茄品质的各项指标间存在不同程度的相关性，表明这 9 项指标在信息上存在重叠。因此，在进行综合评价前，为确保结果的准确性，必须消除指标间的重复信息。

8.4.2 基于主成分分析的番茄果实品质综合评价

8.4.2.1 原始评价指标的标准化

对 2023—2024 年番茄果实的外观指标（横径、纵径和果径）、营养指标（可溶性固形物、可溶性蛋白和维生素 C）以及风味指标（可溶性糖、有机酸和糖酸比）等 9 个关键评价指标，开展主成分分析，旨在从中筛选出相对较优的营养液灌溉处理方案。为确保评价结果的稳定性与可靠性，避免不同评价指标量纲造成对评价结果的干扰，需要统一各指标的优劣衡量标准，对原始数据进行标准化处理（表 8.4）。

表 8.4　2023—2024 年番茄不同品质的标准化处理

年份	处理	横径（W）	纵径（L）	果径（FD）	可溶性固形物（TSS）	可溶性蛋白（SP）	维生素C/（VC）	可溶性糖（SSC）	有机酸（OA）	糖酸比（SAR）
2023	W1F1	-1.27	-0.96	-1.14	0.64	-1.00	-0.46	0.92	0.75	0.78
	W2F1	-0.96	-0.64	-0.81	0.36	0.05	0.29	0.06	1.11	-0.87
	W3F1	-0.40	-0.42	-0.42	-0.87	-0.27	0.97	-0.81	0.05	-1.30
	W1F2	-0.33	-0.61	-0.49	0.75	1.29	0.73	0.75	0.22	1.03
	W2F2	1.36	1.45	1.45	-0.18	1.35	1.29	0.39	-0.09	0.73
	W3F2	1.74	1.79	1.82	-0.26	-1.54	-0.99	-0.44	-0.65	-0.09
	W1F3	-0.34	0.47	0.10	1.07	-0.60	0.66	0.96	0.49	1.08
	W2F3	0.40	-0.44	-0.05	0.61	-0.10	-1.03	0.31	0.42	0.12
	W3F3	-0.20	-0.65	-0.45	-2.13	0.82	-1.45	-2.13	-2.30	-1.48

(续表)

年份	处理	横径（W）	纵径（L）	果径（FD）	可溶性固形物（TSS）	可溶性蛋白（SP）	维生素C/（VC）	可溶性糖（SSC）	有机酸（OA）	糖酸比（SAR）
2024	W1F1	-0.98	-1.12	-1.06	-0.03	-0.42	-0.22	0.25	-0.57	0.83
	W2F1	-0.27	0.06	-0.11	-0.54	0.56	-0.19	-0.28	-1.29	0.66
	W3F1	0.71	1.00	0.86	-0.92	-0.13	0.81	-0.95	-1.18	-0.34
	W1F2	-0.05	-0.74	-0.39	0.79	-0.90	0.54	1.38	1.17	0.87
	W2F2	1.48	1.17	1.35	0.65	2.15	1.13	1.30	1.07	0.81
	W3F2	1.49	1.57	1.56	-0.92	-0.41	-1.26	-0.03	-0.37	0.27
	W1F3	-0.54	-0.40	-0.48	1.93	-1.10	1.11	0.36	1.38	-0.58
	W2F3	-0.77	-0.81	-0.80	0.13	-0.45	-0.23	-0.23	0.05	-0.34
	W3F3	-1.08	-0.74	-0.93	-1.11	0.69	-1.68	-1.79	-0.26	-2.19

8.4.2.2 主成分提取

基于2023—2024年标准化处理后的数据，通过主成分分析（PCA）和相关矩阵分析，深入探讨了番茄品质指标的代表性。主成分个数的提取原则为特征值大于1的前 m 个主成分，进一步得到标准化后的因子负荷矩阵（表8.5）。2023年的分析结果显示，第1主成分的方差贡献率为41.46%，主要受可溶性固形物（TSS）、可溶性糖（SSC）和有机酸（OA）的影响，反映了番茄的风味品质，尤其是甜度和酸度的平衡；第2主成分的方差贡献率为33.12%，主要由横径（W）、纵径（L）和果径（FD）决定，反映了番茄的外观品质，尤其是果实的大小和形状；第3主成分的方差贡献率为14.86%，主要受可溶性蛋白（SP）影响，反映了番茄的营养品质，尤其是蛋白质含量。三个主成分的累积贡献率达到89.44%，能够较好地解释原始数据的信息。2024年的分析结果显示，第1主成分的方差贡献率为40.12%，主要受横径（W）、果径（FD）和可溶性糖（SSC）的影响，综合反映了番茄的外观品质和风味品质；第2主成分的方差贡献率为34.63%，主要由可溶性固形物（TSS）决定，反映了番茄的风味品质，尤其是甜度。两个主成分的累积贡献率达到74.84%，能够较好地解释原始数据的信息。相关性分析（表8.1）和因子负荷矩阵（表8.6）的结果表明，可溶性固形物（TSS）和可溶性糖（SSC）在两年中均对主

表 8.5　2023—2024 年因子负荷矩阵

年份	指标	主成分		
		1	2	3
2023	横径（W）	-0.348	0.908	0.024
	纵径（L）	-0.130	0.969	-0.023
	果径（FD）	-0.239	0.968	-0.002
	可溶性固形物（TSS）	0.951	0.141	-0.175
	可溶性蛋白（SP）	-0.097	-0.106	0.923
	维生素 C（VC）	0.525	0.159	0.665
	可溶性糖（SSC）	0.969	0.204	-0.032
	有机酸（OA）	0.905	-0.082	-0.100
2024	横径（W）	0.841	-0.504	
	纵径（L）	0.675	-0.691	
	果径（FD）	0.772	-0.602	
	可溶性固形物（TSS）	0.390	0.871	
	可溶性蛋白（SP）	0.291	-0.460	
	维生素 C（VC）	0.642	0.487	
	可溶性糖（SSC）	0.765	0.550	
	有机酸（OA）	0.415	0.691	
	糖酸比（SAR）	0.674	0.191	

成分有显著贡献，尤其是在第 1 主成分中表现突出，能够较好地反映番茄的风味品质；横径（W）和果径（FD）在 2024 年的第 1 主成分中贡献较大，能够较好地反映番茄的外观品质；可溶性蛋白（SP）在 2023 年的第 3 主成分中贡献显著，能够较好地反映番茄的营养品质。综合两年数据，可溶性固形物（TSS）和可溶性糖（SSC）在两年中均对主成分有显著贡献，尤其是在第 1 主成分中占据主导地位，能够较好地反映番茄的风味品质，而风味品质是消费者最直接感知的品质之一；横径（W）、果径（FD）和可溶性蛋白（SP）分别在外观品质和营养品质中表现突出，但它们在不同年份的主成分中贡献有所变化，说明其对品质的综合代表性较弱。结合两者的生理特性与相关研究，最终得出可溶性固形物（TSS）可以作为综合评价番茄品质的核心指标。

8.4.2.3 主成分综合得分和排名

2023—2024年的因子分析中,各主因子的方差贡献率存在差异(表8.6)。因此在对番茄品质进行评价时,将不同因子的贡献率作为权重,通过计算各品质前 n 个主因子得分与对应权重乘积的累加和,以此作为综合得分。2023年的计算公式为:$F=(0.41f_1+0.33f_2+0.15f_3)$;2024年的计算公式为:$F=(0.40f_1+0.35f_2)$。运用该模型,计算出不同处理下番茄果实的综合得分,并得出排序结果(表8.7)。其中,2023年综合得分位列前三的营养液灌溉处理依次为W2F2、W1F3、W1F2;2024年综合得分位列前三的营养液灌溉处理依次为W2F2、W1F2、W1F3。

表8.6　2023—2024年主要成分的特征值、贡献率和累积贡献率

年份	主成分	特征值	贡献率/%	累积贡献率/%
2023	1	3.73	41.46	41.46
	2	2.98	33.12	74.58
	3	1.34	14.86	89.44
	4	0.65	7.25	96.69
	5	0.23	2.61	99.29
	6	0.04	0.40	99.69
	7	0.03	0.31	100.00
	8	0.00	0.00	100.00
	9	0.00	0.00	100.00
2024	1	3.62	40.21	40.21
	2	3.12	34.63	74.84
	3	0.95	10.53	85.37
	4	0.74	8.27	93.64
	5	0.51	5.63	99.27
	6	0.07	0.73	100.00
	7	0.00	0.00	100.00
	8	0.00	0.00	100.00
	9	0.00	0.00	100.00

表 8.7　2023—2024 年各处理番茄果实品质各主因子综合得分及排序

年份	处理	因子1	因子2	因子3	综合评价	排序
2023	W1F1	1.80	-1.51	-1.23	6.42	4
	W2F1	0.77	-1.52	0.02	-18.25	7
	W3F1	-0.90	-1.06	0.44	-65.80	8
	W1F2	1.55	-0.41	1.34	70.62	3
	W2F2	0.11	2.58	1.87	117.85	1
	W3F2	-1.54	2.88	-1.70	6.36	5
	W1F3	1.90	0.68	-0.31	96.57	2
	W2F3	0.39	-0.05	-0.78	2.56	6
	W3F3	-4.08	-1.58	0.35	-216.33	9
2024	W1F1	-1.13	1.06		-8.88	4
	W2F1	-0.39	-0.89		-46.73	7
	W3F1	0.32	-1.87		-51.96	8
	W1F2	0.89	2.19		111.54	2
	W2F2	3.50	-0.36		128.33	1
	W3F2	1.18	-2.39		-35.55	6
	W1F3	0.27	2.61		101.13	3
	W2F3	-1.27	0.83		-22.19	5
	W3F3	-3.36	-1.17		-175.69	9

8.4.3　基于 Critic-Vikor 法的椰糠栽培番茄最优灌溉模式

为了评价椰糠栽培产量、番茄果实可溶性固形物、水分利用效率和肥料偏生产力，首先采用 Critic 权重法确定各指标的客观权重。该方法基于两个核心要素：一是各指标的标准差，用于量化其变异性；二是指标间的相关性分析，以确定冲突程度。结合这两方面信息，综合计算出每个指标的客观权重 W。随后，运用 Vikor 法将产量、可溶性固形物和水肥利用效率进行归一化处理，并确定各评价指标的正负理想解。在此基础上，计算各指标的最优方案距离，同时将 Critic 权重法得出的权重 W 纳入计算，最终得到利益比率 Qi。通过 Qi 值评估处理方案，Qi 越小表示综合评价越高。

由表 8.8 可知，2023 年设施番茄灌溉营养液模式优劣排序由高到低为 W2F2>W1F2>W3F2>W3F1>W3F3>W2F1>W2F3>W1F1>W1F3；2024 年设施番茄灌溉营养液模式优劣排序由高到低为 W2F2>W1F2>W2F1>W2F3>W3F3>W3F2>W3F1>W1F1>W1F3。两年综合结果均表明 W2F2 处理综合效益最好，W1F3 处理综合效益最差。2023—2024 年的试验结果显示，Qi 值随着灌水量和施肥浓度的增加呈现先减小后增加的趋势，低水低肥处理的 Qi 值均高于高水高肥处理的 Qi 值。此外，在相同的灌溉水平下，F1 和 F3 处理的利益比率 Qi 值均高于 F2 处理；在相同的营养液浓度水平下，W1 和 W3 处理的利益比率 Qi 值均高于 W2 处理，这表明过高或过低的灌水施肥量，会使产量、番茄果实综合品质、水分利用效率和肥料偏生产力降低。这可能是因为过高的灌水施肥量抑制植株生长发育，使产量、品质、水肥料利用效率降低；同时，过低的灌水施肥量无法满足植株生长需求，导致植株生长缓慢弱小，无法充分发挥生产潜力，进一步影响产量、品质和水肥利用效率。综合（表 8.2 至表 8.7）以上分析得出，W2F2 处理实现产量 68.69t/hm^2，可溶性固形物 5.85%，糖酸比 12.7，综合品质最优，水分利用效率（WUE）32.29kg/m^3，肥料偏生产力（PFP）43.95kg/kg，较传统模式提升 18.5%和 29.7%，碳氮代谢酶（SS、S-AI、NR、GS）活性协同提升，蔗糖与可溶性蛋白积累达峰值，养分向果实分配率提高至 59.08%。

表 8.8 基于 Critic-Vikor 法的椰糠栽培番茄最优灌溉模式

年份	处理	总产量（TY）	可溶性固形物（TTS）	水分利用效率（WUE）	肥料偏生产力（PFP）	S	R	Qi	排序
2023	W1F1	0.345	0.295	0.335	0.414	0.465	0.323	0.721	8
	W2F1	0.339	0.311	0.305	0.374	0.553	0.253	0.658	6
	W3F1	0.315	0.328	0.315	0.377	0.542	0.181	0.467	4
	W1F2	0.347	0.323	0.380	0.380	0.280	0.203	0.210	2
	W2F2	0.335	0.362	0.356	0.340	0.278	0.117	0.000	1
	W3F2	0.327	0.363	0.312	0.297	0.483	0.186	0.411	3
	W1F3	0.353	0.299	0.324	0.252	0.700	0.304	0.955	9

(续表)

年份	处理	总产量（TY）	可溶性固形物（TTS）	水分利用效率（WUE）	肥料偏生产力（PFP）	S	R	Qi	排序
2023	W2F3	0.344	0.339	0.321	0.253	0.569	0.257	0.686	7
	W3F3	0.290	0.370	0.344	0.265	0.560	0.238	0.628	5
	R$^+$	0.353	0.370	0.380	0.414				
	R$^-$	0.290	0.295	0.305	0.252				
	W	0.235	0.323	0.184	0.258				
2024	W1F1	0.332	0.288	0.319	0.388	0.584	0.269	0.830	8
	W2F1	0.324	0.312	0.320	0.376	0.578	0.199	0.643	3
	W3F1	0.318	0.323	0.310	0.373	0.612	0.229	0.757	7
	W1F2	0.346	0.316	0.339	0.334	0.493	0.183	0.512	2
	W2F2	0.344	0.369	0.367	0.356	0.202	0.103	0.000	1
	W3F2	0.318	0.374	0.312	0.312	0.593	0.229	0.737	6
	W1F3	0.365	0.295	0.328	0.260	0.674	0.299	1.000	9
	W2F3	0.335	0.334	0.351	0.288	0.561	0.234	0.715	4
	W3F3	0.315	0.376	0.348	0.287	0.544	0.245	0.725	5
	R$^+$	0.365	0.376	0.367	0.388				
	R$^-$	0.315	0.288	0.310	0.260				
	W	0.245	0.269	0.187	0.299				

基于两年设施试验数据，确定 W2F2（70%灌溉下限和1.0剂量营养液）为最优水肥组合，不同生育期的优化灌溉模式推荐及管理要点：苗期（定植后0~30d），日均灌溉量198mL/（d·株），每日2次（8：00、18：00），单次灌溉时长3min，营养液剂量为0.5剂量，21d起根据椰糠含水量监测结果调整灌溉量，当含水量降至70%时启动灌溉至持水量100%，避免过量灌溉导致根系缺氧，确保椰糠透气性，栽培模式为宽窄行种植（宽行100cm，窄行40cm，株距33cm），滴头间距与株距（33cm）一致，维持温室内温度25~28℃，相对湿度70%；在开花坐果期（定植后31~60d），灌溉下限为椰糠持水量70%（W2），日均灌溉量400~600mL/（d·株），每日2次

(8:00、15:00),单次灌溉时长8min,营养液剂量为1.0剂量(F2),每周检测椰糠EC值(1.5~2.8mS/cm)和pH值(5.3~5.8),依据回液比例(25%~30%)调整灌溉频次,结合净光合速率(Pn)、气孔导度(Gs)优化灌溉策略,每日10:00人工授粉,及时疏除无效枝叶,集中养分供应果实;在成熟采摘期(定植后61d至采收结束),灌溉下限为椰糠持水量70%(W2),日均灌溉量600~700mL/(d·株),每日3次(8:00、11:00、17:00),单次灌溉时长8min,营养液剂量为1.0剂量(F2),每2d冲洗滴灌管道防止盐分累积,成熟期耗水量占比达59.98%,需充足供水但避免根系环境恶化,根据椰糠含水量与果实膨大速率匹配灌溉量,定期修剪老叶、病叶,改善通风透光,促进果实着色,测定可溶性固形物(TSS>5.85%)、糖酸比(SAR>12.7)以指导采收。灌溉设备采用水肥一体化滴灌系统,滴头流量2L/h,流量计控制精度$0.001m^3$,实时采集椰糠含水量、EC值、pH值数据,联动灌溉系统自动调控。

8.5 本章小结

本章主要从基质栽培番茄营养液灌溉模式入手,分析了不同灌溉下限和营养液浓度下番茄耗水过程,及其对基质栽培番茄产量、品质及水肥利用效率的影响,再通过数学分析方法综合评价得出节水高产优质高效的番茄基质栽培营养液精准调控模式。主要结论如下。

(1)耗水量与耗水模数。设施番茄的耗水量和耗水模数随生育期推进显著增加,成熟期达到峰值(2023年耗水模数45.19%~59.98%,2024年34.31%~44.07%),开花坐果期次之,苗期最小。在相同营养液浓度下,耗水量随灌水量增加呈先减后增的趋势,主要受温光条件差异影响。W3灌溉水平下成熟期耗水量最大,较W1和W2分别提升49.96%和20.95%。

(2)产量与水肥利用效率。灌溉下限和施肥量对番茄产量和水肥利用效率有极显著影响。在相同灌溉条件下,坐果数(FSN)和总产量(TY)随营养液浓度增加先增后减,F2处理下FSN和TY较F3分别提升5.79%和4.47%。W3F3处理下单果质量(SFQ)和总产量(TY)达最大值分别为119.23~119.40g、65.04~68.69t/hm^2,W3较W2处理增产幅度为4.74%~5.31%,但未达显著水平($P>0.05$)。WUE和IWUE在F2处理下最高分别为

32.29kg/m³ 和 29.24kg/m³，而 PFP 随水肥量增加显著降低，其中 W1F3 处理 PFP 最低，为 36.91~43.95kg/kg。

(3) 果实品质。灌溉下限和营养液浓度对番茄外观和营养品质有显著影响。F2 处理下横径、纵径和果径达最大值，而 W1 处理下可溶性固形物、糖酸比等品质指标最优。F2 处理较 F1 显著提升 TSS、SP、VC 等指标。高营养液浓度下，过量灌溉可能导致养分流失，抑制果实生长。

(4) 灌溉模式优化。基于节水、高效、高品质的目标，Critic 权重法显示产量（权重 0.35）、TSS（0.28）、WUE（0.22）和 PFP（0.15）为关键评价指标，Vikor 法归一化计算表明，W2F2 处理 Qi 值最低（综合效益最优），其产量、TSS、WUE 和 PFP 较传统模式提升的幅度分别为 18.5%、15.8%、29.7%。故确定 70%灌溉下限和 1.0 剂量营养液为最优水肥组合，推荐该地区基质栽培营养液灌溉模式为，苗期（定植后 0~30d），日均灌溉量 198mL/(d·株)，每日 2 次（8：00、18：00），单次灌溉时长 3min，营养液剂量 0.5 剂量，20d 左右起根据椰糠含水量调整灌溉量（持水量 70%~100%），维持温度 25~28℃，相对湿度 70%；开花坐果期（定植后 31~60d），日均灌溉量 400~600mL/(d·株)，每日 2 次（8：00、15：00），单次灌溉时长 8min，营养液剂量 1.0 剂量，每周检测椰糠 EC 值（1.5~2.8mS/cm）和 pH 值（5.3~5.8）；成熟采摘期（定植后 61d 至采收结束），日均灌溉量 600~700mL/(d·株)，每日 3 次（8：00、11：00、17：00），单次灌溉时长 8min，营养液剂量 1.0，定期修剪老叶、病叶，测定 TSS（>5.85%）和 SAR（>12.7）指导采收。该模式通过平衡水肥供应与代谢需求，实现产量-品质-资源效率的协同优化，为设施番茄精准化管理提供了理论支撑与技术范式。

主要英文缩写对照表

英文缩写	英文全称	中文名称
DAR	Daily accumulated solar radiation	日累计太阳辐射
ET_0	Reference crop water requirement	参考作物需水量
ET_C	Crop water requirement	作物需水量
G_s	Stomatal conductance	气孔导度
K_c	Crop coefficient	作物系数
K_s	Water stress coefficient	水分胁迫系数
LAI	Leaf area index	叶面积指数
LE	Latent heat flux	潜热通量
NSE	Nash-Sutcliffe efficiency coefficient	纳什效率系数
P_r	Photosynthetic rate	光合速率
Rs	Solarradiation	太阳辐射
RTE	Relative thermal effect	相对热效应
r_{st}	Stomatal resistance	气孔阻力
r_a	Aerodynamic resistance	空气动力学阻力
r_c	Canopy resistance	冠层阻力
T_r	Daily Transpiration	日蒸腾量
T_L	Sunlit leaf layer transpiration	阳叶层蒸腾量
T_S	Shaded leaf layer transpiration	阴叶层蒸腾量
VPD	Vaporpressure deficit	水汽压差
WUE	Water useefficiency	水分利用效率

参考文献

蔡苗，张荣，吕爽，等，2020. 水肥一体肥料减施对日光温室番茄生长、产量及品质的影响. 北方园艺（3）：48-53.

蔡祖聪，2019. 我国设施栽培养分管理中待解的科学和技术问题. 土壤学报，56（1）：36-43.

陈士旺，李莉，杨成飞，等，2019. 基于基质含水率的作物蒸腾量估算与预测模型研究. 农业机械学报，50（S1）：187-194.

陈新明，蔡焕杰，李红星，等，2007. 温室大棚内作物蒸发蒸腾量计算. 应用生态学报，18（2）：317-321.

崔宁博，杜太生，李忠亭，等，2009. 不同生育期调亏灌溉对温室梨枣品质的影响. 农业工程学报，25（7）：32-38.

崔秀敏，王秀峰，2004. 基质供水状况对番茄穴盘苗碳氮代谢及生长发育的影响. 园艺学报（4）：477-481.

丁日升，康绍忠，张彦群，等，2014. 干旱内陆区玉米田水热通量多层模型研究. 水利学报，45（1）：27-35.

杜清洁，李建明，潘铜华，等，2015. 滴灌条件下水肥耦合对番茄产量及综合品质的影响. 干旱地区农业研究，33（3）：10-17.

杜少平，唐超男，马忠明，等，2023. 营养液 EC 值及滴灌频率对日光温室耶糠基质栽培西瓜生长及品质的影响. 果树学报，40（9）：1932-1942.

冯禹，崔宁博，龚道枝，等，2016. 基于叶面积指数改进双作物系数法估算旱作玉米蒸散. 农业工程学报，32（9）：90-98.

付诗宁，魏新光，郑思宇，等，2021. 滴灌水肥一体化对温室葡萄生理特性及水肥利用效率的影响．农业工程学报，37（23）：61-72．

高子星，马雪强，王君正，等，2022．水肥耦合对越冬基质栽培辣椒产量、品质和水分利用效率的影响．中国农业大学学报，27（1）：96-108．

龚成胜，王述彬，刘金兵，等，2024．瓜果类蔬菜代谢组学研究进展．中国蔬菜（3）：23-31．

龚雪文，刘浩，孙景生，等，2017．日光温室番茄不同空间尺度蒸散量变化及主控因子分析．农业工程学报，33（8）：166-175．

龚雪文，孙景生，刘浩，等，2015．基于20 cm蒸发皿蒸发量制定的华北地区温室黄瓜滴灌灌水制度．应用生态学报，26（11）：3381-3388．

葛建坤，2017．大棚作物需水量及环境调控技术研究与应用［M］．北京：科学出版社．

郭文靖，严腾宇，王宗抗，等，2025．利用海藻肥缓解植物水分胁迫研究进展．应用生态学报，36（3）：1-20．

郭文忠，陈青云，高丽红，等，2005．设施蔬菜生产节水灌溉制度研究现状及发展趋势．农业工程学报（S2）：24-27．

郭嫣，2024．不同种质番茄对盐碱土壤的响应差异研究［D］．南京：南京信息工程大学．

康绍忠，蔡焕杰，2002．作物根系分区交替灌溉和调亏灌溉的理论与实践［M］．北京：中国农业出版社．

韩广泉，刘慧英，徐巍，等，2013．灌溉施肥技术对温室辣椒干物质积累及叶片光合特性的影响．北方园艺（21）：48-52．

何立中，丁小涛，金海军，等，2021．商品岩棉条和椰糠条对黄瓜生长、光合、产量和品质的影响．中国蔬菜（10）：91-96．

洪晓微，2024．椰糠基质栽培对番茄生长和产质量的影响．现代农业科技（20）：42-44．

霍再林，史海滨，陈亚新，等，2004．参考作物潜在蒸散量的人工神经网络模型研究．农业工程学报（1）：40-43．

李建明，樊翔宇，闫芳芳，等，2017．基于蒸腾模型决策的灌溉量对甜瓜产量及品质的影响．农业工程学报，33（21）：156-162．

李莉，李伟，耿磊，等，2022. 基于RF-GRU的温室番茄结果前期蒸腾量预测方法. 农业机械学报，53（3）：368-376.

李瑞红，张维谊，韩奕奕，2021. 无土栽培发展现状及前景展望. 四川农业科技（9）：76-79.

李舜伟，王世琛，王龙，等，2023. 不同浓度营养液对黄瓜壮苗效果的影响. 浙江农业科学，64（10）：2403-2408.

李银坤，郭文忠，薛绪掌，等，2017. 不同灌溉施肥模式对温室番茄产量、品质及水肥利用的影响. 中国农业科学，50（19）：3757-3765.

李玉祥，解双喜，刘扬，等，2018. 营养液浓度对水稻机插水培毯状苗秧苗素质及产量的影响. 农业工程学报，34（24）：201-209.

李元薇，杨恒山，葛选良，等，2024. 浅埋滴灌水肥一体化下氮肥减施对玉米花后光合特性和碳代谢的影响. 玉米科学，32（8）：1-19.

李宗阳，赵璐，邢立文，等，2023. 猕猴桃树液流变化特征及对环境因子的响应. 灌溉排水学报，42（11）：11-18.

李国辉，周驰燕，郭保卫，等，2019. 水稻蔗糖韧皮部装载及其与产量形成的关系［J］. 植物生理学报，55（7）：891-901.

LI X，ULFAT A，SHOKAT S，等，2019. 叶片和刺突中碳水化合物代谢酶对CO_2的响应小麦海拔和氮肥施肥及其与籽粒产量的关系. Environmental and Experimental Botany，164：149-156.

刘聪，宫彬彬，高洪波，等，2022. 基于蒸发皿蒸发量的椰糠盆栽番茄适宜灌溉量估算与试验. 农业工程学报，38（11）：117-124.

刘浩，段爱旺，孙景生，等，2011. 基于Penman-Monteith方程的日光温室番茄蒸腾量估算模型. 农业工程学报，27（9）：208-213.

刘浩，孙景生，段爱旺，等，2009. 基于AutoCAD软件确定番茄与青椒叶面积的简易方法. 中国农学通报，25（5）：287-293.

刘浩，孙景生，段爱旺，等，2010. 温室滴灌条件下番茄植株茎流变化规律试验. 农业工程学报，26（10）：77-82.

刘浩，孙景生，王聪聪，等，2011. 温室番茄需水特性及影响因素分析. 节水灌溉（4）：11-14.

刘明池，张慎好，刘向莉，等，2005. 亏缺灌溉时期对番茄果实品质和产量的影响. 农业工程学报（S2）：92-95.

刘蕊，杨素芬，谷利敏，等，2024. 有机生态型无土栽培基质重复利用研究概述. 中国瓜菜，37（1）：1-10.

刘伟，余宏军，蒋卫杰，等，2006. 我国蔬菜无土栽培基质研究与应用进展. 中国生态农业学报（3）：4-7.

刘小刚，孙光照，彭有亮，等，2019. 水肥耦合对芒果光合特性和产量及水肥利用的影响. 农业工程学报，35（16）：125-133.

刘战东，段爱旺，高阳，等，2008. 河南新乡地区冬小麦叶面积指数的动态模型研究. 麦类作物学报（4）：680-685.

陆红娜，康绍忠，杜太生，等，2018. 农业绿色高效节水研究现状与未来发展趋势. 农学学报，8（1）：155-162.

罗慧，李伏生，2021. 滴灌施氮对番茄氮代谢及水氮利用的影响. 节水灌溉（9）：90-94.

罗慧，李伏生，2022. 番茄滴灌水氮耦合效应与模式研究. 中国农学通报，38（3）：30-36.

罗卫红，汪小㫖，戴剑峰，等，2004. 南方现代化温室黄瓜冬季蒸腾测量与模拟研究. 植物生态学报（1）：59-65.

罗新兰，王淼，佟国红，等，2019. 北方寒区日光温室冬季基质袋培番茄蒸腾量模拟. 干旱地区农业研究，37（4）：43-50，65.

孟鑫，吕剑，罗石磊，等，2021. 不同营养液浓度对日光温室番茄果实品质的影响. 中国蔬菜（10）：85-90.

倪纪恒，毛罕平，马万征，2011. 不同营养液浓度对温室黄瓜叶片光合特性的影响. 农业工程学报，27（10）：277-281.

彭丹丹，陈大刚，徐开未，等，2023. 椰糠复合基质对猕猴桃砧木幼苗生长及根系特征的影响. 浙江农业学报，35（10）：2364-2377.

邱让建，杨再强，景元书，等，2018. 轮作稻麦田水热通量及影响因素分析. 农业工程学报，34（17）：82-88.

任毛飞，毛桂玲，刘善振，等，2023. 光质对植物生长发育、光合作用和碳氮代谢的影响研究进展. 植物生理学报，59（7）：1211-1228.

阮新民，施伏芝，从夕汉，等，2015. 氮高效利用水稻碳氮代谢物含量的变化特征．作物杂志（6）：76-83.

邵光成，刘娜，陈磊，等，2008．温室辣椒时空亏缺灌溉需水特性与产量的试验．农业机械学报（4）：117-121.

隋明浩，张天柱，2015．规模化黄瓜无土栽培结果期椰糠营养液配方的优化．北方园艺（18）：63-66.

孙锦，李谦盛，岳冬，等，2022．国内外无土栽培技术研究现状与应用前景．南京农业大学学报，45（5）：898-915.

万书勤，闫振坤，康跃虎，等，2019．温室滴灌土壤基质势调控对番茄生长、品质和耗水的影响．灌溉排水学报，38（7）：1-9.

汪小昱，罗卫红，丁为民，等，2002．南方现代化温室黄瓜夏季蒸腾研究．中国农业科学（11）：1390-1395.

王峰，杜太生，邱让建，2011．基于品质主成分分析的温室番茄亏缺灌溉制度．农业工程学报，27（1）：75-80.

王佳佳，杨兵丽，2020．日光温室樱桃番茄越冬茬椰糠栽培高效模式研究．现代农业科技（21）：76-78.

王军伟，黄科，董月霞，等，2020．氮钾互作对番茄叶片碳氮代谢及产量和品质的影响．中国蔬菜（9）：41-49.

王柳，丁小明，李恺，等，2021．椰糠条栽培番茄的蒸腾反馈智能灌溉系统研制．农业工程学报，37（8）：133-142.

王全九，刘云鹤，苏李君，等，2020．基于单参数 Logistic 的典型作物相对叶面积指数模型研究．农业机械学报，51（7）：210-219.

王斯婷，李晓娜，王皎，等，2010．代谢组学及其分析技术．药物分析杂志，30（9）：1792-1799.

王孝娣，张艺灿，王莹莹，等，2022．桃无土栽培生产技术．中国果树（1）：82-88.

王信理，1986．在作物干物质积累的动态模拟中如何合理运用 Logistic 方程．农业气象（1）：14-19.

王秀康，杜常亮，邢金金，等，2017．基于水肥供应条件下温室番茄品质性状的主成分分析．分子植物育种，15（2）：698-704.

王之君，王志伟，黄磊，2024．椰糠型生态保育基质栽培对辣椒品质及产量的影响. 北方园艺（13）: 1-9.

韦泽秀, 梁银丽, 周茂娟, 等, 2010. 水肥组合对日光温室黄瓜叶片生长和产量的影响. 农业工程学报, 26（3）: 69-74.

文莲莲, 李岩, 张聊丘, 等, 2018. 冬季温室补光时长对番茄幼苗生长、光合特性及碳代谢的影响. 植物生理学报, 54（9）: 1490-1498.

吴崇义, 何强强, 王小锋, 等, 2023. 不同施肥方式对日光温室番茄产量、品质及肥料利用率的影响. 蔬菜（5）: 23-29.

吴勇, 张赓, 陈广锋, 等, 2021. 中国节水农业成效、形势机遇与展望. 中国农业资源与区划, 42（11）: 1-6.

向芬, 李维, 刘红艳, 等, 2019. 氮素水平对茶树叶片氮代谢关键酶活性及非结构性碳水化合物的影响. 生态学报, 39（24）: 9052-9057.

徐立鸿, 肖康俊, 蔚瑞华, 等, 2020. 基于温室环境和作物生长的番茄基质栽培灌溉模型. 农业工程学报, 36（10）: 189-196.

许金香, 高丽红, 2005. 日光温室不同栽培茬口番茄需水量初探. 中国农学通报（5）: 308-312.

闫浩芳, 赵宝山, 张川, 等, 2019. Penman-Monteith 模型模拟 Venlo 型温室黄瓜植株蒸腾. 农业工程学报, 35（8）: 149-157.

杨子汉, 2024. 椰糠潜力巨大的天然有机栽培基质. 中国花卉园艺（9）: 16-20.

姚勇哲, 李建明, 张荣, 等, 2012. 温室番茄蒸腾量与其影响因子的相关分析及模型模拟. 应用生态学报, 23（7）: 1869-1874.

于晓波, 安建刚, 梁建秋, 等, 2024. 荫蔽及复光对大豆叶片光合性能和碳代谢的影响. 西南农业学报, 37（7）: 1471-1479.

张宝忠, 许迪, 刘钰, 等, 2015. 多尺度蒸散发估测与时空尺度拓展方法研究进展. 农业工程学报, 31（6）: 8-16.

张大龙, 常毅博, 李建明, 等, 2014. 大棚甜瓜蒸腾规律及其影响因子. 生态学报, 34（4）: 953-962.

张福锁, 王激清, 张卫峰, 等, 2008. 中国主要粮食作物肥料利用率现状与提高途径. 土壤学报（5）: 915-924.

张嘉伟, 王蓓, 王东升, 等, 2022. 不同原料配比对尾菜气流膜堆肥效率和品质的影响.生态与农村环境学报,38(12):1613-1620.

张露,陈书融,吴龙龙,等,2022.减施氮肥和增氧灌溉对水稻氮代谢关键酶活性及氮素利用的影响.农业工程学报,38(9):81-90.

张明方,李志凌,2002.高等植物中与蔗糖代谢相关的酶.植物生理学通讯(3):289-295.

张效星,樊毅,贾悦,等,2018.水分亏缺对滴灌柑橘光合和产量及水分利用效率的影响.农业工程学报,34(3):143-150.

张彦群,康绍忠,丁日升,等,2013.西北旱区葡萄园水碳通量耦合模拟.水利学报,44(S1):40-50,56.

张友贤,冯成,方小宇,等,2014.日光温室滴灌条件下番茄需水规律研究.节水灌溉(8):16-18.

张玉凤,董亮,刘兆辉,等,2010.不同肥料用量和配比对西瓜产量、品质及养分吸收的影响.中国生态农业学报,18(4):765-769.

张玉静,张铖锋,栗国栋,等,2024.铁锌硒配施对番茄生长、果实抗氧化能力和糖代谢的影响.中国土壤与肥料(8):154-162.

张作合,周利军,李浩宇,等,2024.节水灌溉减氮配施生物炭对水稻光合特性与水氮利用的影响.农业机械学报,55(7):386-395,438.

赵佳冰,杜常健,马长明,等,2020.板栗"燕山早丰"幼苗光合与碳氮代谢对干旱胁迫的响应.应用生态学报,31(11):3674-3680.

郑思宇,王铁良,魏新光,等,2020.东北日光温室葡萄园水热通量特征及其对气象因子的响应.干旱地区农业研究,38(4):200-206.

周道明,孙涛,赵玉红,等,2023.基于品质、产量与水肥利用效率的基质栽培辣椒水肥管理优化.中国农业科学,56(12):2354-2366.

ALLAN R G, PEREIRA L S, RAES D, et al., 1998. Crop evapotranspiration: guidelines for computing crop water requirements-FAO Irrigation and drainage, FAO, 56.

ALLEN R G, PRUITT W O, WRIGHT J L, et al., 2006. A recommendation on standardized surface resistance for hourly calculation of reference ETo by the FAO56 Penman-Monteith method. Agricultural Water Management, 81(1-2): 1-22.

ASAO T, ASADUZZAMAN M, MONDAL M, et al., 2013. Impact of reduced potassium nitrate concentrations in nutrient solution on the growth, yield and fruit quality of melon in hydroponics. Scientia Horticulturae, 164: 221-231.

BAI J H, LIU J H, ZHANG N, et al., 2013. Effect of alkali stress on soluble sugar, antioxidant enzymes and yield of oat. Journal of Integrative Agriculture, 12 (8): 1441-1449.

BAILEY B J, MONTERO J I, BIEL C, et al., 1993. Transpiration of *Ficus benjamina*: comparison of measurements with predictions of the Penman-Monteith model and a simplified version. Agricultural and Forest Meteorology, 65 (3): 229-243.

BOULARD T, WANG S, 2000. Greenhouse crop transpiration model from external climate conditions. Agricultural and Forest Meteorology, 100 (1): 25-34.

CARUSO G, VILLARI G, MELCHIONNA G, et al., 2011. Effects of cultural cycles and nutrient solutions on plant growth, yield and fruit quality of alpine strawberry (*Fragaria vesca* L.) grown in hydroponics. Scientia Horticulturae, 129 (3): 479-485.

CASTRO C, MANETTI C, 2007. A multiway approach to analyze metabonomic data: a study of maize seeds development. Analytical Biochemistry, 371 (2): 194-200.

CHEN J M, LIU J, CIHLAR J, et al., 1999. Daily canopy photosynthesis model through temporal and spatial scaling for remote sensing applications. Ecological Modelling, 124 (2-3): 99-119.

CHEN J, LIU W Y, ZHANG X, et al., 2023. Exogenous hydrogen sulphide alleviates nodule senescence in Glycine max: *Sinorhizobium fredii* symbiotic system. Plant and Soil, 488 (1-2): 603-623.

COWAN I R, 1982. Regulation of water use in relation to carbon gain in higher plants. Encyclopedia of Plant Physiology [J].

DING R, KANG S, ZHANG Y, et al., 2013. Partitioning evapotranspiration into soil evaporation and transpiration using a modified dual crop coefficient model in irrigated maize field with ground-mulching. Agricultural Water Management, 127: 85-96.

DU Y D, CAO H, LIU S Q, et al., 2017. Response of yield, quality, water and nitrogen use efficiency of tomato to different levels of water and nitrogen under drip irrigation in Northwestern China. Journal of Integrative Agriculture, 16 (5): 1153-1161.

FEDOROVA K, KAYUMOV A, WOYDA K, et al., 2013. Transcription factor TnrA inhibits the biosynthetic activity of glutamine synthetase in Bacillus subtilis. FEBS Letters, 587 (9): 1293-1298.

FERNANDES C, CORÁ J E, ARAÚJO J AC, et al., 2003. Reference evapotranspiration estimation inside greenhouses. Scientia Agricola, 60 (3): 591-594.

FERNÁNDEZ M D, BONACHELA S, ORGAZ F, et al., 2010. Measurement and estimation of plastic greenhouse reference evapotranspiration in a Mediterranean climate. Irrigation Science, 28 (6): 497-509.

FERNÁNDEZ M D, BONACHELA S, ORGAZ F, et al., 2011. Erratum to: measurement and estimation of plastic greenhouse reference evapotranspiration in a mediterranean climate. Irrigation Science, 29 (1): 91-92.

GAO Z, HE J, DONGK, et al., 2016. Sensitivity study of reference crop evapotranspiration during growing season in the West Liao River basin, China. Theoretical and Applied Climatology, 124 (3-4): 865-881.

GE M, CHEN G, HONG J, et al., 2012. Screening for formulas of complex substrates for seedling cultivation of tomato and marrow squash. Procedia Environmental Sciences, 16: 606-615.

GONG X W, GE J K, LI Y B, et al., 2020. Evaluation of the dual source model to simulate transpiration and evaporation of tomato plants cultivated in a solar greenhouse. European Journal of Horticultural Science, 85 (5): 362-371.

GROAT R G, VANCE C P, 1981. Root nodule enzymes of ammonia assimilation in alfalfa (*Medicago sativa* L.): developmental patterns and response to applied nitrogen. Plant Physiology, 67 (6): 1198-1203.

HAO L, AI W D, FU S L, et al., 2013. Drip irrigation scheduling for tomato grown in solar greenhouse based on pan evaporation in North China Plain. Journal of Integrative Agriculture, 12 (3): 520-531.

HEILMAN J L, MCINNES K J, SAVAGE M J, et al., 1994. Soil and canopy energy balances in a west Texas vineyard. Agricultural and Forest Meteorology, 71 (1): 99-114.

HUANG Y W, NIE Y X, WAN Y Y, et al., 2013. Exogenous glucose regulates activities of antioxidant enzyme, soluble acid invertase and neutral invertase and alleviates dehydration stress of cucumber seedlings. Scientia Horticulturae, 162: 20-30.

JARVIS P G, 1976. The interpretation of the variations in leaf water potential and stomatal conductance found in canopies in the field. Philosophical Transactions of the Royal Society of London, 273 (927): 593-610.

JERCA I O, CIMPEANU S M, DUDU G, 2015. Research on the influence of substrate type and the amount and number of irrigations applied on the growth of tomatoes in the greenhouse. Agriculture and Agricultural Science Procedia, 6: 467-471.

JUAN X X, YU L Q, HUI S X, et al., 2012. Dynamic regulation of nitrogen and organic acid metabolism of cherry tomato fruit as affected by different nitrogen forms. Pedosphere, 22 (1): 67-78.

K A M, L KH A, A B A, et al., 2022. Study of the effect of mineral and organic substrates on the growth of rice *Oryza sativa* L. in hydroponics. Herald of science of S. Seifullin Kazakh agrotechnical university: Multidisciplinary, 1 (112): 269-278.

KANG Z, JIANG Z, LIU Z, et al., 2024. Optimal combination of substrate supply amount coupled with nutrient solution management program for cucumber planting [J]. Horticultural Plant Journal.

KAUR C, WALIA S, NAGAL S, et al., 2013. Functional quality and antioxidant composition of selected tomato (*Solanum lycopersicon* L.) cultivars grown in Northern India. LWT - Food Science and Technology, 50 (1): 139-145.

KUMAR R, SINGH S, BILGA P S, et al., Revealing the benefits of entropy weights method for multi-objective optimization in machining operations: a critical review. Journal of Materials Research and Technology, 10: 1471-1492.

LI Y, XIN G, WEI M, et al., 2017. Carbohydrate accumulation and sucrose metabolism responses in tomato seedling leaves when subjected to different light qualities. Scientia Horticulturae, 225: 490-497.

LIU B, CUI Y, LUO Y, et al., 2019. Energy partitioning and evapotranspiration over a rotated paddy field in Southern China. Agricultural and Forest Meteorology, 107626: 276-277.

LIU G, DU Q, LI J, 2017. Interactive effects of nitrate-ammonium ratios and temperatures on growth, photosynthesis, and nitrogen metabolism of tomato seedlings. Scientia Horticulturae, 214: 41-50.

LIU J, LYU M, XU X, et al., 2022. Exogenous sucrose promotes the growth of apple rootstocks under high nitrate supply by modulating carbon and nitrogen metabolism. Plant Physiology and Biochemistry, 192: 196-206.

LOUARN G, LECOEUR J, LEBONE, et al., 2007. A Three-dimensional statistical reconstruction model of grapevine (*Vitis vinifera*) simulating canopy structure variability within and between cultivar/training system Pairs. Annals of Botany, 101 (8): 1167-1184.

LU J, SHAO G, CUI J, et al., 2019. Yield, fruit quality and water use efficiency of tomato for processing under regulated deficit irrigation: a meta-analysis. Agricultural Water Management, 222: 301-312.

LU Y, ZHU H, 2022. The regulation of nutrient and flavor metabolism in tomato fruit. Vegetable Research, 2 (1): 1-14.

LUO H, LI F, 2018. Tomato yield, quality and water use efficiency under different drip fertigation strategies. Scientia Horticulturae, 235: 181-188.

LÓPEZ M, JOSEFA, GÁLVEZ, et al., 2017. Selecting vegetative/generative/dwarfing rootstocks for improving fruit yield and quality in water stressed sweet peppers. Scientia Horticulturae, 214: 9-17.

MAHAJAN G, SINGH K G, 2006. Response of greenhouse tomato to irrigation and fertigation. Agricultural Water Management, 84 (1): 202-206.

MICALLEF S A, HAN S, MARTINEZ L, 2022. Tomato cultivarnyagous fruit surface metabolite changes during ripening affect salmonella newport. Journal of Food Protection, 2022, 85 (11): 1604-1613.

MONTERO J I, ANTÓN A, MUÑOZ P, et al., 2001. Transpiration from geranium grown under high temperatures and low humidities in greenhouses. Agricultural and Forest Meteorology, 107 (4): 323-332.

MORILLE B, MIGEON C, BOURNET P E, et al., 2013. Is the Penman-Monteith model adapted to predict crop transpiration under greenhouse conditions: application to a New Guinea Impatiens crop. Scientia Horticulturae, 152: 80-91.

PATANÈ C, TRINGALI S, SORTINO O, 2011. Effects of deficit irrigation on biomass, yield, water productivity and fruit quality of processing tomato under semi-arid Mediterranean climate conditions. Scientia Horticulturae, 129 (4): 590-596.

PLETT D C, RANATHUNGE K, MELINO V J, et al., 2020. The intersection of nitrogen nutrition and water use in plants: new paths toward improved crop productivity. Journal of Experimental Botany, 71 (15): 4452-4468.

PUTRA P A, YULIANDO H, 2015. Soilless culture system to support water use efficiency and product quality: a review. Agriculture and Agricultural Science Procedia, 3: 283-288.

QIU R, KANG S, DU T, et al., 2013. Effect of convection on the Penman-Monteith model estimates of transpiration of hot pepper grown in solar greenhouse. Scientia Horticulturae, 160: 163-171.

QIU R, KANG S, LI F, et al., 2011. Energy partitioning and evapotranspiration of hot pepper grown in greenhouse with furrow and drip irrigation methods. Scientia Horticulturae, 129 (4): 790-797.

RANA G, KATERJI N, 2000. Measurement and estimation of actual evapotranspiration in the field under Mediterranean climate: a review. European Journal of Agronomy, 13 (2-3): 125-153.

ROUPHAEL Y, COLLAG, 2004. Modelling the transpiration of a greenhouse zucchini crop grown under a Mediterranean climate using the Penman – Monteith equation and its simplified version. Australian Journal of Agricultural Research, 55 (9): 931-937.

SCHRADER S, SAUTER J J, 2002. Seasonal changes of sucrose – phosphate synthase and sucrose synthase activities in poplar wood (*Populus* × *Canadensis* Moench 'robusta') and their possible role in carbohydrate metabolism, Journal of Plant Physiology, 159 (8): 833-843.

SHIRDEL M, ESHGHI S, SHAHSAVANDI F, et al., 2025. Arbuscular mycorrhiza inoculation mitigates the adverse effects of heat stress on yield and physiological responses in strawberry plants [J]. Plant Physiology and Biochemistry, 221: 109629.

SHUTTLEWORTH W J, WALLACE J S, 1985. Evaporation from sparse crops: an energy combination theory. Quarterly Journal of the Royal Meteorological Society, 111 (469): 839-855.

SON, JUNG E, SHIN, et al., 2014. Estimating the actual transpiration rate with compensated levels of accumulated radiation for the efficient irrigation of soilless cultures of paprika plants. Agricultural Water Management, 135: 9-18.

SUNG J, LEE S, LEE Y, et al., 2015. Metabolomic profiling from leaves and roots of tomato (*Solanum lycopersicum* L.) plants grown under nitrogen, phosphorus or potassium-deficient condition. Plant Science, 241: 55-64.

THOM A S, OLIVER H R, 1977. On Penman's equation for estimating regional evaporation. Quarterly Journal of the Royal Meteorological Society, 103 (436): 345-357.

TIAN J, HU Y Y, GAN X X, et al., 2013. Effects of increased night temperature on cellulose synthesis and the activity of sucrose metabolism enzymes in cotton fiber. Journal of Integrative Agriculture, 12 (6): 979-988.

TIE Q, HU H, TIANF, et al., 2017. Environmental and physiological controls on sap flow in a subhumid mountainous catchment in North China. Agricultural and Forest Meteorology, 240: 46-57.

URBANCZYK-WOCHNIAK E, FERNIE A R, 2005. Metabolic profiling reveals altered nitrogen nutrient regimes have diverse effects on the metabolism ofhydroponically-grown tomato (*Solanum lycopersicum*) plants. Journal of Experimental Botany, 56 (410): 309-321.

VILLARREAL-GUERRERO F, KACIRA M, FITZ-RODRÍGUEZ E, et al., 2012. Comparison of three evapotranspiration models for a greenhouse cooling strategy with natural ventilation and variable high pressure fogging. Scientia Horticulturae, 134 (none): 210-221.

WANG C, GU F, CHEN J, et al., 2015. Assessing the response of yield and comprehensive fruit quality of tomato grown in greenhouse to deficit irrigation and nitrogen application strategies. Agricultural Water Management, 161: 9-19.

WANG C, YANG Q, QING, et al., 2020. Unveiling a bimetallic FeCo-coupled MoS_2 composite for enhanced energy storage. Nanoscale, 12 (19): 10532-10542.

WANG F, KANG S, DU T, et al., 2011. Determination of comprehensive quality index for tomato and its response to different irrigation treatments. Agricultural Water Management, 98 (8): 1228-1238.

WANG H, XIANG Y, ZHANG F, et al., 2022. Responses of yield, quality and water-nitrogen use efficiency of greenhouse sweet pepper to different drip fertigation regimes in Northwest China [J]. Agricultural Water Management, 260: 107279.

WANG Y P, LEUNINGR, 1998. A two-leaf model for canopy conductance, photosynthesis and partitioning of available energy I. Agricultural and Forest Meteorology, 91 (1-2): 89-111.

WICHAPA N, CHOOMPOL A, SANGMUENMAO R, 2025. A novel full multiplicative data envelopment analysis model for solving Multi-Attribute Decision-Making problems [J]. Decision Analytics Journal, 14: 100549.

XING J, GRUDA N, XIONG J, et al., 2019. Influence of organic substrates on nutrient accumulation and proteome changes in tomato-roots. Scientia Horticulturae, 252: 192-200.

YAN C, ZHAO W, WANG Y, et al., 2017. Effects of forest evapotranspiration on soil water budget and energy flux partitioning in a subalpine valley of China. Agricultural and Forest Meteorology, 246: 207-217.

YAN H, ACQUAH S J, ZHANG J, et al., 2021. Overview of modelling techniques for greenhouse microclimate environment and evapotranspiration. International Journal of Agricultural and Biological Engineering, 14 (6): 1-8.

YANG X, 1995. Greenhouse micrometeorology and estimation of heat and water vapour fluxes. Journal of Agricultural Engineering Research, 61 (4): 227-238.

ZHANG B, XU D, LIU Y, et al., 2016. Multi-scale evapotranspiration of summer maize and the controlling meteorological factors in north China. Agricultural and Forest Meteorology, 216: 1-12.

ZHANG D, JIAO X, DU Q, et al., 2018. Reducing the excessive evaporative demand improved photosynthesis capacity at low costs of irrigation via regulating water driving force and moderating plant water stress of two tomato cultivars. Agricultural Water Management, 199: 22-33.

ZHAO P, KANG S, LI S, et al., 2018. Seasonal variations in vineyard ET partitioning and dual crop coefficients correlate with canopy development and surface soil moisture. Agricultural Water Management, 197: 19-33.

ZOTARELLI L, SCHOLBERG J M, DUKES M D, et al., 2009. Tomato yield, biomass accumulation, root distribution and irrigation water use efficiency on a sandy soil, as affected by nitrogen rate and irrigation scheduling. Agricultural Water Management, 96 (1): 23-34.

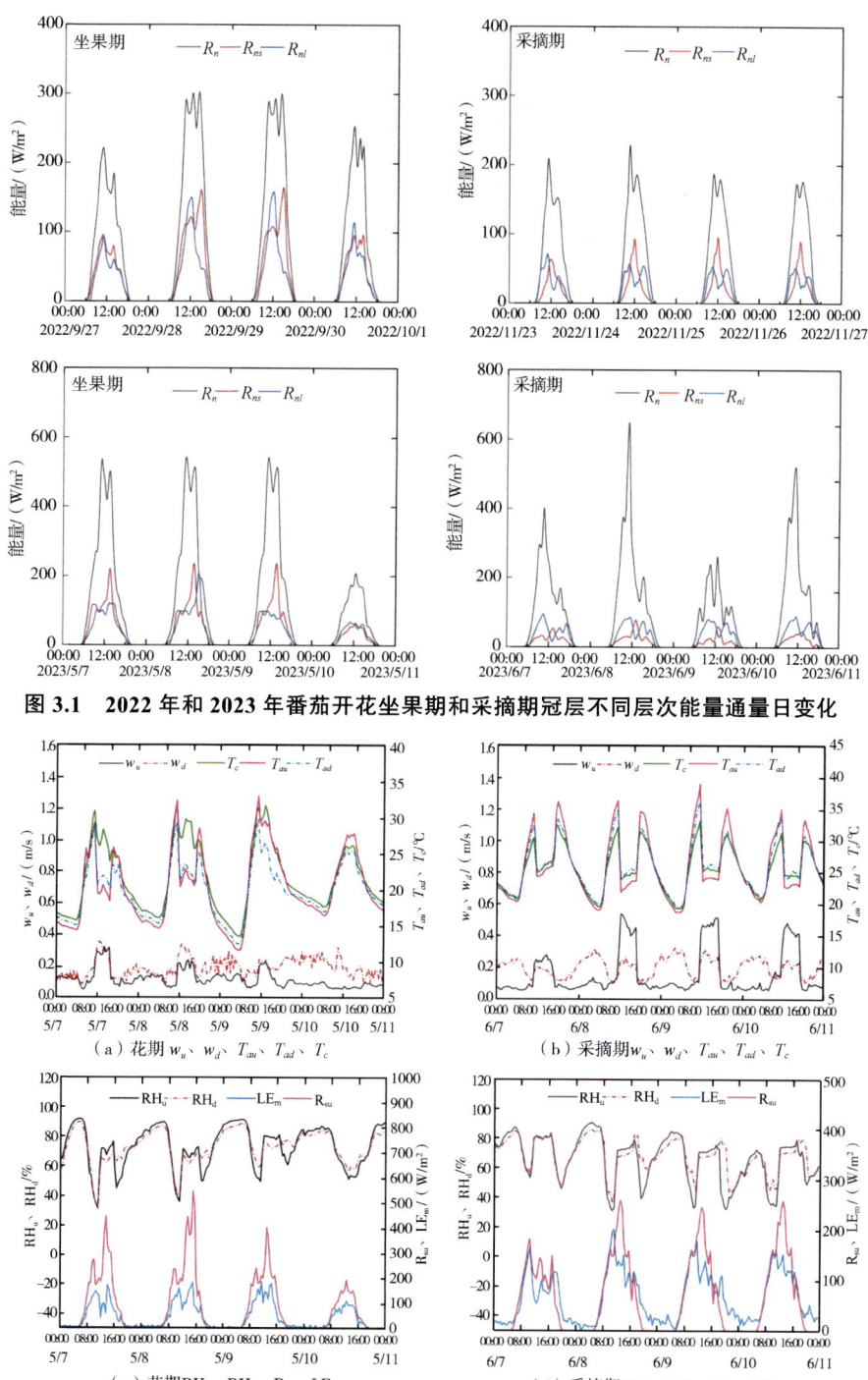

图 3.1 2022 年和 2023 年番茄开花坐果期和采摘期冠层不同层次能量通量日变化

图 3.2 花果期和采摘期不同冠层高度微环境因子和番茄耗水特征变化

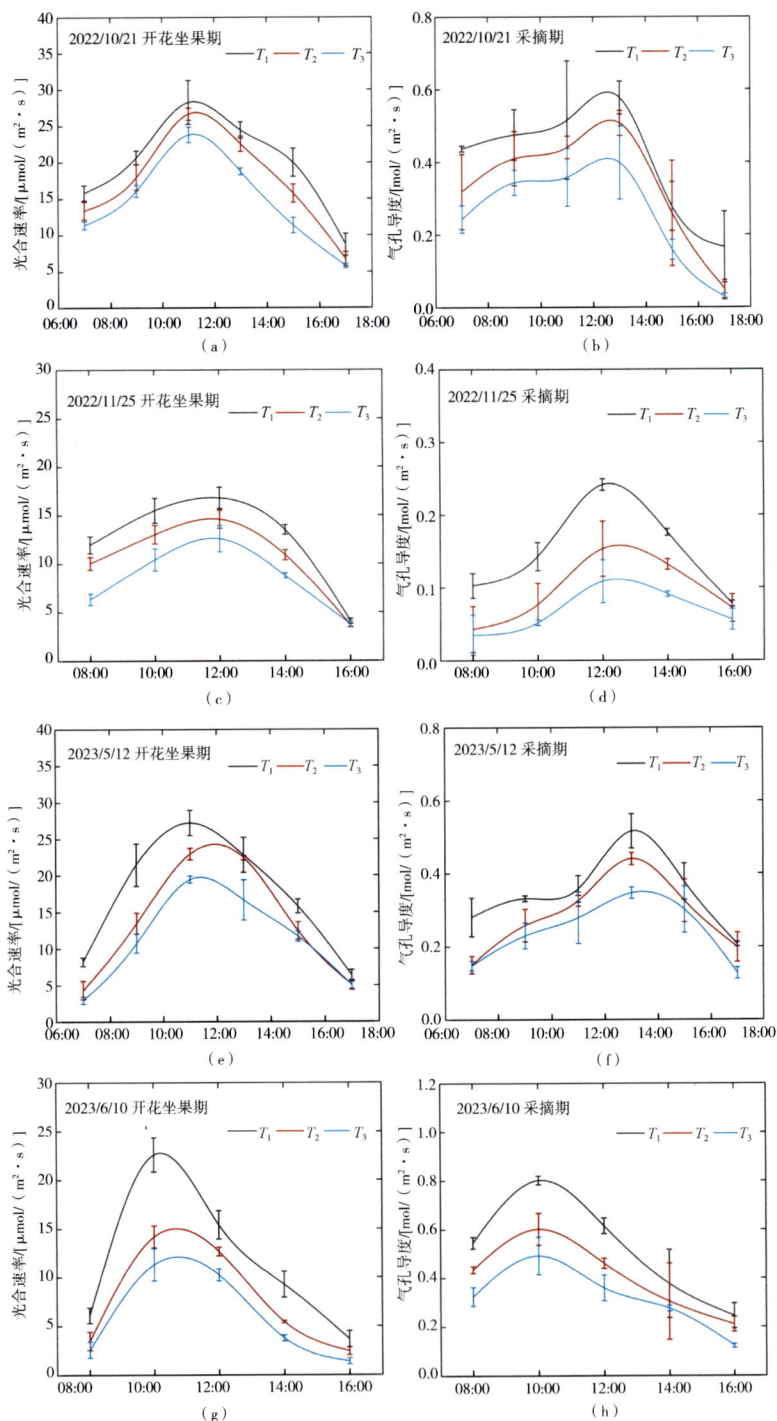

图 3.5 不同水分处理番茄叶片光合速率和气孔导度日变化

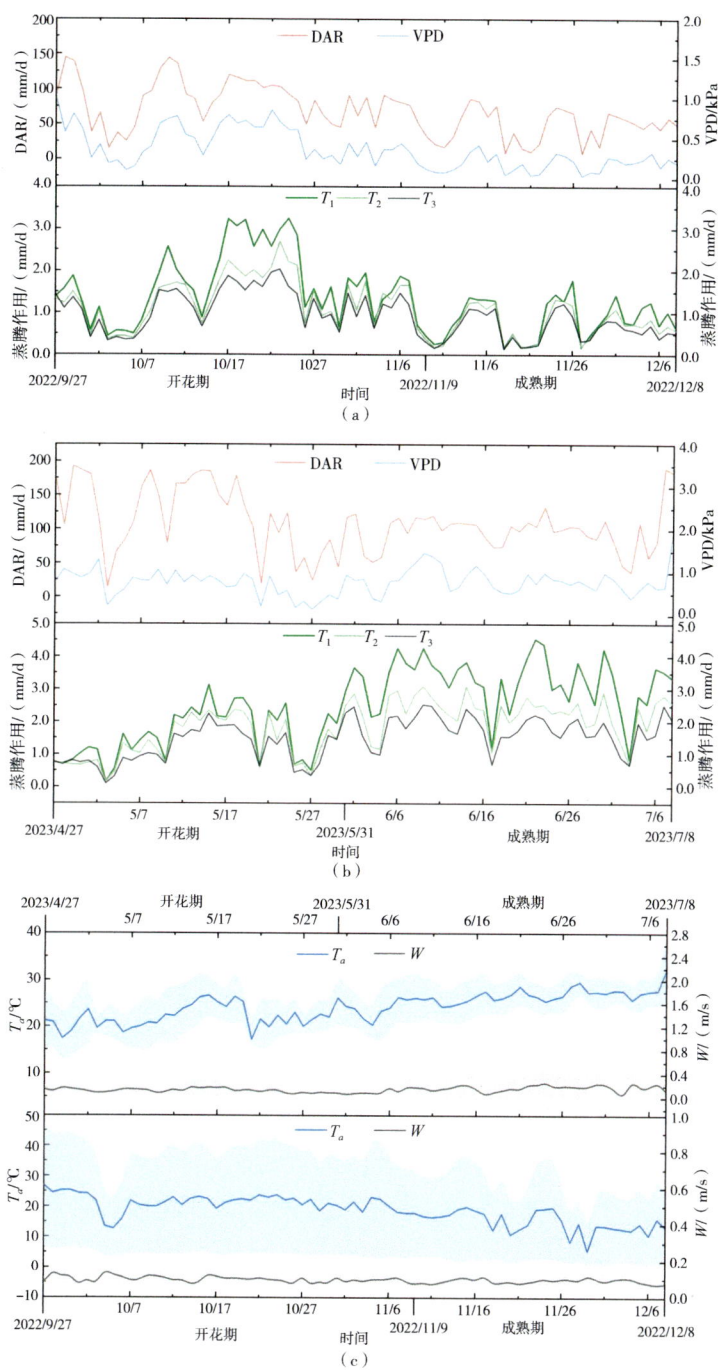

图 3.7 温室微环境因子及植株蒸腾季节变化

注：c中的蓝色和灰色区域代表空气温度和风速日变化的标准差。

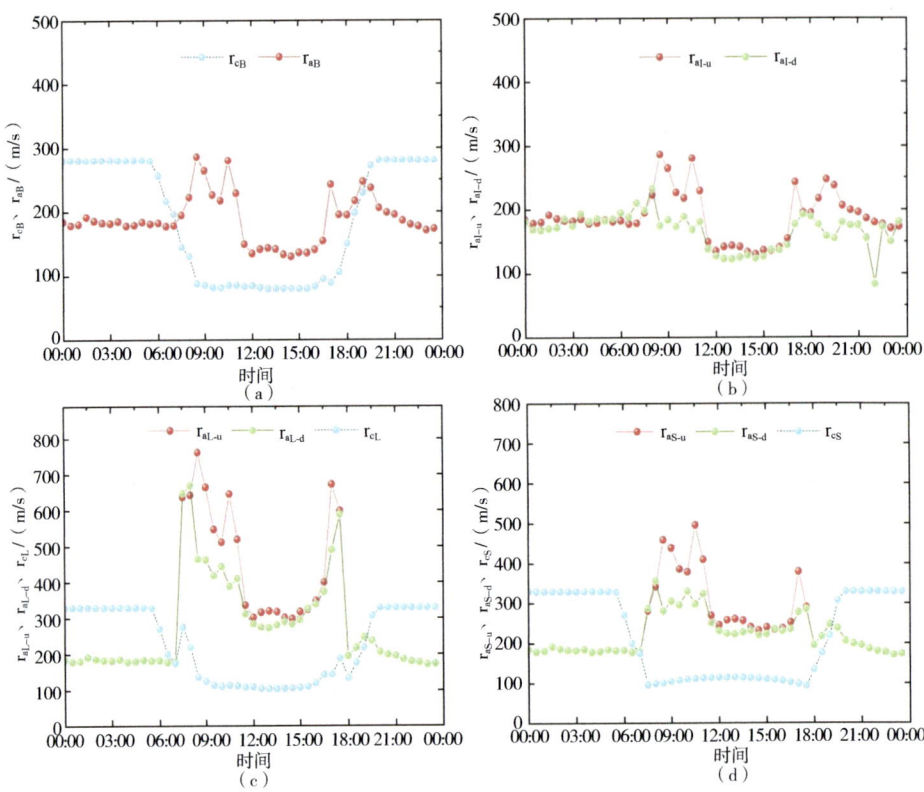

图 4.2　基于冠层不同位置气象数据计算的空气动力学阻力（r_a）及冠层阻力（r_c）日变化（2023 年 5 月 8 日）

注：图中 a 为 PMB 模型冠层阻力和空气动力学阻力；b 为 PMI 模型空气动力学阻力；c、d 分别为 PMT 模型阳叶层和阴叶层的冠层阻力及空气动力学阻力。

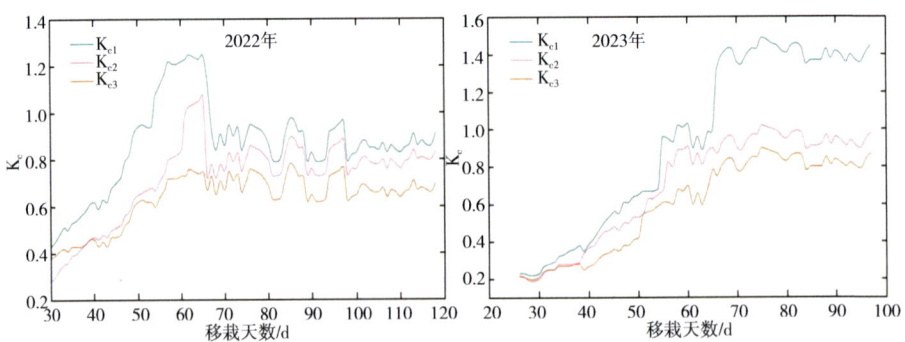

图 4.8　2022 年及 2023 年不同水分处理基质栽培番茄作物系数生育期变化

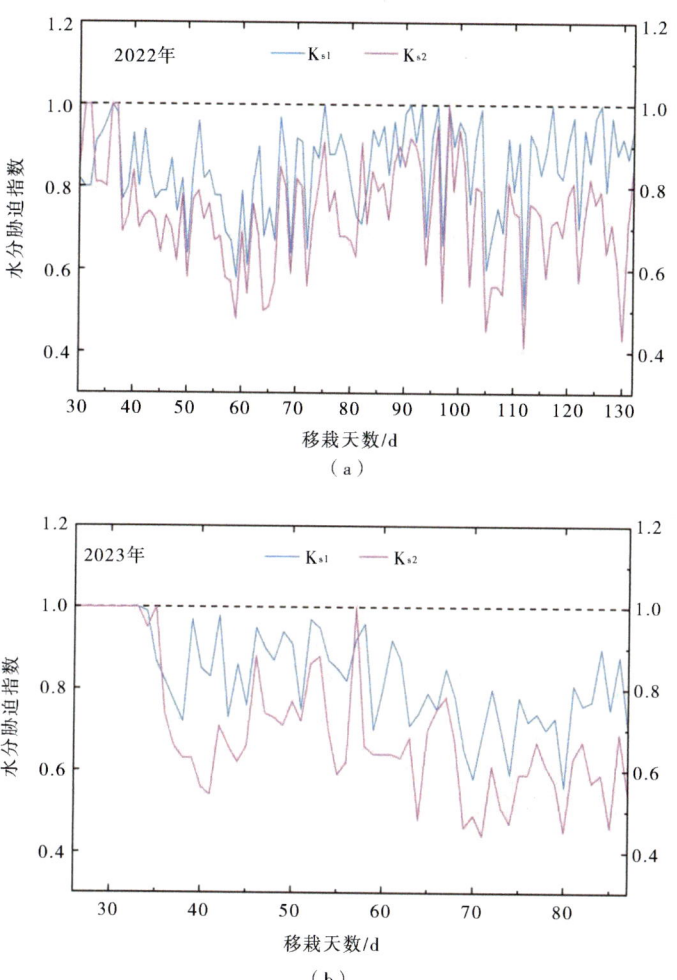

图 4.10 2022 年及 2023 年不同水分处理番茄水分胁迫系数随生育期的变化

注：K_{s1} 为 70% 基质持水量水分胁迫指数；K_{s2} 为 60% 基质持水量水分胁迫指数。

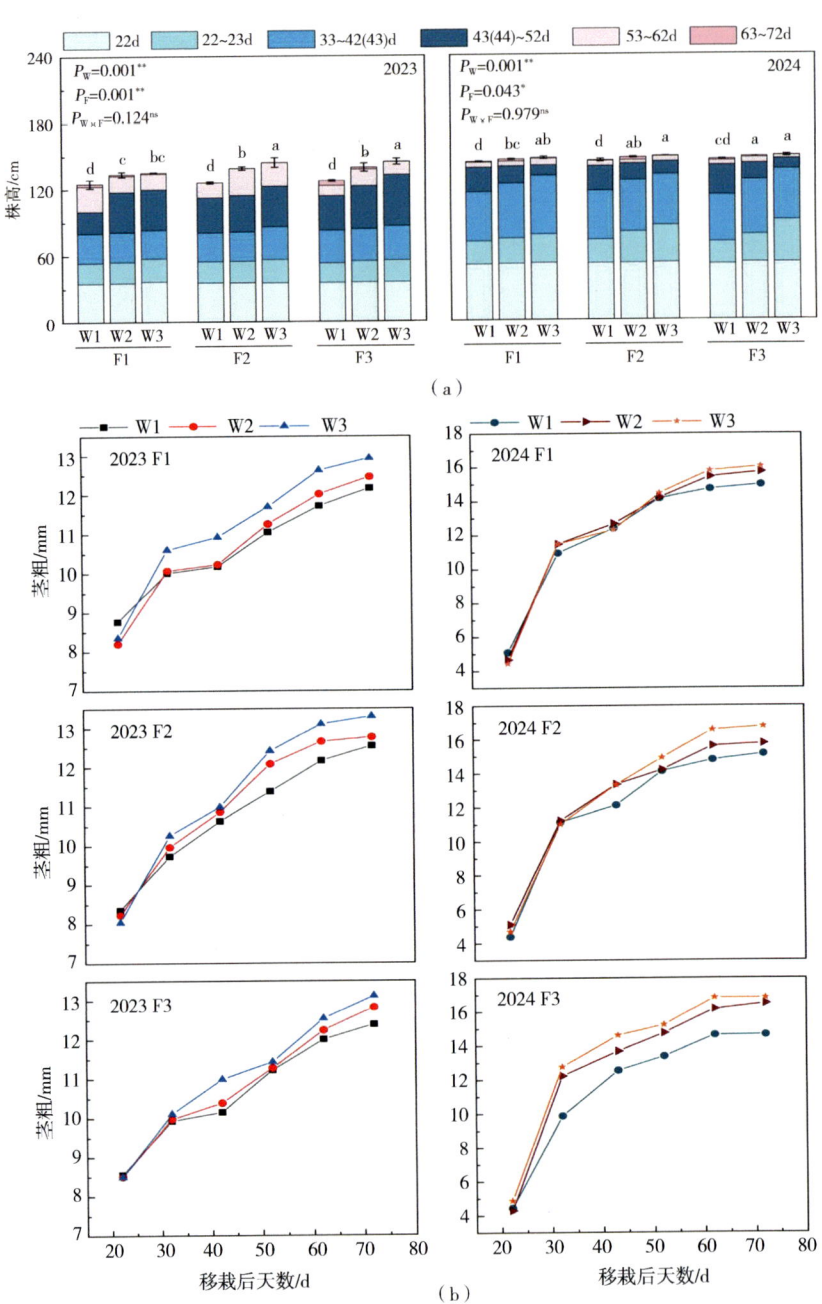

图 5.1 2023—2024 年不同灌溉下限和营养液浓度对椰糠栽培番茄株高和茎粗的动态变化

注：垂直杆代表标准误差（SE）；不同小写字母代表每个处理间在 $P<0.05$ 水平上差异显著；*和**分别表示在 0.05 和 0.01 水平上显著；ns 表示不显著，下同。F1 为营养液浓度为 0.8 剂量水平下；F2 为营养液浓度为 1.0 剂量水平下；F3 为营养液浓度为 1.2 剂量水平下。

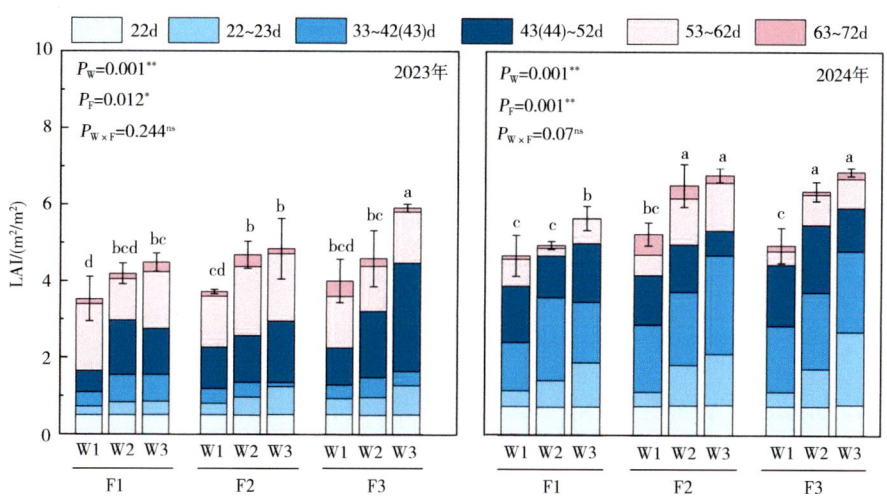

图 5.2 2023 年和 2024 年不同灌溉下限和营养液浓度对椰糠栽培番茄叶面积指数的影响

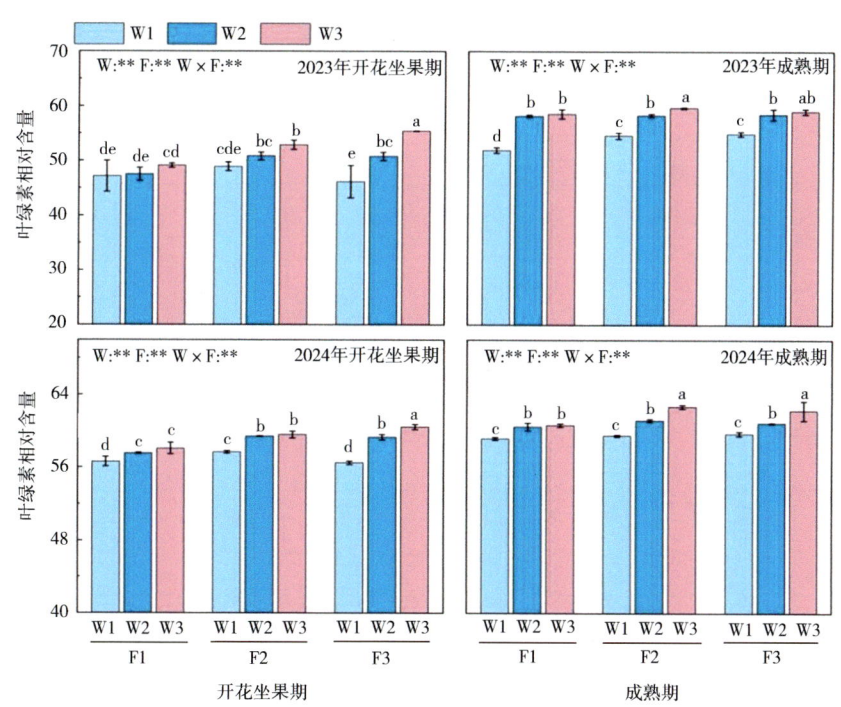

图 5.3 2023—2025 年不同灌溉下限和营养液浓度对椰糠栽培番茄叶绿素相对含量的影响

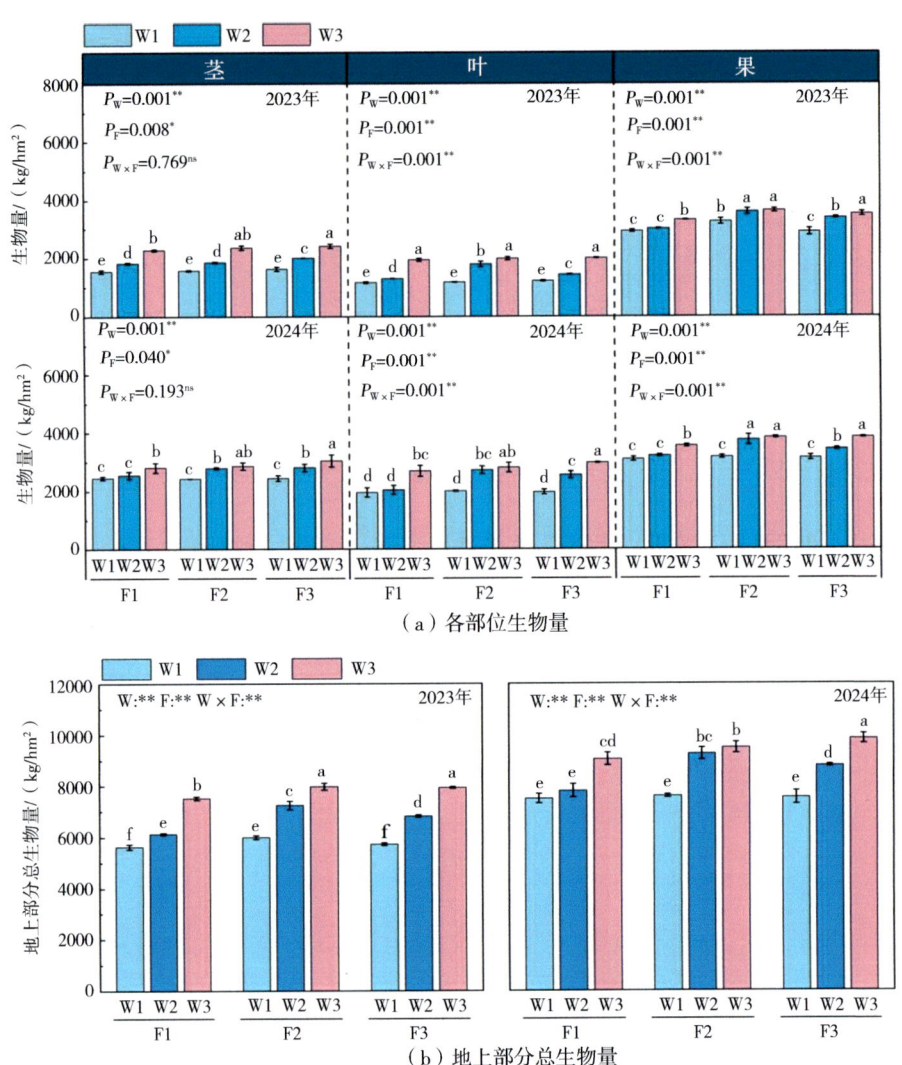

图 5.4 2023 年和 2024 年不同灌溉下限和营养液浓度对椰糠栽培番茄地上部生物量的影响

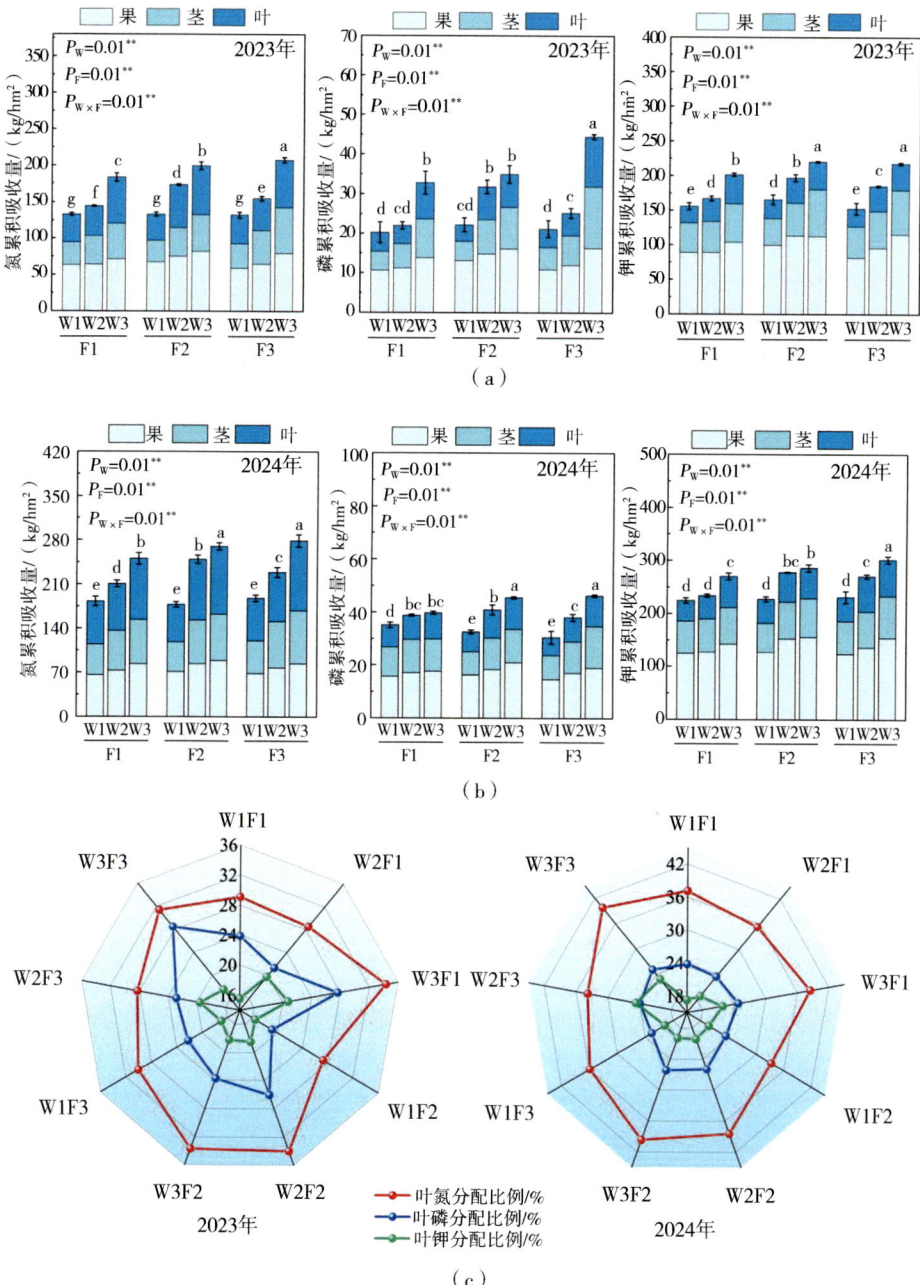

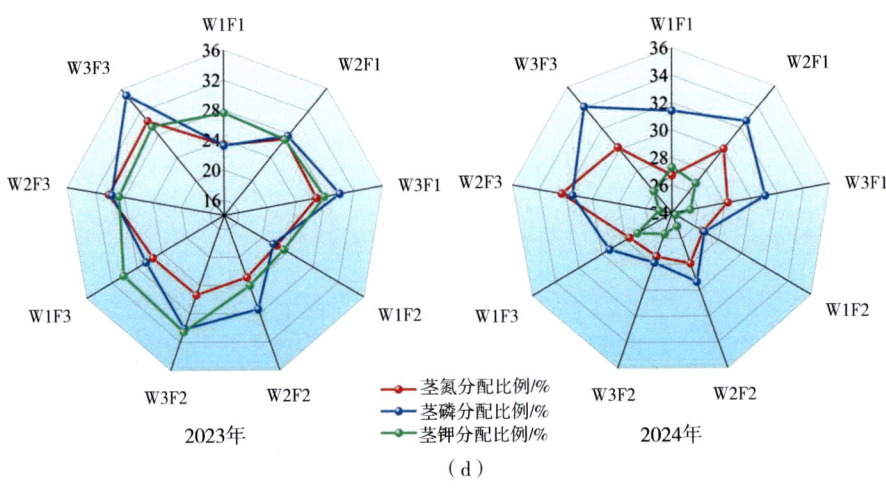

(d)

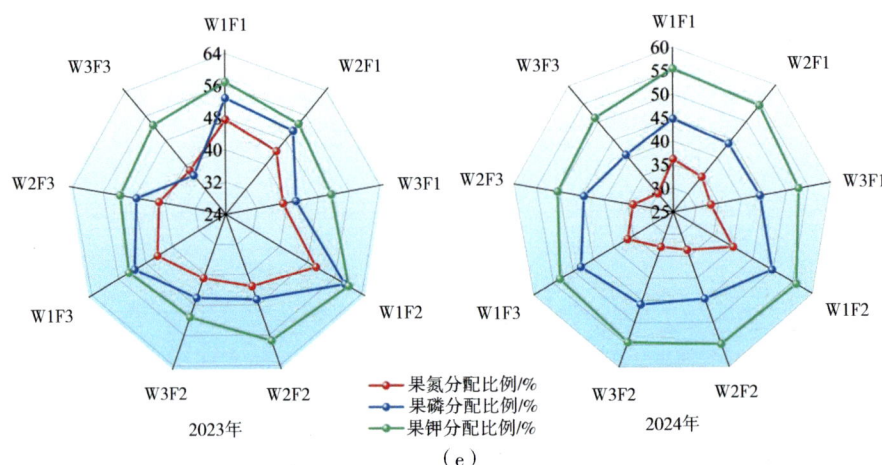

(e)

图 5.5　2023 年和 2024 年不同灌溉下限和营养液浓度对椰糠栽培番茄养分吸收和分配的影响

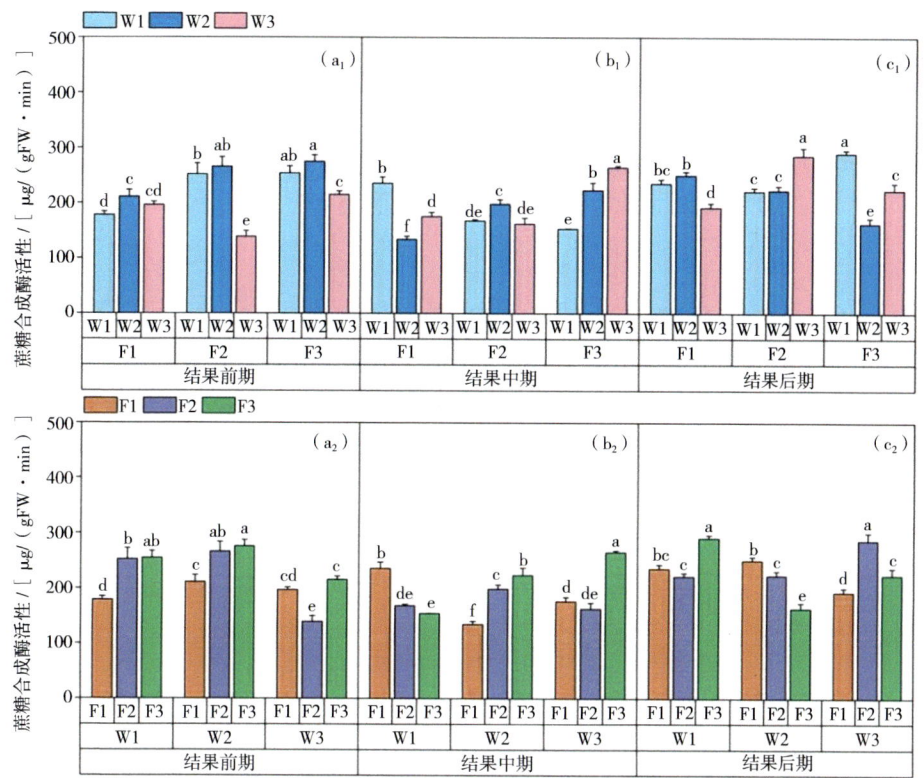

图 6.1 不同灌溉下限和营养液浓度对番茄叶片各生育期蔗糖合成酶活性的影响

注:a 为结果前期;b 为结果中期;c 为结果后期;1 为营养液浓度水平下;2 为灌溉下限水平下;下同。

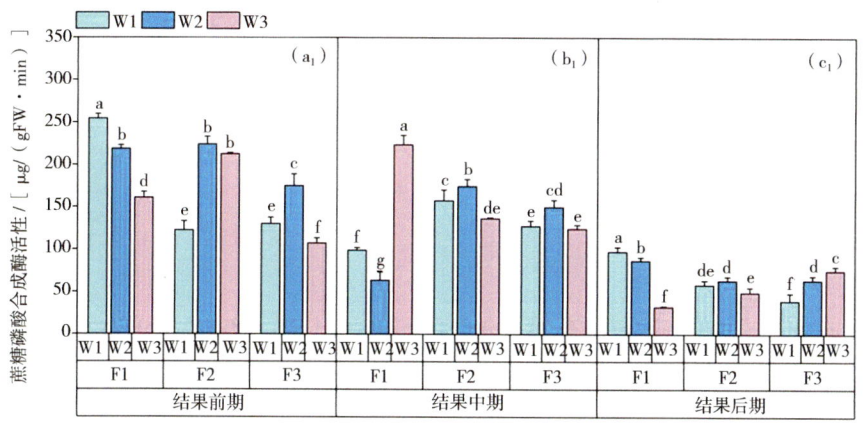

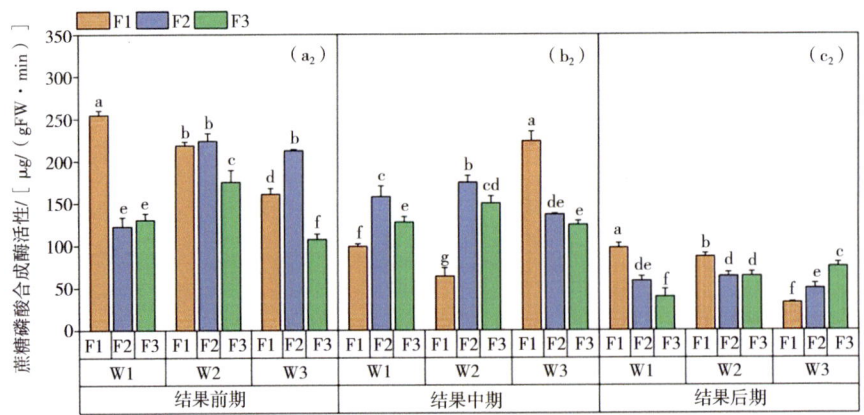

图 6.2　不同灌溉下限和营养液浓度对番茄叶片各生育期蔗糖磷酸合成酶活性影响

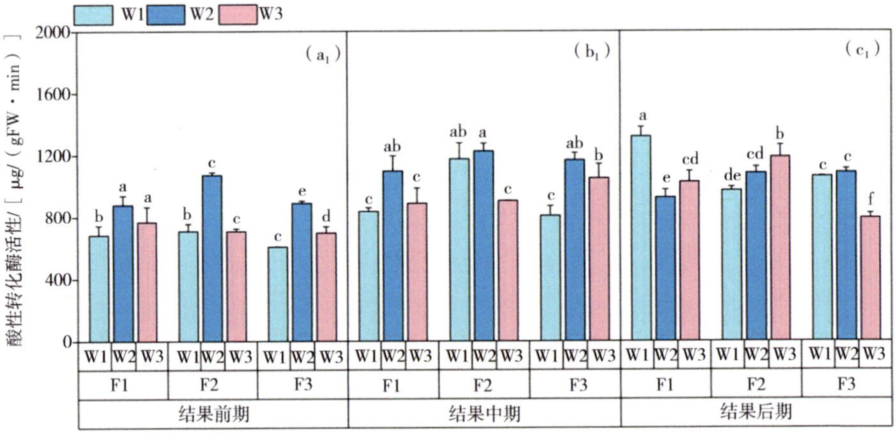

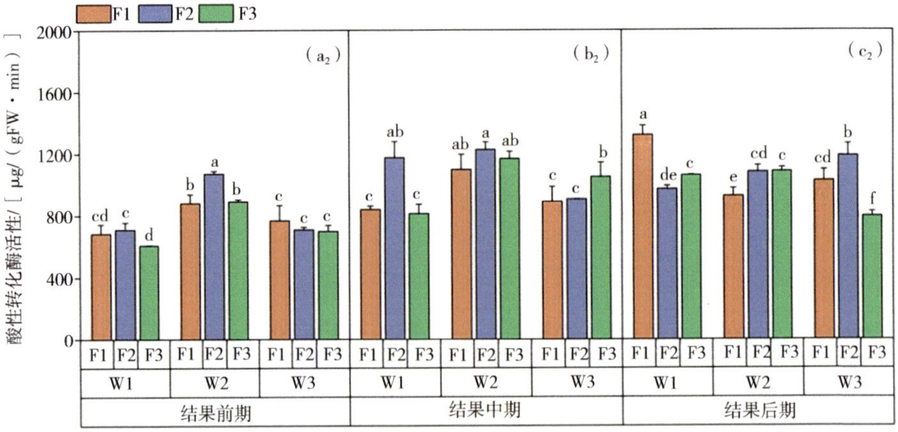

图 6.3　不同灌溉下限和营养液浓度对番茄叶片各生育期酸性转化酶活性的影响

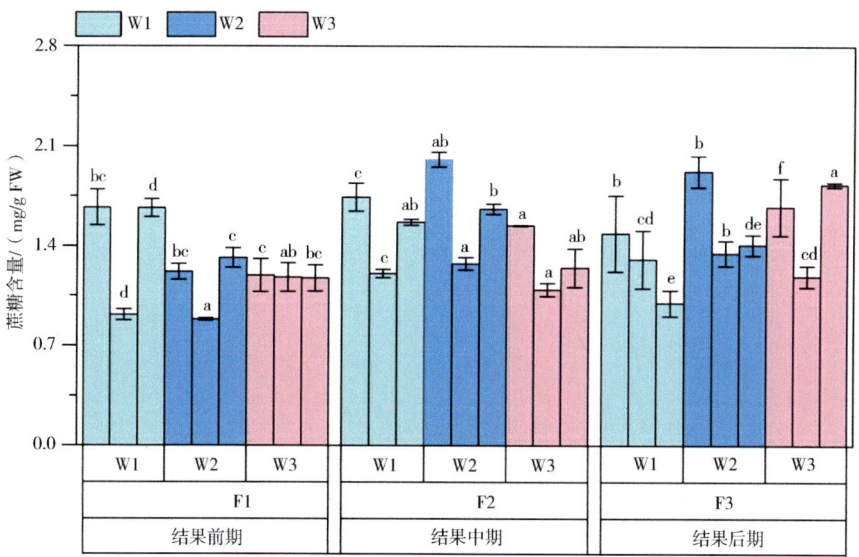

图 6.4 不同灌溉下限和营养液浓度对各生育期番茄叶片蔗糖含量的影响

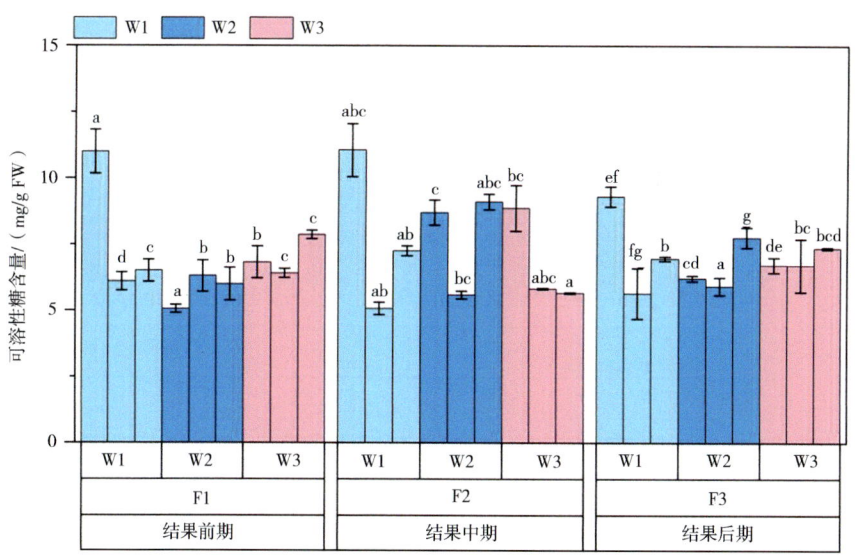

图 6.5 不同灌溉下限和营养液浓度对各生育期番茄叶片可溶性糖含量的影响

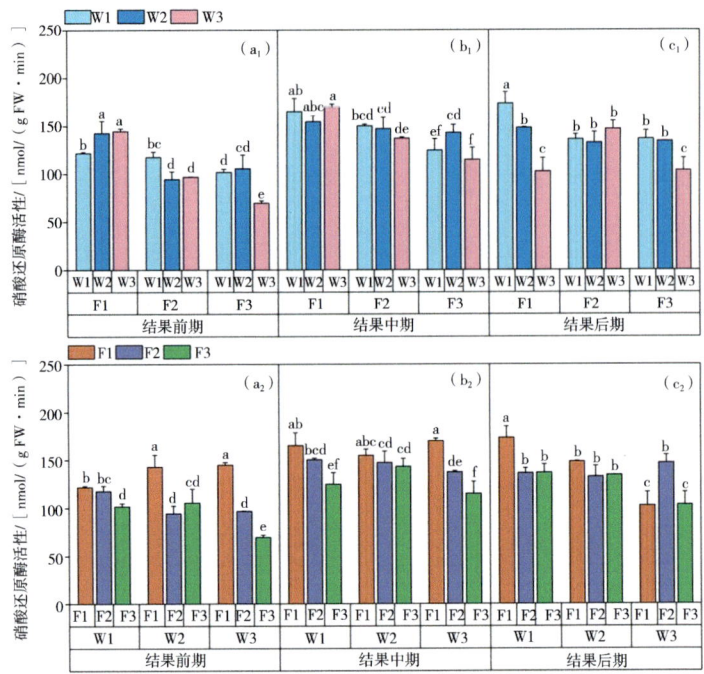

图 6.6 不同灌溉下限和营养液浓度对各生育期番茄叶片硝酸还原酶活性的影响

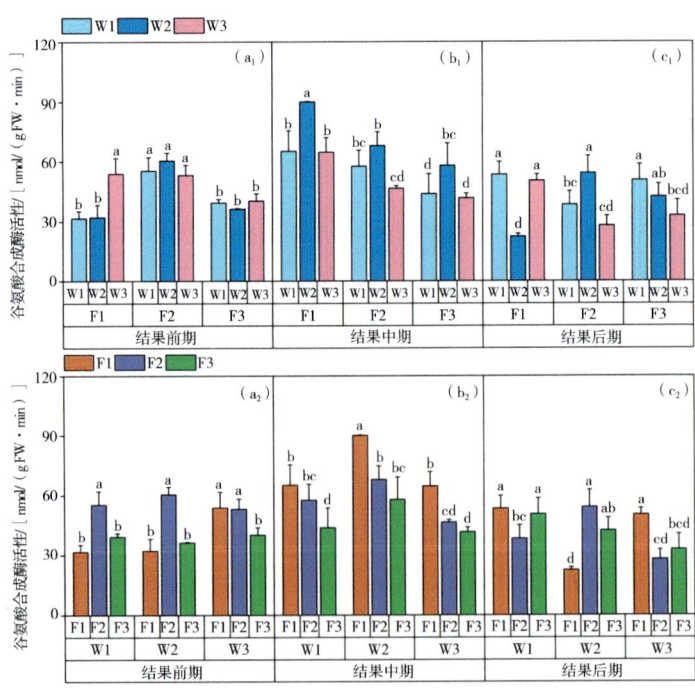

图 6.7 不同灌溉下限和营养液浓度对各生育期番茄叶片谷氨酸合成酶活性的影响

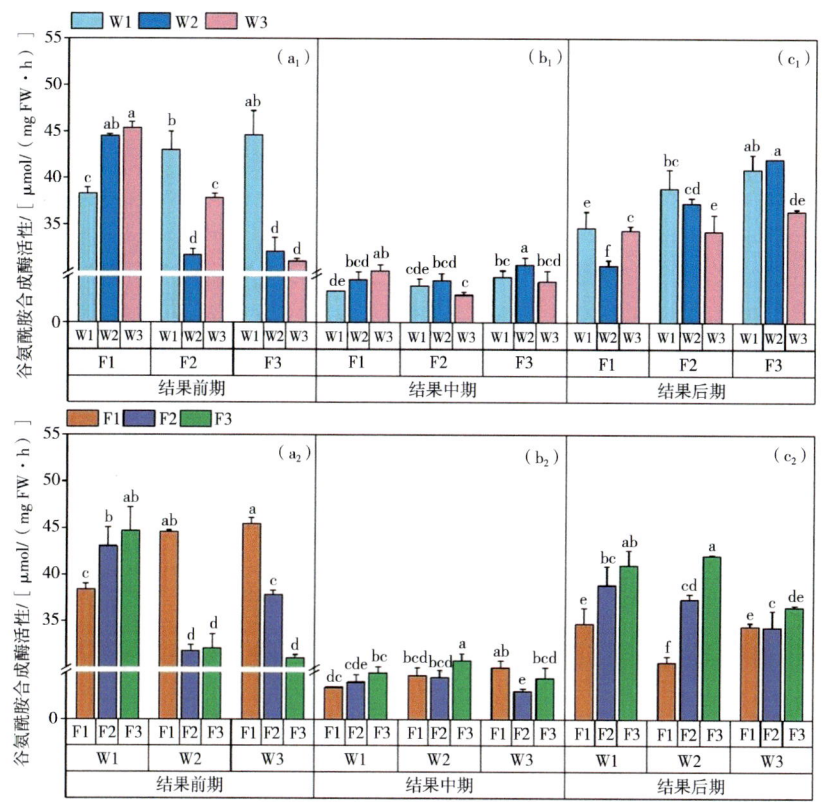

图 6.8　不同灌溉下限和营养液浓度对各生育期番茄叶片谷氨酰胺合成酶活性的影响

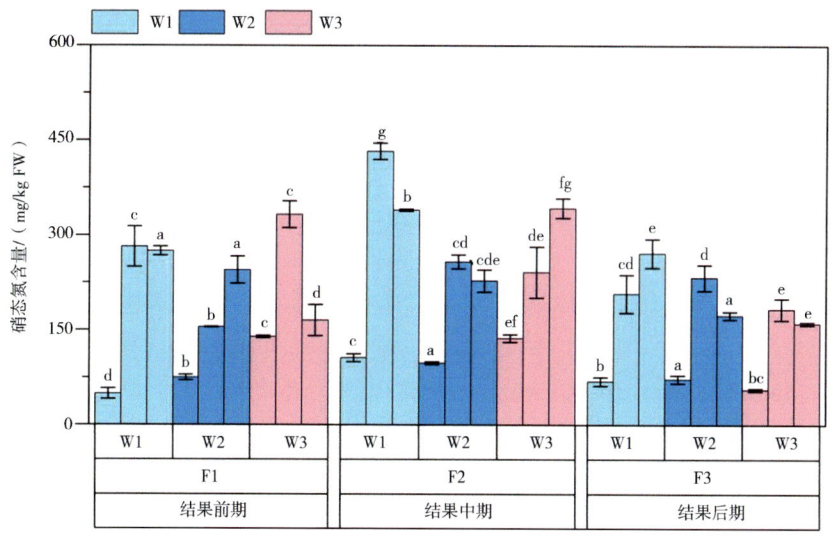

图 6.9　不同灌溉下限和营养液浓度对各生育期番茄叶片硝态氮含量的影响

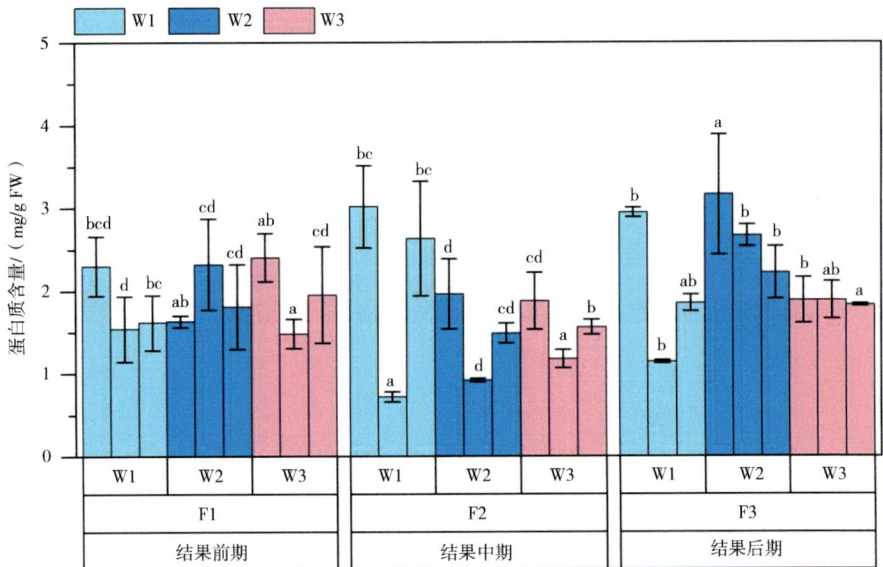

图 6.10　不同灌溉下限和营养液浓度对各生育期番茄叶片蛋白质含量的影响

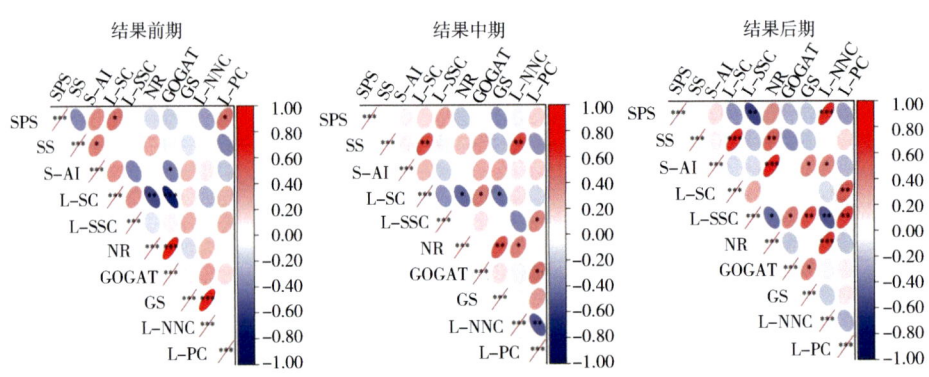

图 6.11　不同生育期碳、氮代谢酶活性及其产物的相关性

注：$*P \leqslant 0.05$；$**P \leqslant 0.01$；$***P \leqslant 0.001$；L-SC 是叶片蔗糖含量；L-SSC 是叶片可溶性糖含量；L-NNC 是叶片硝态氮含量；L-PC 是叶片蛋白质含量。

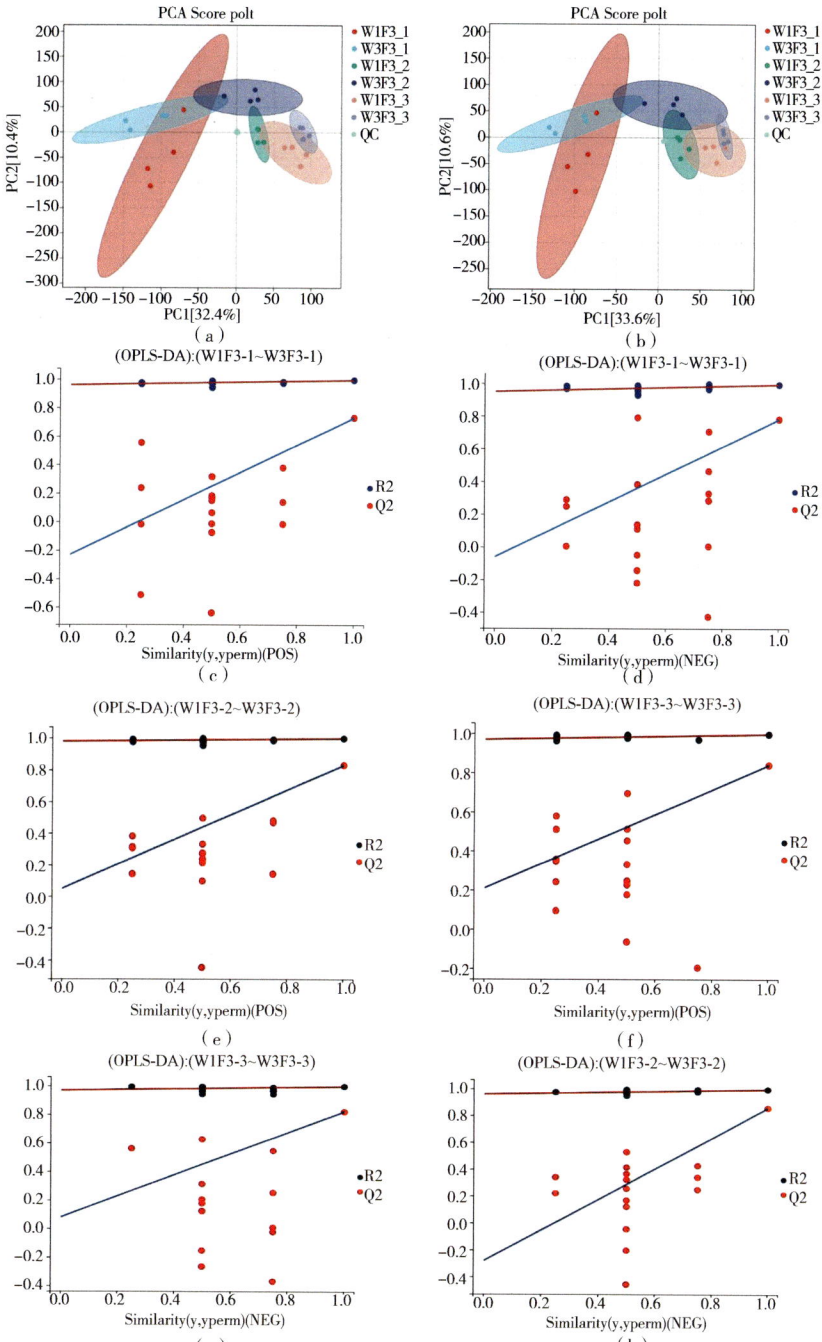

图 7.1 番茄叶片正、负离子模式下 PCA 得分及 OPLS-DA 模型参数

注：a、b 为 PCA 得分图；c~h 为 OPLS-DA 模型参数图。

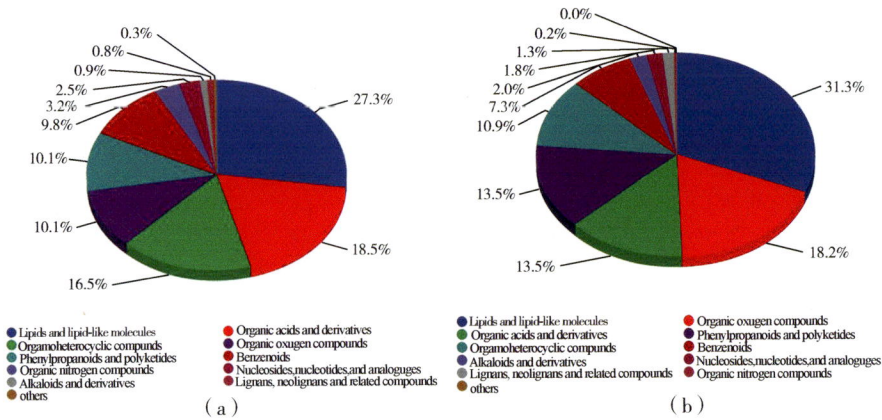

图 7.2 代谢物的化学分类占比

注：a代表正离子模式；b代表负离子模式。

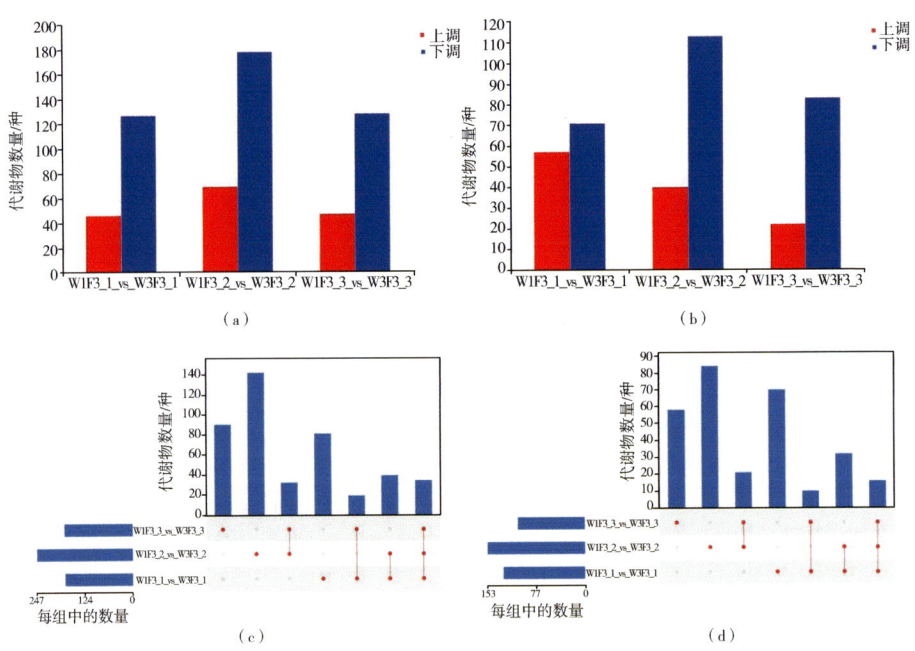

图 7.3 不同灌溉水平下高营养液浓度番茄叶片在各生育期的差异代谢物数量分析

注：a、c代表正离子模式；b、d代表负离子模式。

彩 图

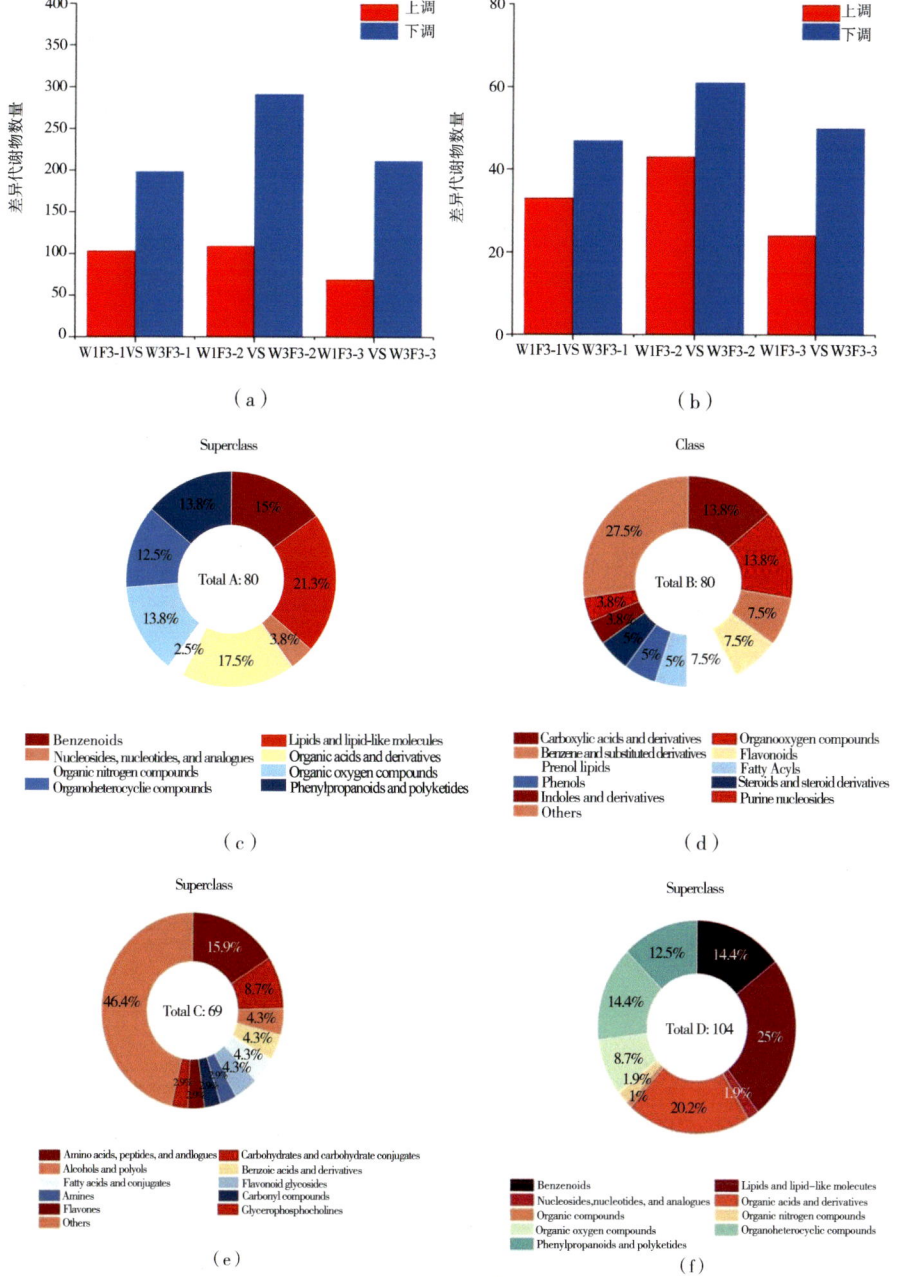

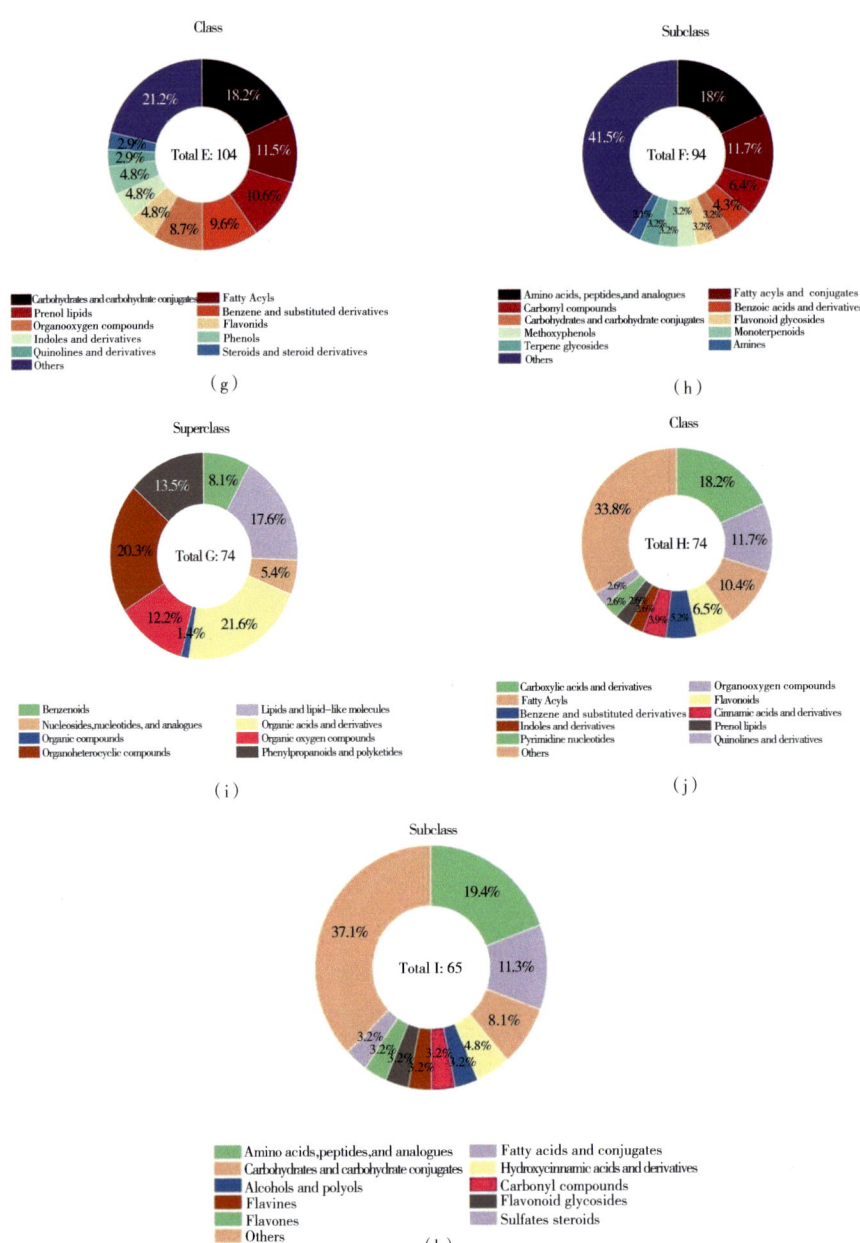

图 7.4 高营养液浓度条件下不同灌溉下限对番茄叶片各生育期的差异代谢物统计；
差异代谢物在不同分类中（HMDB 分类）所占比例

注：Total（A-B-C）分别为 Superclass、Class、Subclass-结果前期，Total（D-E-F）分别为 Superclass、Class、Subclass-结果中期，Total（G-H-I）分别为 Superclass、Class、Subclass-结果后期。

彩 图

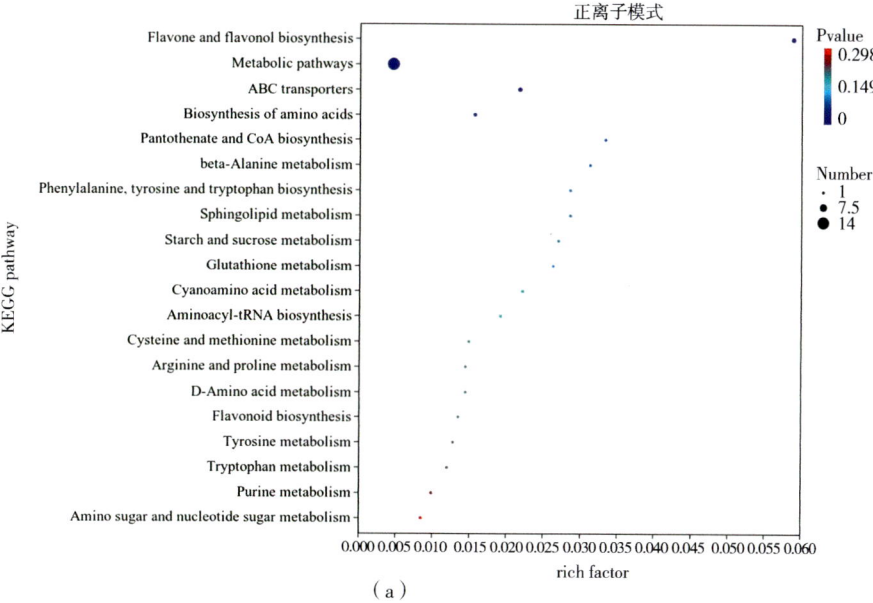

(a)

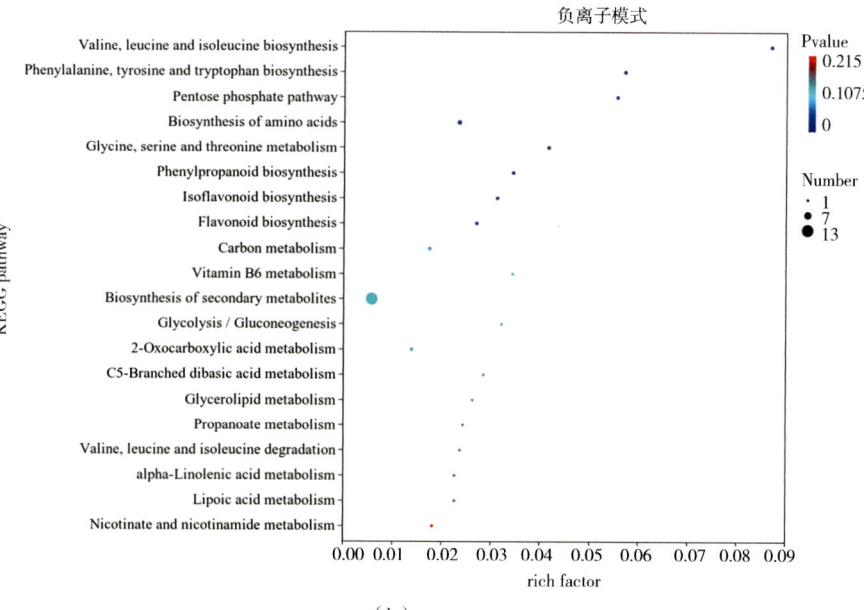

(b)

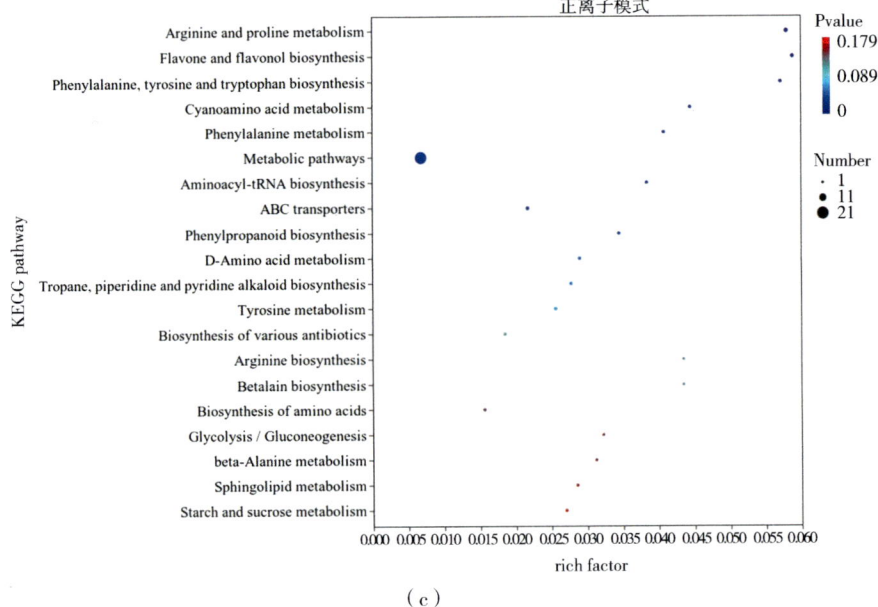

(c)

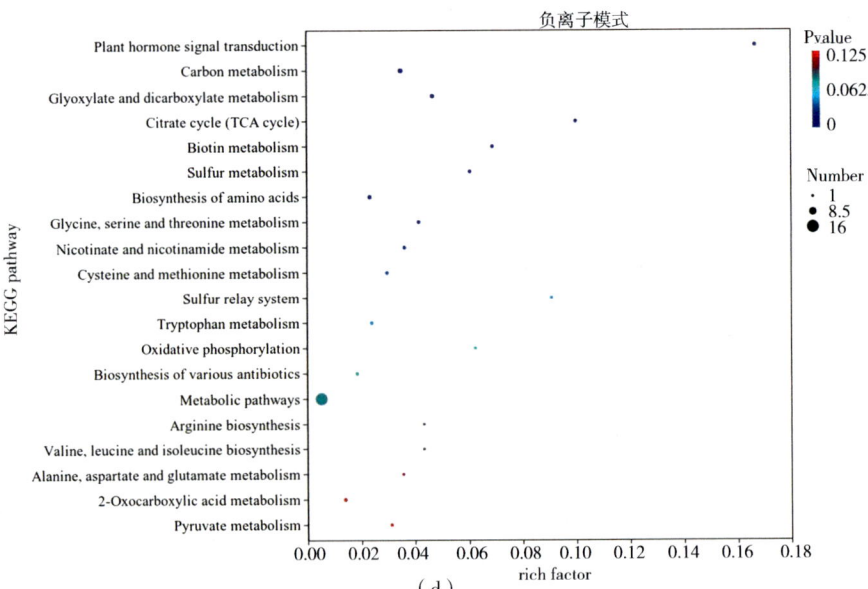

(d)

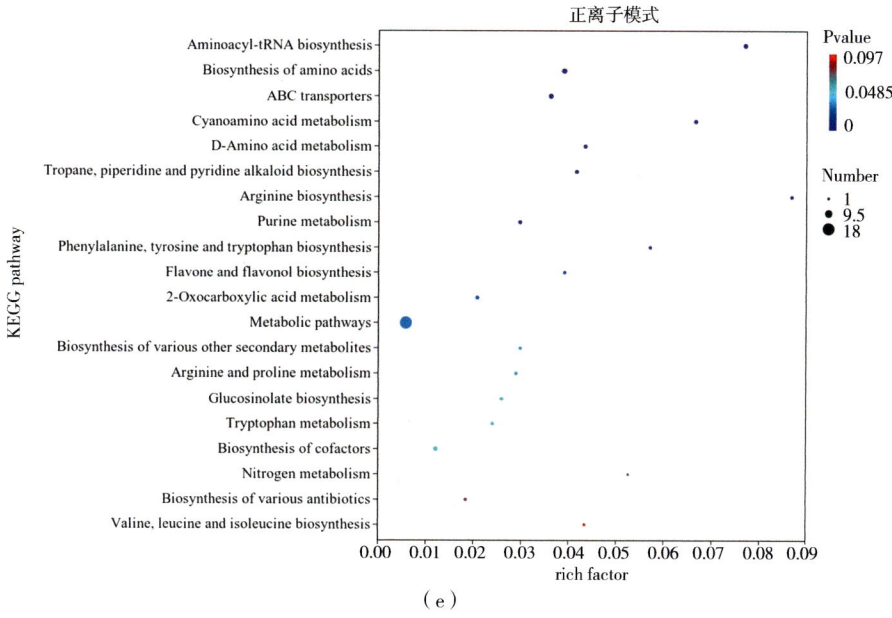

(e)

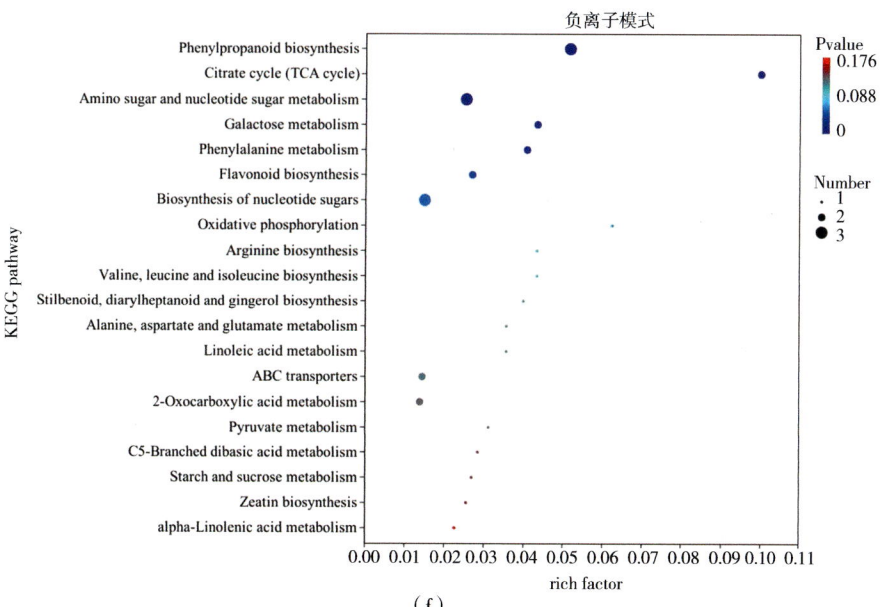

(f)

图 7.5 不同灌溉水平下高营养液浓度对于番茄叶片潜在关键代谢途径 KEGG 富集分析

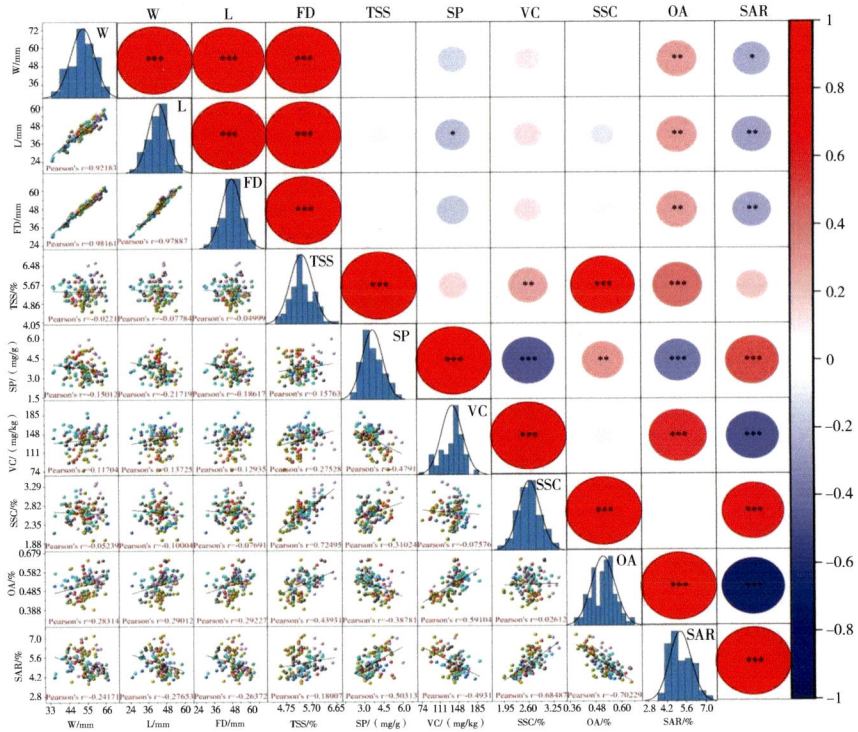

图 8.1　基于灌溉下限和营养液浓度在不同品质指标间的相关性分析

注：*P≤0.05；**P≤0.01；***P≤0.001。